就这么高效/好看/有趣/简单的通关秘籍系列

全彩
大字版
★★★

智能手机就这么简单

王 岩 编著

電子工業出版社
Publishing House of Electronics Industry
北京·BEIJING

内容简介

本书是为中老年朋友量身打造的智能手机（简称手机）使用教程，精选了满足日常生活和社交需求的各种实用操作，力求达到“不求人，尽享多彩生活”的学习效果。

全书共 14 章：第 1 章为新手机快速上手攻略；第 2 章为玩转手机的自带应用；第 3 章为手机安全是第一位的；第 4 章为警惕电信诈骗；第 5 章为学会微信的常用功能；第 6 章为支付宝，让生活更便捷；第 7 章为淘宝，品类超多；第 8 章为京东，物流超快；第 9 章为拼多多，价格超低；第 10 章为美团，吃喝玩乐超划算；第 11 章为高德地图，哪儿都熟；第 12 章为摄影和视频制作；第 13 章为新鲜资讯新鲜听；第 14 章为生活出行一点通。

本书通过 600 多张演示图片，保证了阅读的便捷性，并通过 66 个高清讲解视频降低学习难度，全彩大字版设计非常适合想要用好智能手机的中老年朋友阅读，也适合其他对智能手机不熟悉的读者参考。

图书在版编目（CIP）数据

智能手机就这么简单：全彩大字版 / 王岩编著 . —北京：电子工业出版社，2022.4
（就这么高效 / 好看 / 有趣 / 简单的通关秘籍系列）
ISBN 978-7-121-43053-4

Ⅰ . ①智…　Ⅱ . ①王…　Ⅲ . ①移动电话机－基本知识　Ⅳ . ① TN929.53

中国版本图书馆 CIP 数据核字（2022）第 037882 号

责任编辑：张　楠　　文字编辑：白雪纯
印　　刷：固安县铭成印刷有限公司
装　　订：固安县铭成印刷有限公司
出版发行：电子工业出版社
　　　　　北京市海淀区万寿路 173 信箱　邮编：100036
开　　本：880×1230　1/16　印张：13　字数：201.7 千字
版　　次：2022 年 4 月第 1 版
印　　次：2025 年 3 月第 7 次印刷
定　　价：65.00 元

凡所购买电子工业出版社图书有缺损问题，请向购买书店调换。若书店售缺，请与本社发行部联系，联系及邮购电话：（010）88254888，88258888。
质量投诉请发邮件至 zlts@phei.com.cn，盗版侵权举报请发邮件至 dbqq@phei.com.cn。
本书咨询联系方式：（010）88254579。

前 言

随着数字化时代的到来，手机成为获取便捷生活服务的重要途径，如果不会使用手机，则日常的生活、支付和出行都会受限。在人手一部手机的今天，仍有很多用户对手机的使用不够熟悉，不仅无法享受由手机带来的便利，还会因为手机而产生很多困扰。

本书旨在帮助对手机不太熟悉的读者，快速掌握手机系统设置和各种应用的使用方法，针对日常使用手机过程中经常遇到的实际问题进行了全面的介绍和解答，例如网络购物的退换货流程、手机丢失后的补救方法、预防手机病毒和电信诈骗的方法等。

全书共 14 章：第 1 章讲解手机的系统设置，包括设置密码锁、连接网络、设置字体大小等内容；第 2 章介绍计算器、相机、日历等手机自带应用的使用技巧；第 3 ~ 4 章介绍预防手机病毒和电信诈骗的方法，让读者安全、放心地使用手机；第 5 ~ 6 章详细讲解微信和支付宝的功能，帮助读者体验实时交流和移动支付带来的便利；第 7 ~ 10 章介绍了网络、外卖平台的购物和退换货流程，让读者购物无忧；第 11 ~ 14 章介绍了各类热门应用的使用方法，包括用高德地图导航、打车，用美图秀秀美化照片，在线听歌、看电影，用 12306 购买火车票，在网上缴纳话费、挂号、买药等。

本书内容丰富、图文并茂。为了方便中老年读者阅读，专门进行了大字体设计，同时提供免费教学视频，只要扫描书中二维码，即可观看。

本书由王岩编写。在编写过程中，由于作者水平有限，疏漏之处在所难免，敬请广大读者批评指正。

目录

第 1 章 新手机快速上手攻略 001

1.1 给手机上个“密码锁”【002】
1.2 想上网？先联网【004】
1.3 流量太费钱？设个流量开关【006】
1.4 去哪里找手机软件？应用商店一应俱全【008】
1.5 不会拼音无所谓，多种输入法任您选【010】
1.6 看不清、听不清？设置字体和音量【013】
1.7 手机通讯录，手机中的电话本【016】
1.8 换新手机不用愁，一键导入旧数据【018】

第 2 章 玩转手机的自带应用 020

2.1 计算器，算盘打得当当响【021】
2.2 相机，记录美好瞬间【023】

2.3 笔记、日历、录音机，记录生活中的点点滴滴【026】
2.4 手电筒、闹钟，不怕黑，不怕忘【028】
2.5 天气预报，几点几分下雨早知道【031】

第 3 章 手机安全是第一位的 033

3.1 保护个人信息，别让骗子有机可乘【034】
3.2 快跑，远离手机病毒【037】
3.3 捂好您的手机钱包【039】
3.4 不要慌！手机丢了可补救【042】
3.5 手机容量有限，及时清理垃圾文件【045】

第 4 章 警惕电信诈骗 047

4.1 电信诈骗的常见套路【048】
4.2 国家反诈中心：预防、举报诈骗【050】

第 5 章 学会微信的常用功能 054

5.1 注册微信账号，开启移动时代新生活【055】
5.2 添加、找到您的好友【058】
5.3 与好朋友聊起来，文字、图片、语音、视频任您选【060】
5.4 建立亲友群，相亲相爱一家人【064】
5.5 朋友圈晒起来，展示多彩生活【066】
5.6 微信红包抢起来，节日气氛有高潮【069】

5.7 微信转账很方便，不去银行就能转【071】
5.8 公众号里趣闻多，新鲜事不容错过【073】
5.9 不知道自己在哪？共享位置来帮您【075】
5.10 使用微信小程序，节省手机空间【078】
5.11 电脑、手机也能连，文件互传很方便【080】

第 6 章 支付宝，让生活更便捷 084

6.1 注册一个账号，开启支付宝之旅【085】
6.2 收付款码，让支付更便捷【088】
6.3 生活缴费，轻松缴【091】
6.4 余额宝，随取随用，天天有利息【094】

第 7 章 淘宝，品类超多 098

7.1 关联支付宝账号，开启淘宝之旅【099】
7.2 买什么，搜什么【101】
7.3 商品不满意，直接退款退货【105】
7.4 闲鱼交易闲置物品【108】

第 8 章 京东，物流超快 111

8.1 注册一个账号，开启京东之旅【112】
8.2 买什么，搜什么，京东自营和第三方店铺不要混淆【114】
8.3 商品不满意，上门退换货【116】

8.4 京东到家，一小时送达【119】

第 9 章 拼多多，价格超低 121

9.1 关联微信账号，开启拼多多之旅【122】
9.2 买什么，搜什么【125】
9.3 拼小圈，看看别人买什么【128】

第 10 章 美团，吃喝玩乐超划算 131

10.1 注册一个账号，开启美团之旅【132】
10.2 美团外卖，足不出户尽享美食【135】
10.3 周边美食，店铺评分一目了然【138】
10.4 电影演出，新鲜上映价格低【141】

第 11 章 高德地图，哪儿都熟 144

11.1 去哪儿搜哪儿，驾车、公交、地铁、步行任您选【145】
11.2 周边，一键查【148】
11.3 实时公交实时查【151】
11.4 打车先比价，高德有低价【153】

第 12 章 摄影和视频制作 155

12.1 美图秀秀：美化照片、海报拼图【156】

12.2 剪映：剪辑视频、添加特效【160】
12.3 云相册：管理照片的好帮手【166】

第 13 章 新鲜资讯新鲜听 170

13.1 今日头条：看新鲜资讯【171】
13.2 抖音、快手：看有趣视频【172】
13.3 咪咕音乐：听歌下载【175】
13.4 腾讯：追剧看电影【177】
13.5 喜马拉雅：听有声小说【180】

第 14 章 生活出行一点通 182

14.1 铁路 12306：轻松购车票【183】
14.2 健康码、行程码：出行必备【186】
14.3 电信营业厅：一键查话费【188】
14.4 在线挂号不排队【191】
14.5 叮当快药：半小时送货上门【194】
14.6 小游戏，让生活充满欢乐【197】

第1章

01

新手机快速上手攻略

很多用户在刚接触智能手机时感觉很难上手，这是因为智能手机上的操作系统和应用比较复杂，不经过一段时间的熟悉，很难发现各种选项、设置隐藏在哪里。出现问题后，也不知道如何解决。其实，智能手机的操作很简单，常用的手势无非有点、按、滑、拖和双指缩放等几种。如果您对智能手机不太了解，那么就来一起动手，把智能手机调试到最顺手的状态吧！

1.1 给手机上个“密码锁”

当您购买一部新手机后，需要经过很多设置才能正常使用。在所有设置中，最重要的就是锁屏密码。锁屏密码是保护手机安全的重要手段。如果没有锁屏密码，那么任何人拿到您的手机都可以查看里面的信息，并把手机钱包里的钱“划”走，甚至重新设置锁屏密码让您无法使用手机。另外，锁屏密码还能防止放在衣兜里的手机电源键被误碰，莫名其妙地运行应用或拨打电话。

① 运行手机上的【设置】→【密码与安全】，打开【密码与安全】界面。在该界面上可选择手机的解锁方式。

7:42
设置
应用商店
手机管家
相册
设置
壁纸与个性化
锁屏
显示
声音与振动
通知与控制中心
桌面
密码与安全
隐私保护
省电与电池

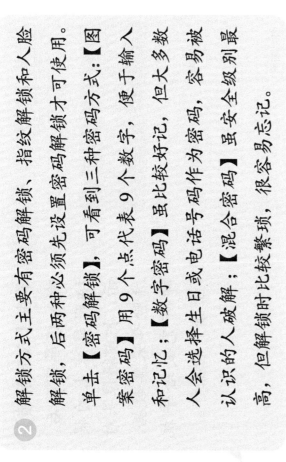

←
密码与安全
解锁方式
密码解锁
关闭
指纹解锁
关闭
人脸解锁
关闭
蓝牙设备解锁
关闭
其他密码
隐私密码
开启
智能密码管理
安全储存账号关联的密码，输入时可自动填充

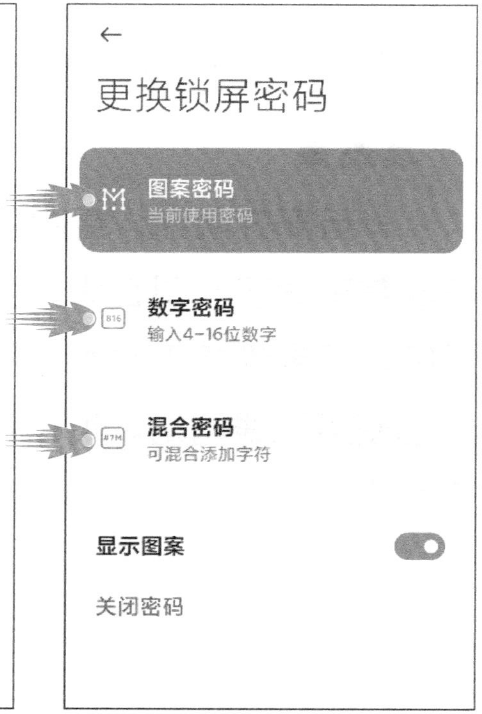
←
更换锁屏密码
图案密码
当前使用密码
数字密码
输入4-16位数字
混合密码
可混合添加字符
显示图案
关闭密码

2 解锁方式主要有密码解锁、指纹解锁和人脸解锁，后两种必须先设置密码解锁才可使用。单击【密码解锁】，可看到三种密码方式：【图案密码】用 9 个点代表 9 个数字，便于输入和记忆；【数字密码】虽比较好记，但大多数人会选择生日或电话号码作为密码，容易被认识的人破解；【混合密码】虽安全级别最高，但解锁时比较繁琐，很容易忘记。

3 设置好锁屏密码后，单击【指纹解锁】，并按照屏幕上的提示将手指反复在传感器上放置、移开，直至显示【指纹录入成功】。

×
放置并移开手指

指纹录入成功
指纹名称
指纹 1
完成

提示

蓝牙设备解锁方式是通过蓝牙手环、蓝牙耳机等蓝牙设备解锁本机，即当检测到本机与蓝牙设备连接时，无需密码、生物识别即可解锁手机。

密码与安全
解锁方式
密码解锁
开启
指纹解锁
开启
人脸解锁
关闭
蓝牙设备解锁
关闭
其他密码
隐私密码
开启
智能密码管理
安全储存账号关联的密码，输入时可自动填充

4 单击【人脸解锁】，输入锁屏密码后，按照屏幕上的提示，把前摄像头对准脸部采集数据，即可完成给手机“上锁”的操作。

1 运行手机上的【设置】→【WLAN】。

2 单击家中的无线网络，输入密码后单击【连接】按钮，很快就会提示连接成功。

提示

如果不知道家里的无线网络名称，则可查看无线信号的强度，一般来说信号最强的是家里的无线网络。

1.2 想上网？先联网

一旦离开网络，智能手机能做的事情就非常有限了。现在大部分的家庭都安装了宽带网络，只要连接无线路由器，就可以在家里无限制地使用无线网络。现在我们就来了解一下连接无线网络和查找无线网络密码的方法。

设置
双卡与移动网络
WLAN
已关闭
蓝牙
已关闭
连接与共享
壁纸与个性化
锁屏
显示
声音与振动
通知与控制中心

WLAN
开启WLAN
WLAN助理
选取附近的WLAN
CMCC-Du9t
CMCC-502
CMCC-Du9t
高级选项
连接

9:49
10月8日 周五 上午
移动数据
蓝牙
CMCC-Du
自动亮度
手电筒
静音
截屏
飞行模式
锁屏
位置信息
方向锁定
扫一扫

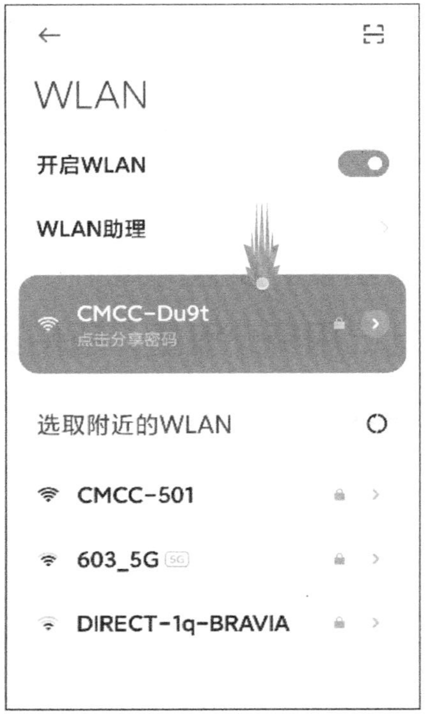
WLAN
开启WLAN
WLAN助理
CMCC-Du9t
点击分享密码
选取附近的WLAN
CMCC-501
603_5G
DIRECT-1q-BRAVIA

③ 在成功连接一次无线网络后，只要手机进入无线网络的范围就会自动连接。从手机屏幕顶部向下滑动，可显示出快捷开关，单击 WLAN 图标可以连接或断开无线网络。

④ 如果朋友来家里做客，想要连接无线网络，而您又忘了密码，则可在手机设置中单击【WLAN】，继续单击正在连接的无线网络。

⑤ 此时会显示一个二维码，朋友用手机扫描二维码即可连接无线网络。

⑥ 如果用微信的【扫一扫】功能扫描二维码，则会出现右侧界面：【S：】后的【CMCC-Du9t】是无线网络名称；【P：】后的【xw4qcd45】是无线网络密码。

WLAN
开启WLAN
分享密码给朋友
使用MIUI相机扫描二维码自动识别
完成

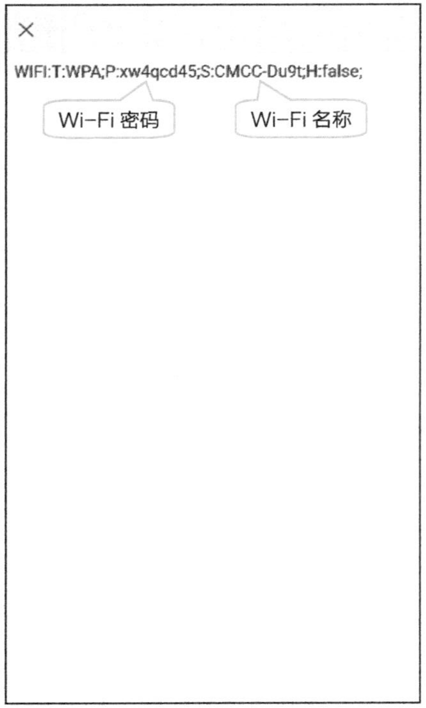
WIFI:T:WPA;P:xw4qcd45;S:CMCC-Du9t;H:false;
Wi-Fi 密码
Wi-Fi 名称

1.3 流量太费钱？设个流量开关

无线网络虽好，但外出的时候无法使用，仍然要使用手机流量。虽然现在的手机流量包越来越大，但是长时间观看视频还是会有超出流量包额度导致扣费的情况，此时可以在手机中设置流量套餐。设置完成后，只要打开快捷开关，就能看到已用多少流量，还剩多少流量。如果超出流量包额度，则手机会自动断开网络并发出提醒。

① 运行手机上的【手机管家】，单击界面下方的【手机管家】→【网络助手】。

② 在弹出的【网络助手】界面上单击右上角的 ◎ 图标。

为你推荐
特色功能
高效安全
全面保障
系统工具
高效系统级服务
网络助手
游戏加速
手机分身
应用双开
视频工具箱
红包助手
家人关怀
守护家人安全
MIUI预警…
SOS紧急…
亲情守护
地震预警
安全中心
手机管家

网络助手
卡2-中国联通
962.8 MB
流量剩余
1.00 GB
暂无
立即校正
流量购买
联网控制
流量排行

提 示

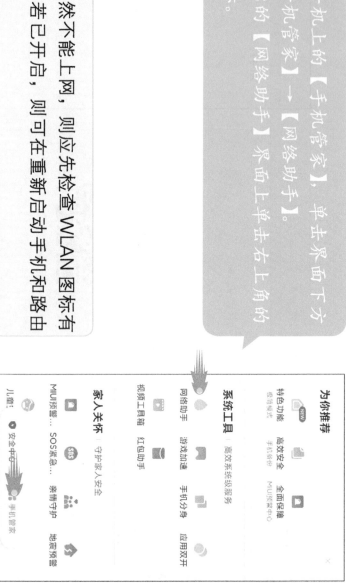

如果手机突然不能上网，则应先检查 WLAN 图标有没有开启。若已开启，则可在重新启动手机和路由器后再试。

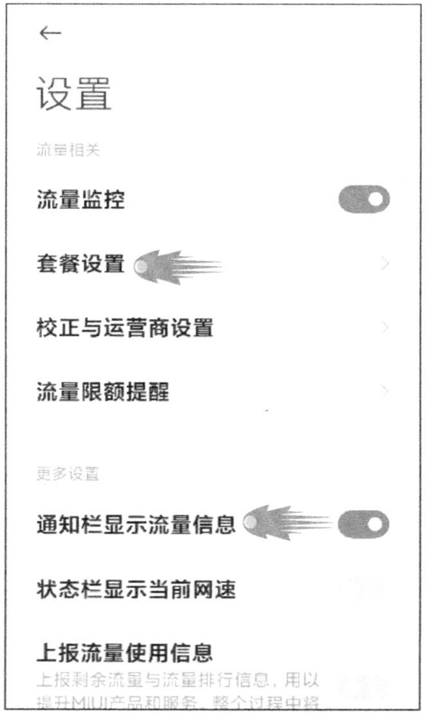
设置
流量相关
流量监控
套餐设置
校正与运营商设置
流量限额提醒
更多设置
通知栏显示流量信息
状态栏显示当前网速
上报流量使用信息

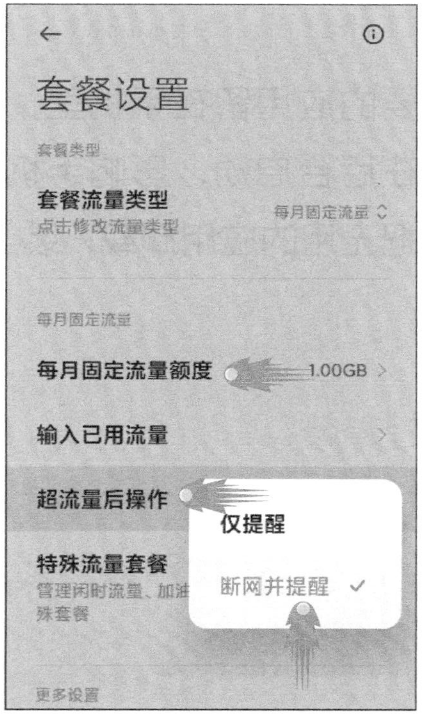
套餐设置
套餐类型
套餐流量类型
点击修改流量类型
每月固定流量
每月固定流量
每月固定流量额度
1.00GB
输入已用流量
超流量后操作
仅提醒
特殊流量套餐
断网并提醒
更多设置

③ 在弹出的【设置】界面中开启【通知栏显示流量信息】开关。

④ 单击【套餐设置】，弹出【套餐设置】界面。单击【每月固定流量额度】，输入流量包额度，如 1.00GB。单击【超流量后操作】，在出现的选项中单击【断网并提醒】。

⑤ 从屏幕顶部向下滑动，可显示出快捷开关，在快捷开关的下方就能看到流量的使用情况。

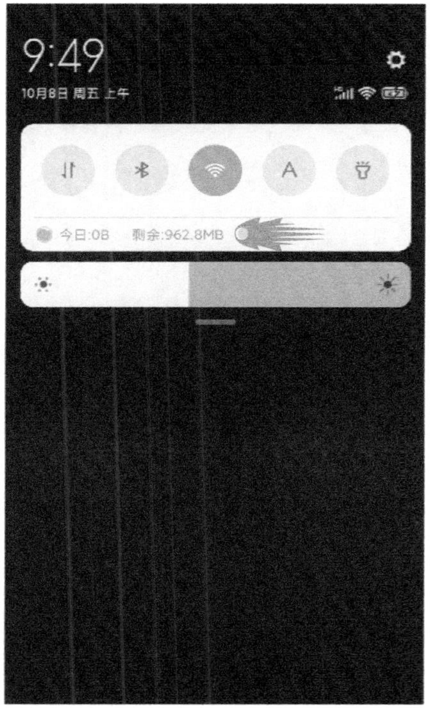
9:49
10月8日 周五 上午
今日:0B
剩余:962.8MB

提示

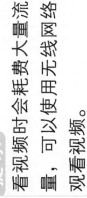

看视频时会耗费大量流量，可以使用无线网络观看视频。

1.4 去哪里找手机软件？应用商店一应俱全

新买的手机上会安装很多应用。不需要的应用留在手机里，不但占用存储空间，还会在后台启动，影响手机的运行速度。此时，需要把无用的应用卸载，装上有用的应用。

① 在手机桌面上长时间按住某个应用图标，出现选项后单击【卸载】，即可删除。一次性卸载多个应用的方法是单击【设置】→【应用设置】→【应用管理】，在弹出的【应用管理】界面中单击上方的【应用卸载】。

② 弹出【应用卸载】界面，选中所有不需要的应用，单击【卸载选中应用】，即可将无用的应用卸载。

应用管理
应用升级
应用卸载
应用行为...
权限
按运行状态排序
安全核心组件 运行中
内存：14MB 存储：50.4...
查找手机 运行中
内存：22MB 存储：29.6...
电话服务 运行中
内存：69MB 存储：50.6...
电话和短信存储 运行中
内存：69MB 存储：53.3...

应用卸载
存储占用
TIM 最近使用过 896MB
百度地图 1个月未使用 515MB
快手极速版 最近未使用 345MB
携程旅行 最近未使用 279MB
酷狗音乐 最近未使用 265MB
澎湃新闻 最近使用过 209MB
卸载选中应用 544MB

微信
推荐
必备
分类
起点读书
红包
京东试用
京东-有热爱 有...
安装
今日头条
今日精选
抖音
今日头条
快手
淘宝

微信
微信
腾讯新闻
热点资讯
体育赛事
热门话题
QQ
抖音极速版
今日头条
拼多多
安装

③ 在通过卸载无用应用，完成手机存储空间的释放后，就可以安装想要的应用了。运行手机上自带的【应用商店】，通过浏览可寻找各种想要的应用。如果您知道应用名称，则在界面上方的搜索框中输入应用名称，如微信，即可找到想要的应用。

④ 单击【安装】按钮即可自动下载并安装。

软件
游戏
下载榜
飙升榜
风云榜
全部软件
影音视听
实用工具
聊天社交
抖音
夸克
UC浏览器
安装
今日头条
抖音极速版

开心消消乐®-限时有礼
乐元素科技（北京）股份有限公司
4.7★
5.7亿
233M
第9名
详情
评论
精选
消除烦恼，消除不开心
其他用户还喜欢

⑤ 如果觉得应用太多，不清楚该安装哪个应用，则可单击界面下方的【榜单】，就能看到下载量最多的应用，或许里面就有自己想要的应用。

⑥ 如果想要下载游戏，又不知道哪款游戏好玩，则可单击界面下方的【游戏】，单击一款游戏的图标就能看到详细介绍。

1.5 不会拼音无所谓，多种输入法任您选

输入法是人机交互的基础，是现代智能化浪潮中使用频率最高的应用之一。中老年人在使用输入法的过程中常会遭遇各种难题。讯飞输入法针对各种难题，带来很多有针对性的升级。讯飞输入法支持高识别率的手写输入，可叠字连写，笔迹自带笔锋效果。如果您不会利用拼音打字，则可长按空格键直接开启语音输入。如果单击语音麦克风，则可进行长文本的语音输入。本节就来体验一下讯飞输入法的输入效果吧！

① 运行手机上的【应用商店】，搜索并安装讯飞输入法。安装完成后，单击【第1步 勾选讯飞输入法】按钮。

② 弹出【可用的屏幕键盘】界面，单击【讯飞输入法】右侧的【未启用】按钮，在弹出的【注意】界面中单击【确定】按钮。

iFLY
讯飞输入法
第1步 勾选讯飞输入法
第2步 启用讯飞输入法

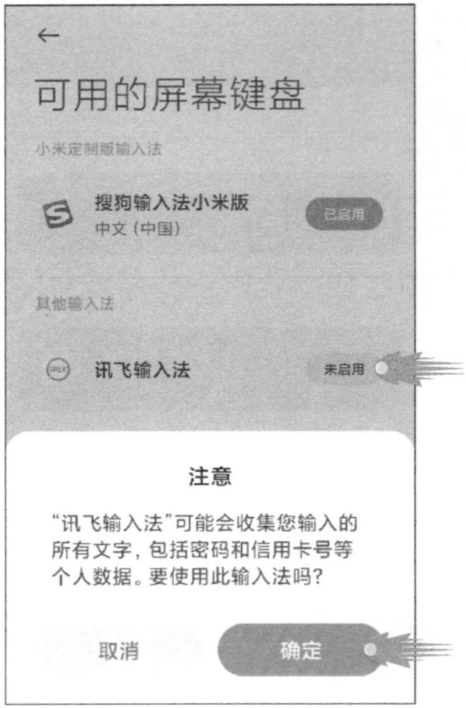
可用的屏幕键盘
小米定制版输入法
搜狗输入法小米版
中文（中国）
已启用
其他输入法
讯飞输入法
未启用
注意
“讯飞输入法”可能会收集您输入的所有文字，包括密码和信用卡号等个人数据。要使用此输入法吗？
取消
确定

iFLY
讯飞输入法
选择输入法
搜狗输入法小米版
中文（中国）
其他输入法
讯飞输入法
取消
确定

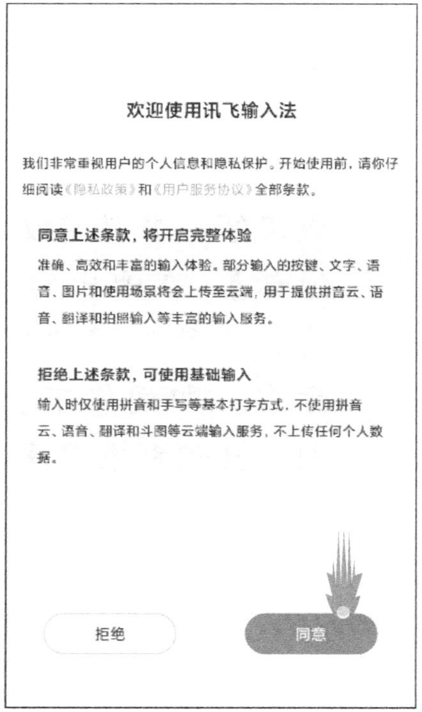
欢迎使用讯飞输入法
我们非常重视用户的个人信息和隐私保护。开始使用前，请你仔细阅读《隐私政策》和《用户服务协议》全部条款。
同意上述条款，将开启完整体验
准确、高效和丰富的输入体验。部分输入的按键、文字、语音、图片和使用场景将会上传至云端，用于提供拼音云、语音、翻译和拍照输入等丰富的输入服务。
拒绝上述条款，可使用基础输入
输入时仅使用拼音和手写等基本打字方式，不使用拼音云、语音、翻译和斗图等云端输入服务，不上传任何个人数据。
拒绝
同意

3. 此时出现【选择输入法】界面，单击【其他输入法】→【讯飞输入法】→【确定】按钮，即可将讯飞输入法设置成手机的默认输入法。
4. 在【欢迎使用讯飞输入法】界面中单击【同意】按钮。

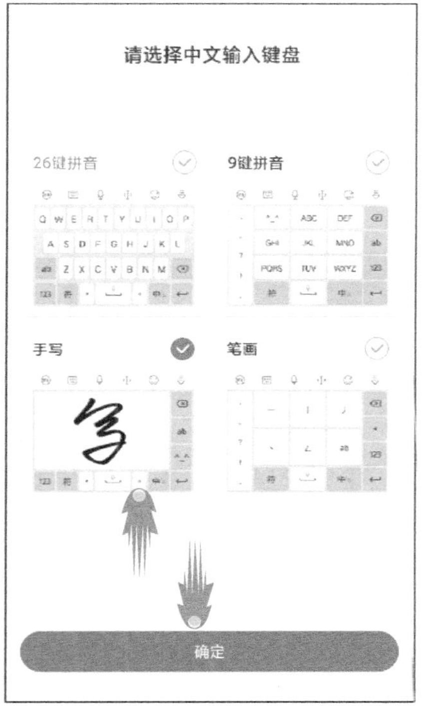
请选择中文输入键盘
26键拼音
9键拼音
手写
笔画
确定

新建短信
收信人:
短信
ab
123
符
中英

5. 弹出【请选择中文输入键盘】界面，并选择常用的键盘，如【26 键拼音】【9 键拼音】【手写】【笔画】。单击【确定】按钮，即可完成输入法的设置。
6. 选择常用的键盘，如【手写】后，打开【新建短信】界面，可通过手写输入短信内容。

7 下面体验一下讯飞输入法的语音识别功能是否好用。单击键盘上方的 图标，并对着手机话筒说话，讯飞输入法即可将语音转换成文字，并且自动添加标点符号。单击【普通话】，在弹出的【识别模式】界面中可以选择4种外国语言、3种民族语言和23种方言。即便您不会说普通话，也可轻松识别，且识别准确率高达98%。

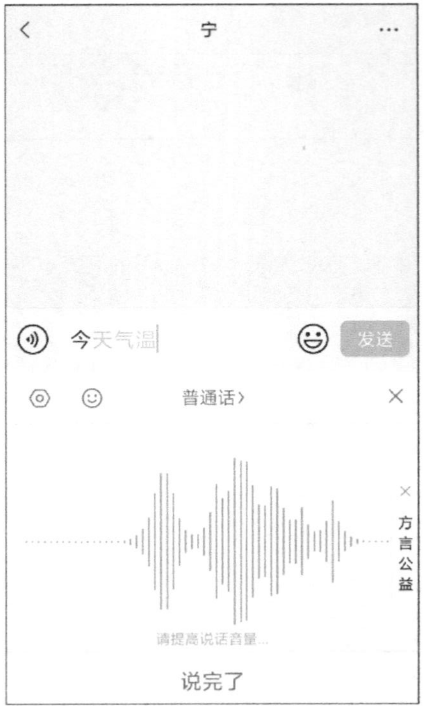
宁
今天气温
发送
普通话›
请提高说话音量...
说完了
方言公益

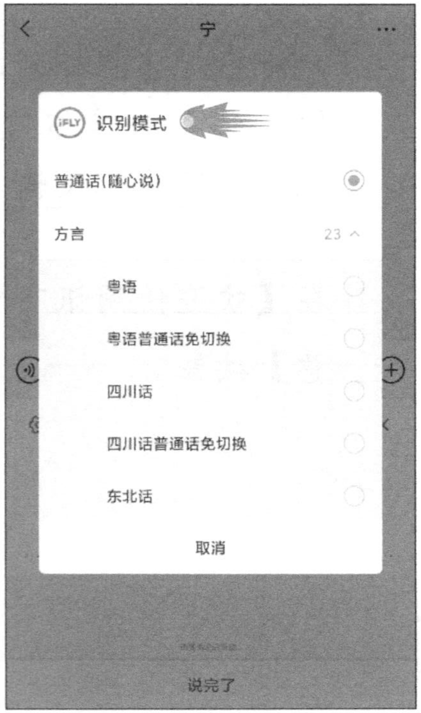
宁
识别模式
普通话(随心说)
方言
23
粤语
粤语普通话免切换
四川话
四川话普通话免切换
东北话
取消
说完了

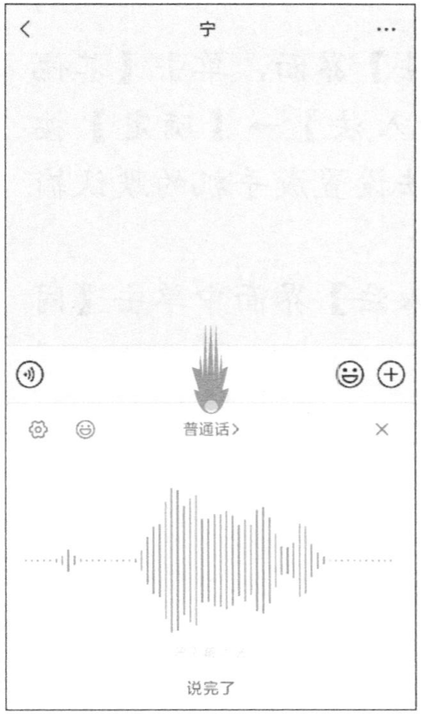
宁
普通话›
说完了

8 单击键盘上方的 图标，可以切换键盘模式。例如，全屏手写、笔画输入等。

宁
9键拼音
双键拼音
26键拼音
半屏手写
全屏手写
笔画输入
26键英文
莫得键盘
切换布局
切换单手
切换输入法

9 在使用拼音按键时，可以像微信的语音输入一样，按住键盘上的空格键说话，松开手指就可以完成文字输入。

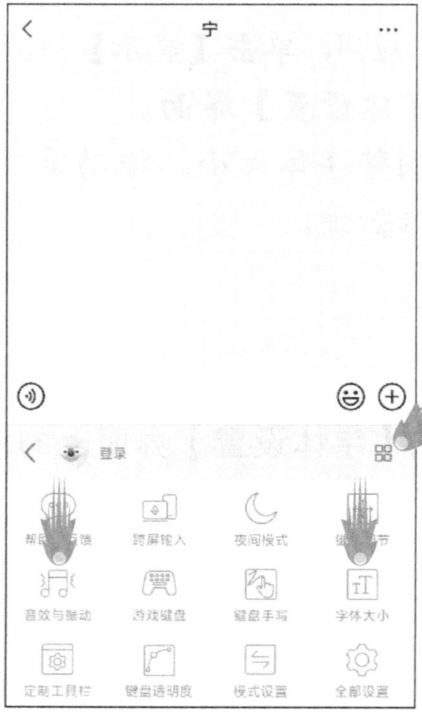
宁
登录
帮助反馈
跨屏输入
夜间模式
音效与振动
游戏键盘
键盘手写
字体大小
定制工具栏
键盘透明度
模式设置
全部设置

宁
音效
振动
键盘振动
振动强度
个性触感
自定义
默认振动

⑩ 单击键盘上方的 ⊞ 图标，可以设置讯飞输入法的更多选项。例如，单击【音效与振动】，可以设置在按键时发出声音或振动，并通过拖动滑块调整强度；单击【字体大小】，可以把按键和候选字的字号设置得更大。

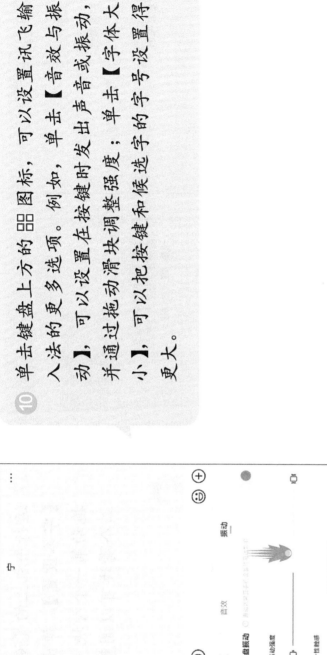

1.6 看不清、听不清？设置字体和音量

很多中老年人觉得智能手机不好用的一个重要原因是文字和音量都太小了。文字的问题很好解决，只需要简单设置，就能让手机字体很大。音量的问题则要困难一些，出于各方面的考虑，品牌手机很少使用大功率的外放扬声器。如果有音量方面的需求，则最好在线下实体店中体验某一型号的手机音量后，再决定是否选购。本节就来介绍如何设置字体和音量。

① 运行手机上的【设置】应用，单击【显示】→【字体设置】，弹出【字体设置】界面。

② 拖动第一个滑块可以调整字体大小。拖动第二个滑块可以调整字体粗细。

显示
屏幕
亮度
护眼模式
护眼模式下屏幕偏暖，可以减少蓝光伤害
未启用
色彩风格
字体
字体设置
设置字体类型、粗细和大小
系统
当设备处于 VR 模式时
应用全屏显示

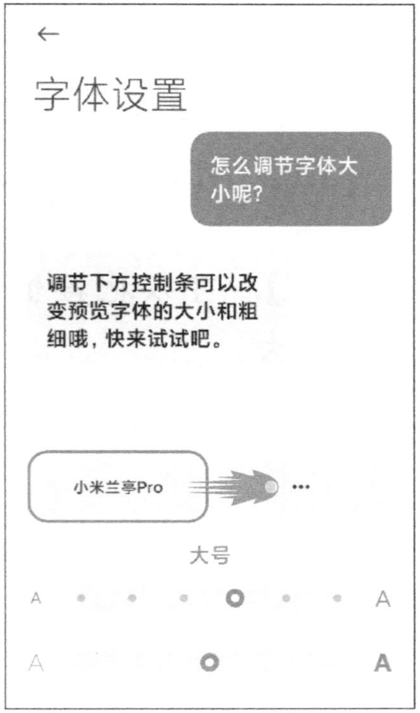
字体设置
怎么调节字体大小呢？
调节下方控制条可以改变预览字体的大小和粗细哦，快来试试吧。
小米兰亭Pro
大号

提示

若不喜欢这种字体，则单击【字体设置】界面上的 ··· 图标，即可有多种字体任您选择。

③ 除设置字体外，还可以让手机桌面上的应用图标变大。运行手机上的【设置】应用，单击【桌面】→【图标样式】，打开【图标样式】界面。

④ 拖动界面下方的【图标大小】滑块就可以改变图标的大小，您可通过界面上方的预览图查看调节效果。

桌面
系统导航方式
系统导航方式
经典导航键
桌面布局
卸载应用后自动补位
锁定桌面布局
图标样式
选择图标风格、调节图标大小
桌面布局规则
4x6
完美图标
重绘第三方应用图标，实现完美动画
最近任务

图标样式
百度地图
电话
短信
服务与反馈
日历
计算器
联系人
浏览器
钱包
图标风格
无界
图标大小

声音与振动
电话铃声
小米清新版
通知提醒
MIUI自然音
闹钟铃声
天气动态铃声
音量调节
媒体
铃声
闹钟

设置
小米清新版
小米爵士版
小米电子版
全部铃声

5 手机上都有控制音量大小的实体按键，可通过该按键调整音量大小。除此以外，还可以在【设置】应用中单击【声音与振动】，通过【声音与振动】界面中的滑块分别调整播放音/视频、电话铃声和闹钟的音量。

6 如果把音量调整到最大，您还是感觉电话铃声小，则可单击【电话铃声】，在弹出的【设置】界面上选择听起来更响亮的铃声。

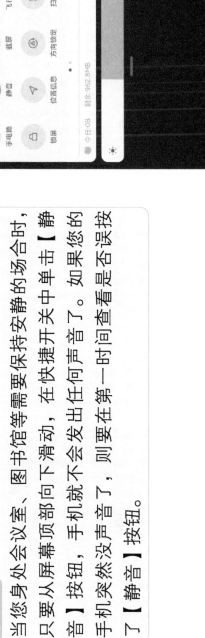

提示

当您身处会议室、图书馆等需要保持安静的场合时，只要从屏幕顶部向下滑动，在快捷开关中单击【静音】按钮，手机就不会发出任何声音了。如果您的手机突然没声音了，则要在第一时间查看是否误按了【静音】按钮。

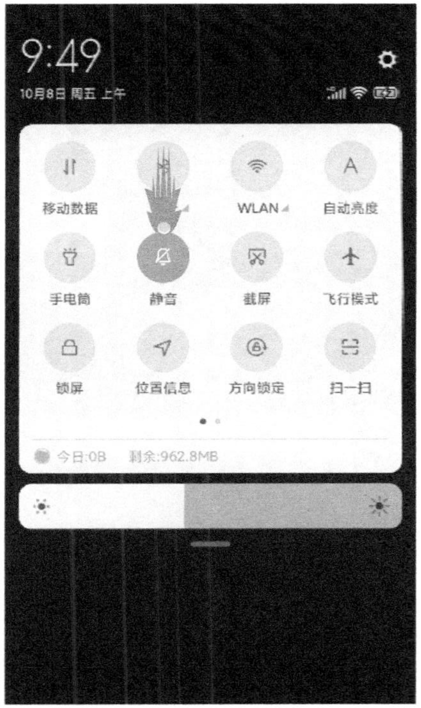
9:49
10月8日 周五 上午
移动数据
WLAN
自动亮度
手电筒
静音
截屏
飞行模式
锁屏
位置信息
方向锁定
扫一扫
今日:0B
剩余:962.8MB

提示

在【声音与振动】界面上单击【通知提醒】或【闹钟铃声】，可选择喜欢的通知或闹钟铃声。

1.7 手机通讯录，手机中的电话本

不管智能手机能帮我们做多少事情，打电话仍是其最基本的功能。若想用手机打电话，自然离不开通讯录。如果您刚好购买了一部新手机，那么就让我们一起动手，先把旧手机上的通讯录导到新手机，不能因更换了新手机，弄丢老朋友的联系方式，然后在新手机上添加更多的联系人吧！

① 保持手机卡仍插在旧手机中，在旧手机中打开【电话】应用后，切换到【联系人】界面，单击右上角的 ⋮ 图标，在弹出的选项中单击【导入或导出联系人】。

② 在弹出的【导入/导出】界面中单击【导出到 USIM 卡】，旧手机中的通讯录就被保存到手机卡中了。

通话
联系人
营业厅
搜索150位联系人
所有联系人
我的名片
我的群组
黄页
A
阿里巴巴钉钉客服
B

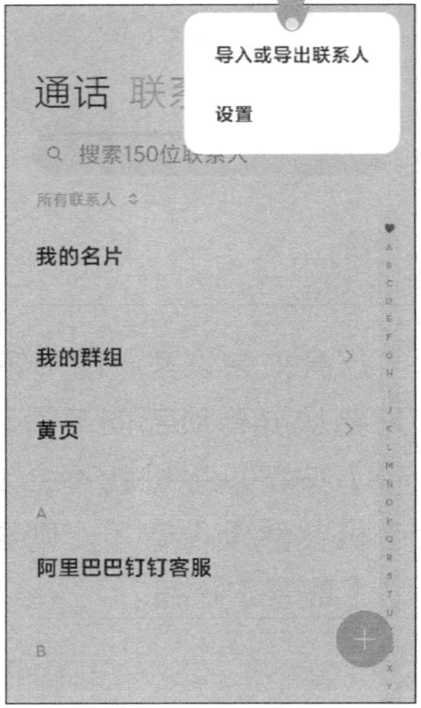
通话
导入或导出联系人
设置
所有联系人
我的名片
我的群组
黄页
A
阿里巴巴钉钉客服
B

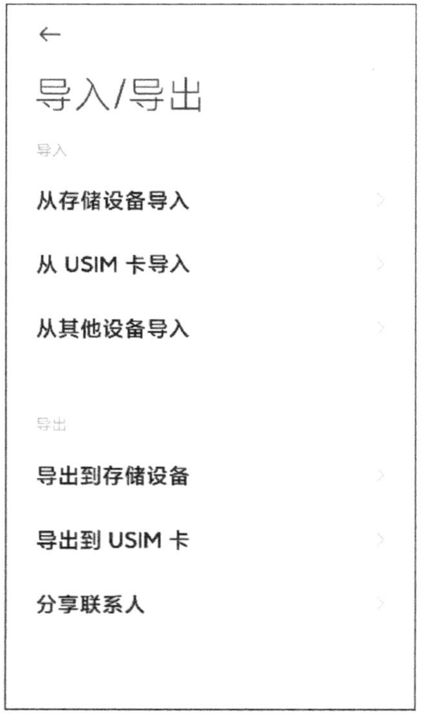
导入/导出
导入
从存储设备导入
从 USIM 卡导入
从其他设备导入
导出
导出到存储设备
导出到 USIM 卡
分享联系人

导入
删除

3 将手机卡插到新手机上，在【联系人】界面单击 ⋮ 图标，在弹出的选项中单击【导入或导出联系人】。在弹出的【导入 / 导出】界面中单击【从 USIM 卡导入】。

4 单击右上角的 ☰ 图标，即可选中所有联系人，单击界面下方的【导入】，手机卡中的联系人就被导入新手机了。

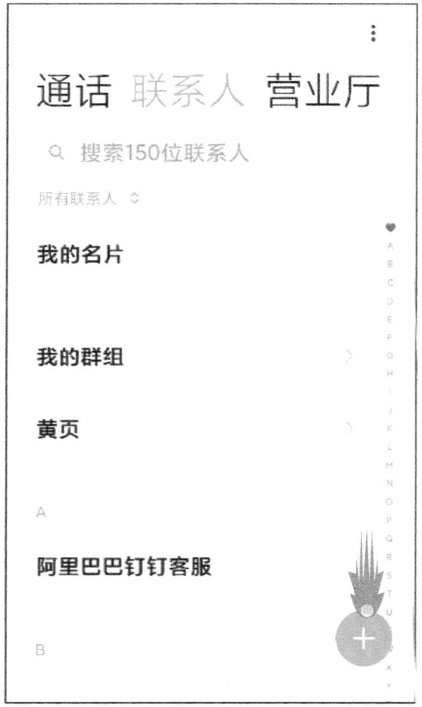
通话 联系人 营业厅
搜索150位联系人
所有联系人
我的名片
我的群组
黄页
A
阿里巴巴钉钉客服
B

新建小米帐号联系人
姓名
公司
职位
手机
电话
工作
邮件
群组名称
添加更多项

5 除添加旧手机中的联系人外，在认识新朋友后，还可新建联系人。在【联系人】界面单击 + 图标。

6 弹出新建联系人界面。在输入姓名、手机号码等信息后，单击 ✓ 图标，就可以创建新的联系人。

1.8 换新手机不用愁，一键导入旧数据

在更换手机后，除可导入联系人信息外，旧手机上的照片、短信、微信聊天记录等信息也可以导入新手机。只要在新、旧两部手机上都安装一款叫做【换机助手】的应用，就能很快完成旧数据的导入操作。一点都不难，一起来尝试一下吧！

① 在旧手机上安装并运行【换机助手】应用，单击【旧机发送】按钮，弹出【请选择要发送的资料】界面。

② 选择需要发送的资料，如【微信文件】【联系人】【软件】【图片】等，单击【开始发送】按钮，在出现的提示界面中单击【确定】按钮。

免流量一键换机
旧
旧机发送
新
新机接收
一键换机
文件快传

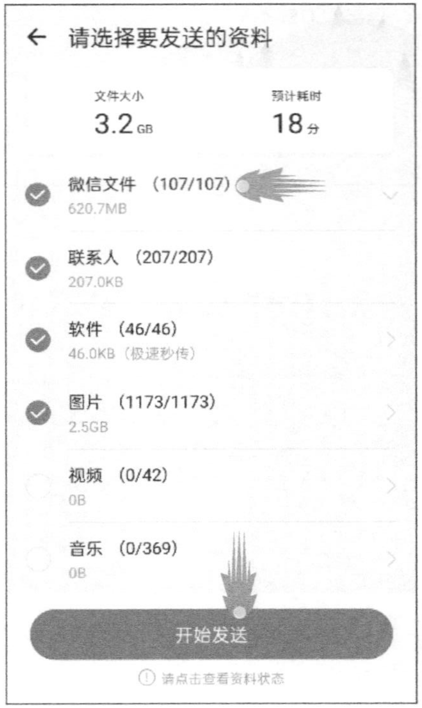
请选择要发送的资料
文件大小
3.2 GB
预计耗时
18 分
微信文件 (107/107)
620.7MB
联系人 (207/207)
207.0KB
软件 (46/46)
46.0KB (极速秒传)
图片 (1173/1173)
2.5GB
视频 (0/42)
0B
音乐 (0/369)
0B
开始发送
请点击查看资料状态

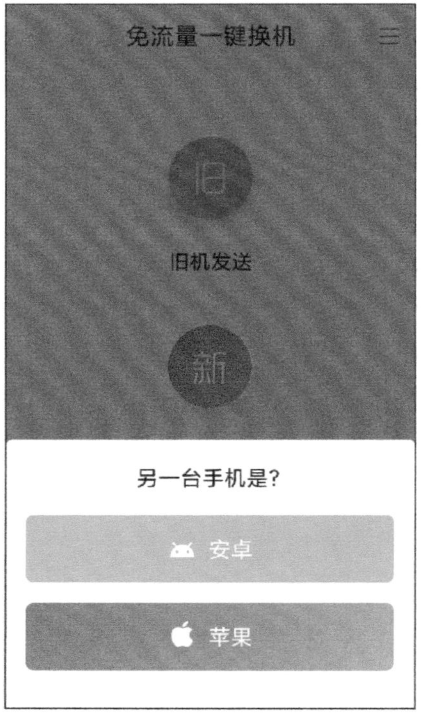
免流量一键换机
旧
旧机发送
新
另一台手机是?
安卓
苹果

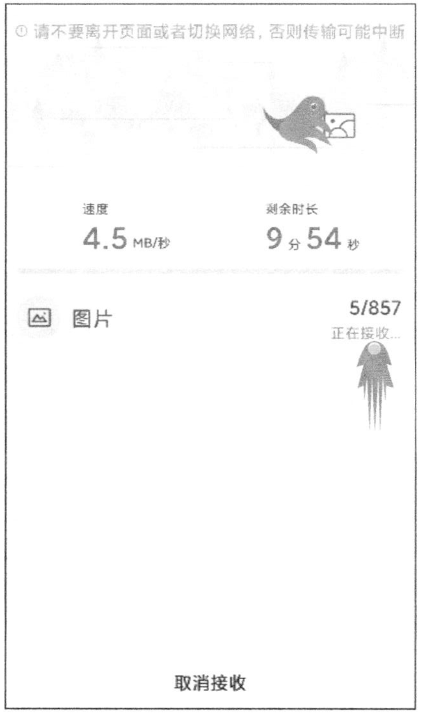
请不要离开页面或者切换网络，否则传输可能中断
速度
4.5 MB/秒
剩余时长
9 分 54 秒
图片
5/857
正在接收...
取消接收

3. 在新手机上安装并运行【换机助手】应用，单击【新机接收】按钮，并选择旧手机是【安卓】还是【苹果】。
4. 单击【下一步】按钮，此时旧手机上将出现一个二维码，用新手机扫描该二维码，即可将旧手机上的资料发送到新手机。

提示

至此，咱们就完成了新手机的基本操作，包括给手机“上锁”增加安全性；给流量设置开关，不让您花冤枉钱；设置字体和音量，能看得清、听得清；从旧手机中导出珍贵的照片、聊天、通讯录等信息，减少因换手机带来的不便……操作很简单，您一定能行！

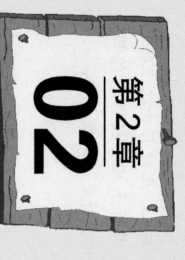

第2章 02 玩转手机的自带应用

各大品牌的手机在出厂前都会安装很多应用，有些应用可以随意卸载，有些应用则不行。如果将其强行卸载，则会造成手机无法正常使用的严重后果。一般来说，这些无法卸载的功能都涉及手机的基本功能，或许有些功能您平时不怎么使用，但在一些特定时候又离不开它。

本章就来简单介绍几款手机自带的应用，以及在使用过程中的技巧。不要小看这些技巧，将它们累积起来，您就会成为玩转手机的高手。

2.1 计算器，算盘打得当当响

计算器作为日常生活中经常用到的工具，不仅能作为基本功能内置在手机中，进行基本的四则运算和公式运算，还能计算个人所得税和房贷、计量单位转换，甚至能“算出”亲戚之间的正确称呼。是不是功能非常强大？下面就来体验一下吧！

① 运行手机上的【计算器】应用，默认状态下的计算器只能进行四则运算。在需要进行函数、开方等计算时，需要用到科学计算器：单击左下角的 图标，就可以切换到科学计算器了。

② 单击界面上方的【换算】，可以看到很多与日常生活相关的换算功能，例如，【汇率转换】、【亲戚称呼计算】、【长度转换】、【面积转换】等，说不定什么时候就能帮上忙。

计算 换算 税贷
0
AC % ÷
7 8 9 ×
4 5 6 −
1 2 3 +
0 . =

计算 换算 税贷
汇率转换
亲戚称呼计算
长度转换
面积转换
体积转换
温度转换
速度转换
时间转换
重量转换
佰
大写数字
进制转换
BMI指数计算

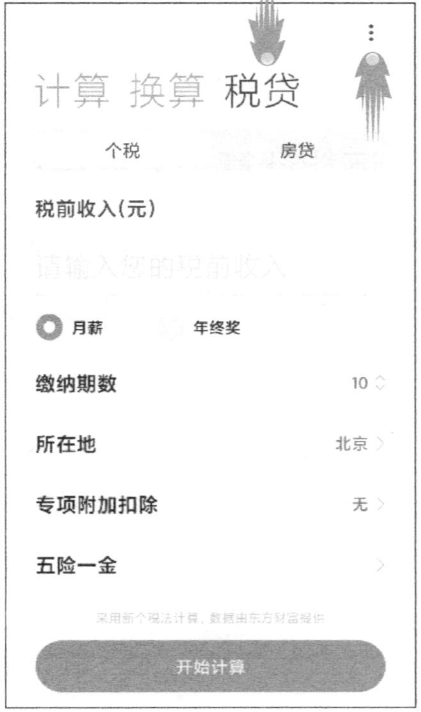
计算 换算 税贷
个税
房贷
税前收入(元)
月薪
年终奖
缴纳期数
10
所在地
北京
专项附加扣除
无
五险一金
开始计算

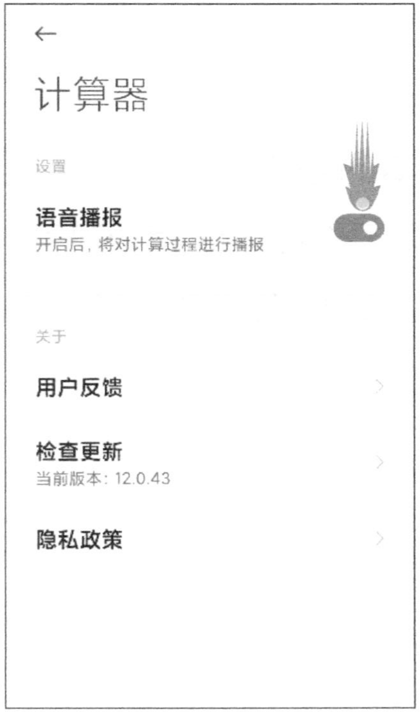
计算器
设置
语音播报
开启后，将对计算过程进行播报
关于
用户反馈
检查更新
当前版本：12.0.43
隐私政策

③ 如果您想知道税后工资或每月要交多少房贷，则单击界面上方的【税贷】就能轻松计算出来了。

④ 单击界面右上方的 ⋮ 图标，在出现的选项中单击【设置】，弹出【计算器】界面。开启【语音播报】开关，可以让计算器全程读出计算过程和计算结果。

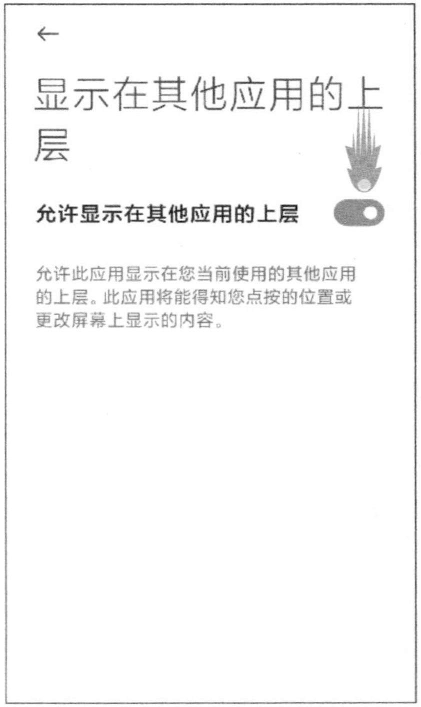
显示在其他应用的上层
允许显示在其他应用的上层
允许此应用显示在您当前使用的其他应用的上层。此应用将能得知您点按的位置或更改屏幕上显示的内容。

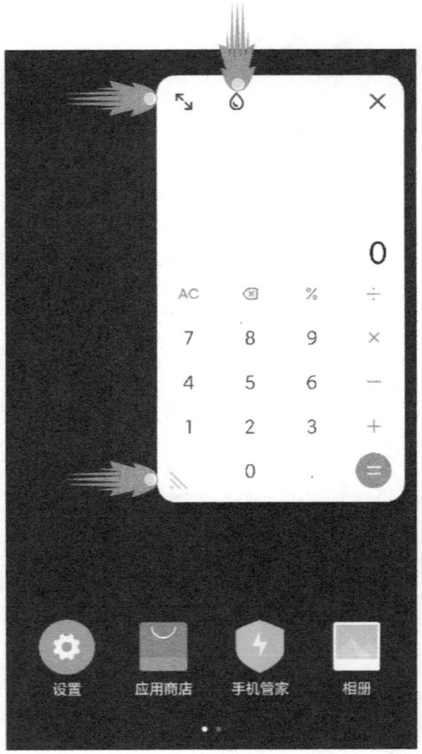
0
AC
%
7
8
9
4
5
6
1
2
3
0
设置
应用商店
手机管家
相册

⑤ 单击【计算器】应用首页左上角的图标，在出现的选项中单击【计算器】，并在弹出的界面中开启【允许显示在其他应用的上层】开关。再次单击图标，计算器会以小界面模式显示，这样就能参照文档进行计算了。

⑥ 在小界面模式下单击图标可以返回全屏状态。单击图标可以设置计算器的透明度。拖动左下角的图标可以缩放界面大小。

2.2 相机，记录美好瞬间

拍照功能一直是各大品牌手机的竞争焦点，在拍照功能不断增加的同时，只有熟悉并运用好这些拍照功能，才能记录美好瞬间。

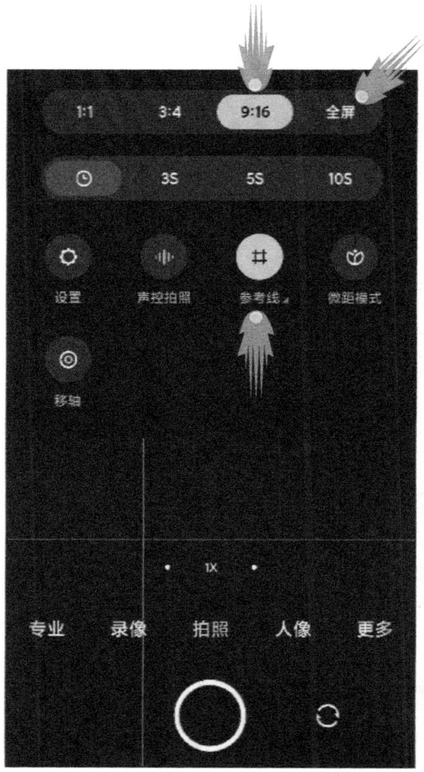
1:1
3:4
9:16
全屏
3S
5S
10S
设置
声控拍照
参考线
微距模式
移轴
1X
专业
录像
拍照
人像
更多

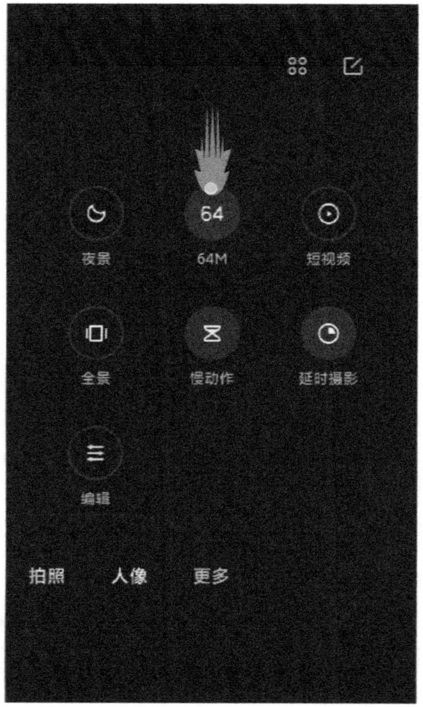
64
夜景
64M
短视频
全景
慢动作
延时摄影
编辑
拍照
人像
更多

① 运行手机上的【相机】应用后，单击右上角的☰图标，在弹出的界面中单击【参考线】，屏幕上就会出现井字形的辅助线，可以通过辅助线对正拍摄对象，也可以将其作为构图参考。在界面上方可以选择照片幅面，如果想把照片制作成电子相册，或者投屏到电视上观看，则应选择【9:16】。如果只想在手机上观看，则可选择【全屏】，这样观看照片时就不会出现难看的黑边。

② 主流手机的摄像头大多采用 4800 万像素以上的传感器，在距离拍摄对象较远时，可以单击相机上的【更多】，在弹出的界面中单击【48M】或【64M】。利用高清模式拍照后，即便将照片裁切，也能得到清晰的效果。

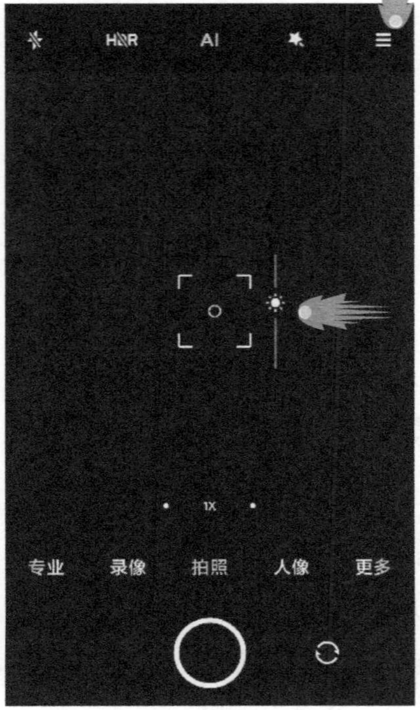
HDR
AI
1X
专业
录像
拍照
人像
更多

1:1
3:4
9:16
全屏
3S
5S
10S
设置
声控拍照
参考线
微距模式
移轴
1X
专业
录像
拍照
人像
更多

3 影响照片效果的最重要因素是光线，当环境光线太亮或照明不足时，可以单击屏幕，在出现☀图标后，上下拖动这个图标，即可调整照片的曝光度。

4 景深效果是手机功能的一大亮点。在【人像】模式下单击图标，左右拖动滑块就能控制景深。在【拍照】模式下，单击右上角的☰图标，出现选项后，单击【移轴】，同样可以拍摄出景深效果。

照片
相册
推荐
人物，地点，证件…
今天

取消
保存
一键美化
裁切旋转
滤镜
增强

5 拍摄照片后，运行手机上的【相册】应用，就能看到所有照片。

6 单击一个照片的缩略图，并单击界面下方的【编辑】，可以对照片进行一键美化、裁切旋转、滤镜等处理。

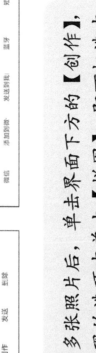

⑦ 按住一张照片的缩略图，在出现可勾选框后可以同时选择多张照片，也可单击界面右上角的 ☰ 图标，选取所有照片，单击界面下方的【发送】，可以把选中的照片通过微信分享给朋友。

已选择3项
今天
全不选
添加到
创作
发送
删除

已选择3项
隐私保护 >
美化
分享到
找不到设备?
微信
蓝牙

取消
保存
海报
布局
拼接

返回
10s
长视频
保存
0:03 | 0:05
模板
配乐
编辑

⑧ 选中多张照片后，单击界面下方的【创作】，在出现的选项中单击【拼图】，即可把选中的照片制作成海报，或者各种布局的拼图。

⑨ 若同时选中 3 张以上的照片，则单击界面下方的【创作】，在出现的选项中单击【照片电影】，即可利用视频模板，快速制作出具有背景音乐的电子相册。

2.3 笔记、日历、录音机，记录生活中的点点滴滴

随身听、录音机、照相机、闹钟等，都是以前很常见的电子产品，但在不知不觉间均已被手机替代。利用手机中的笔记、日历、录音机应用，可记录生活中的点点滴滴，重要的事情、甜蜜的日期、创意的想法统统不会忘。

① 运行【笔记】应用后，单击右下角的 ⊕ 图标，即可新建一条笔记。单击界面下方的 ıllı 图标，可以打开【录音机】功能，在笔记中添加一段语音；单击 🖼 图标，可以在笔记中插入图片；单击 ✍ 图标，可以在笔记上手绘图画；单击 ☑ 图标，可以添加能勾选的选项控件；单击 T 图标，可以编辑文字样式。单击右上角的 ✓ 图标，可以把这条笔记保存起来。

笔记
待办
搜索笔记

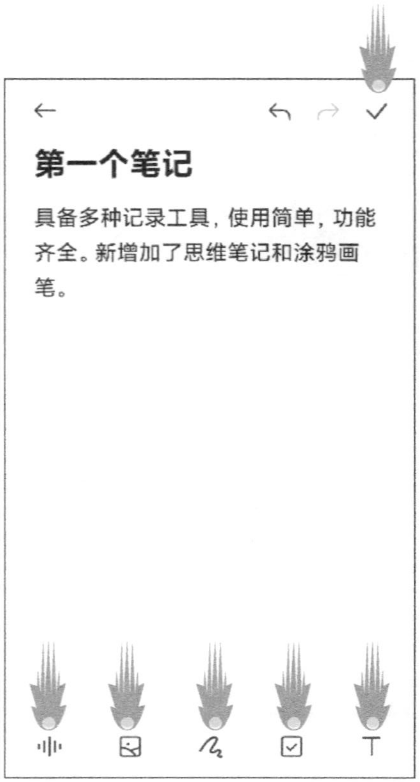
第一个笔记
具备多种记录工具，使用简单，功能齐全。新增加了思维笔记和涂鸦画笔。

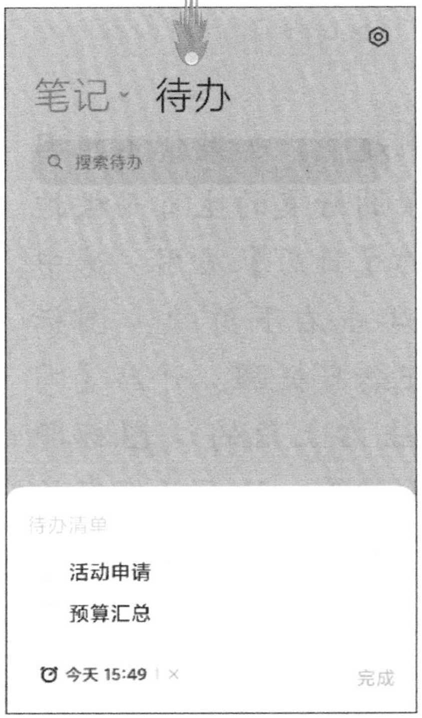
笔记 待办
搜索待办
待办清单
活动申请
预算汇总
今天 15:49
完成

笔记 待办
搜索待办
待办清单
今天 15:49
1/2
预算汇总
活动申请

②单击界面上方的【待办】，打开【待办】界面。单击 图标，可以录入自己的计划或待办事项，并且设置提醒时间。

③在完成一个待办事项后将其勾选，该事项就会变成灰色，这样就不用担心忘记重要的事情了。

④在突然有了灵感或重要的想法时，只要打开【录音机】应用，单击界面下方的红色按钮，就能以最快的速度把当前的想法用语言描述并记录下来。单击 图标可看到录制完成的【录音列表】。

00:00.00
高品质音质

录音列表
搜索3条录音
通话录音
2021年10月
10月10日 下午4点36分
00:03 2021/10/10
10月10日 下午4点12分
00:09 2021/10/10

2021年10月 20天后
农历九月廿五
辛丑牛年 戊戌月 辛亥日

创建生日
日程
生日
纪念日
倒数日
寿星姓名
时间
2021年10月30日星期六
提醒
提前3天上午10:00,当天上午10:00
闹钟提醒
从联系人中批量导入生日

5 现代人的生活节奏越来越快，如果您不想因为忘记结婚纪念日、亲朋好友的生日而被抱怨，则可打开手机上的【日历】应用，选中需要记住的日期，并单击右下角的＋图标即可创建生日提醒或纪念日提醒。开启【闹钟提醒】开关后，单击右上角的✓图标即可完成特定日期的提醒设置，从而让您有足够的时间准备礼物或在第一时间送上祝福。

2.4 手电筒、闹钟，不怕黑，不怕忘

利用手电筒可点亮周边，即便夜幕降临，四周也能充满着柔和的灯光；利用闹钟可添加一个个重要提醒，几点几分响铃全凭您设置。手电筒和闹钟是手机的基础应用，本节就来介绍手电筒和闹钟使用的小技巧，让您不再怕黑，不再怕忘。

9:49
10月8日 周五 上午
移动数据
蓝牙
WLAN
自动亮度
手电筒
静音
截屏
飞行模式
锁屏
位置信息
方向锁定
扫一扫
今日:1.1MB　剩余:961.6MB

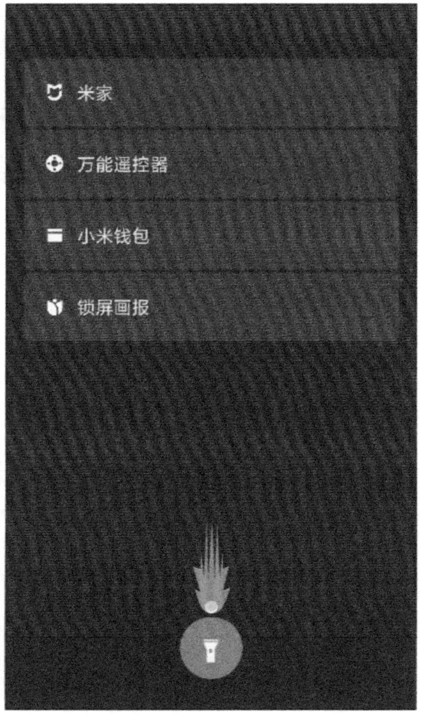
米家
万能遥控器
小米钱包
锁屏画报

① 开启手电筒的第一种方法是先解锁屏幕，然后从屏幕顶部向下滑动，在显示的快捷开关中打开【手电筒】开关。

② 打开手电筒的第二种方法是在锁屏状态下向右滑动屏幕，单击屏幕下方的图标即可打开手电筒。

③ 除以上两种开启方式外，还可以自定义手电筒的开启方式。例如，在手机中打开【设置】应用，弹出【设置】界面。单击【更多设置】→【按键快捷方式】→【手电筒】，弹出【手电筒】界面。

④ 在此界面上可设置打开手电筒的快捷键。例如，单击【双击电源键】后，无论手机是否处于锁屏状态，只要双击电源键，就可打开手电筒。

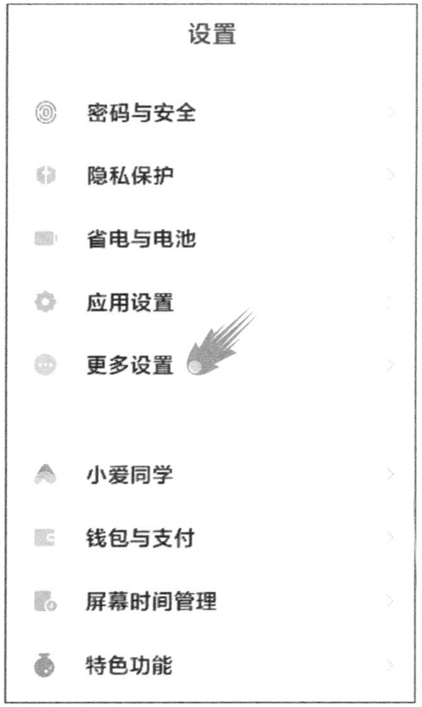
设置
密码与安全
隐私保护
省电与电池
应用设置
更多设置
小爱同学
钱包与支付
屏幕时间管理
特色功能

手电筒
手势与按键动作预览
双击电源键
长按Home键
长按菜单键
长按返回键

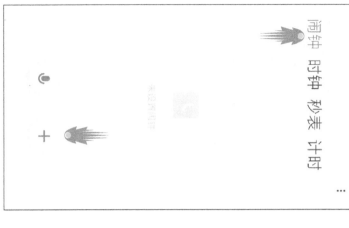
闹钟 时钟 秒表 计时

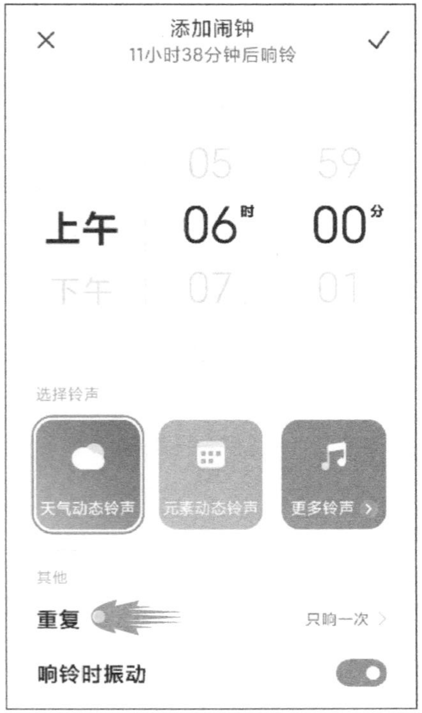
添加闹钟
11小时38分钟后响铃
05 59
上午 06时 00分
下午 07 01
选择铃声
天气动态铃声
元素动态铃声
更多铃声
其他
重复
只响一次
响铃时振动

5 运行手机上的【时钟】应用，单击【闹钟】界面下方的＋图标后，即可新建一个闹钟提醒。在设定好响铃时间后，单击【重复】，可弹出可选菜单。

提示

除闹钟外，【时钟】应用还可化身秒表、计时器等。

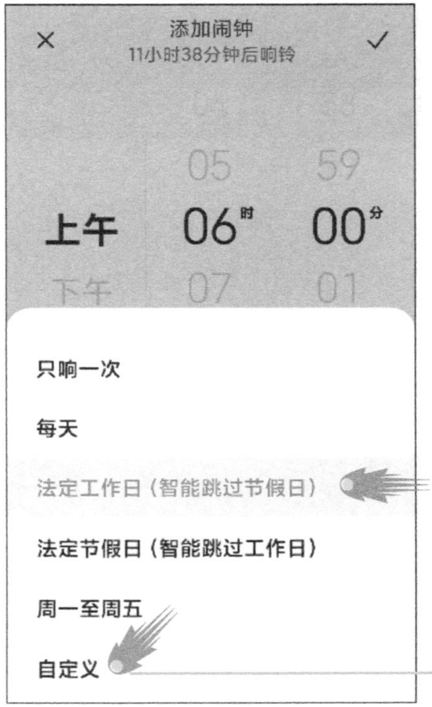
添加闹钟
11小时38分钟后响铃
05 59
上午 06时 00分
下午 07 01
只响一次
每天
法定工作日（智能跳过节假日）
法定节假日（智能跳过工作日）
周一至周五
自定义

添加闹钟
11小时36分钟后响铃
重复
星期一
星期二
星期三
星期四
星期五
星期六
星期日
取消
确定

6 若在弹出的可选菜单中单击【法定工作日（智能跳过节假日）】，则手机就会在工作日准时叫您起床，不用担心节假日被闹钟吵醒。如果您每个周六也需要早起，则可再创建一个闹钟，单击【重复】，在弹出的可选菜单中单击【自定义】→【星期六】，将响铃时间设置为星期六。

2.5 天气预报，几点几分下雨早知道

出门前查看一下天气情况，以此为依据决定带不带雨伞、穿多少衣服，这已经成为很多人的生活习惯。在【应用商店】应用中可以找到很多天气预报类的应用，这些应用的数据基本来自气象局，数据的准确程度相差无几，区别仅在于界面外观和更新频率。若没有特殊需求，则通过手机自带的天气预报应用就可以获取足够全面的天气信息了。

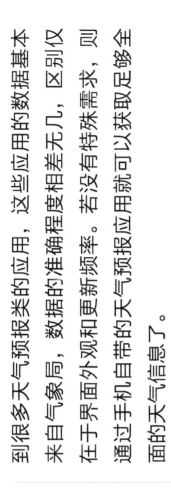

1. 在使用天气预报应用前，先从屏幕顶部向下滑动，显示快捷开关，只有单击【位置信息】后，天气预报应用才能根据位置更新数据。
2. 天气预报应用每隔一段时间会刷新一次数据，若想知道最新的天气情况，则可在天气预报应用界面的任意位置按住屏幕向下滑动，松开手指即可完成手动刷新数据的操作。

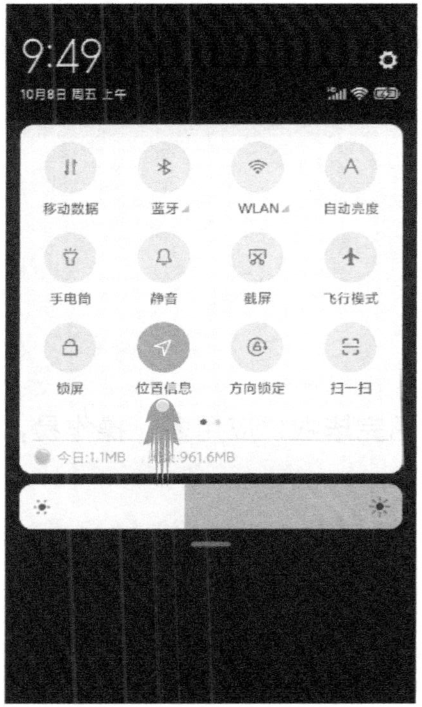
9:49
10月8日 周五 上午
移动数据
蓝牙
WLAN
自动亮度
手电筒
静音
截屏
飞行模式
锁屏
位置信息
方向锁定
扫一扫
今日:1.1MB
961.6MB

北京市
6
°C
晴
空气优 21
2小时内无降水
今天 · 晴
18° / 4°
明天 · 晴
19° / 7°
17° / 9°

③ 长按手机桌面的空白处，在松开手指后单击【添加工具】，在弹出的工具中将天气预报添加到手机桌面上。现在，只要解锁手机就能在桌面上看到天气信息了。

完成
应用商店
相册
手机管家
系统工具
修改壁纸
添加工具
桌面设置

9°C
应用商店
相册
手机管家
系统工具

④ 上滑天气预报屏幕可以看到当天各个时段的气温。若近期打算出游，则可单击【查看近 15 日天气】，查看未来一段时间内的天气情况。

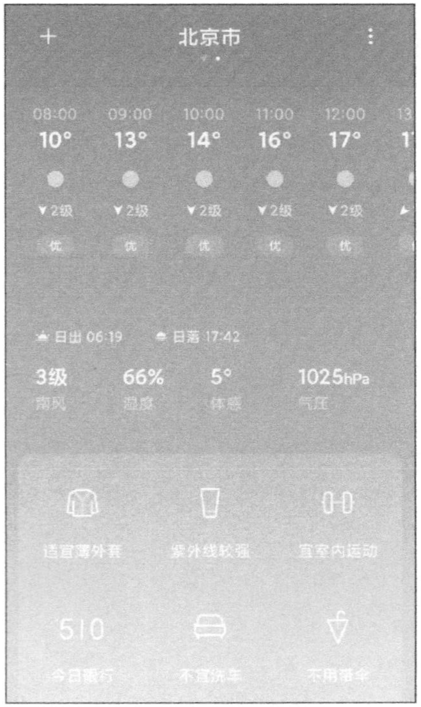
北京市
08:00 10°
09:00 13°
10:00 14°
11:00 16°
12:00 17°
3级
66%
5°
1025hPa
510

15天趋势预报
今天 10月11日
明天 10月12日
周三 10月13日
周四 10月14日
晴
多云
小雨

提 示

至此，手机自带的常见应用就介绍完毕啦！应用多，操作易，只要逐一实践，您就是手机达人！

第3章 03 手机安全是第一位的

随着科技的不断发展，智能手机已经应用在日常生活的各个场景中。特别是移动支付的快速发展，让手机与钱包的关系变得越来越紧密，用手机消费、转账和理财已经成为常态。手机一旦出现安全问题，则损失程度往往难以估量。

为了更加全面地了解手机安全的重要性及加强防范意识，本章将系统地介绍手机上的不安全因素及防范手段，让您放心地使用手机。

3.1 保护个人信息，别让骗子有机可乘

安全使用手机的前提是具备自我防范意识。在日常使用手机时，一定要避免主动泄露个人隐私。个人隐私指的是保存在手机上的私人照片、视频、通讯记录、电子邮件等信息。如果这些信息外泄，轻则会被窃取者贩卖或发布到网络上，重则还会被敲诈、勒索等。

与个人隐私同样重要的是个人信息。个人信息是指姓名、身份证号码、银行账号和密码等用来识别身份的信息。对于银行取款机、POS 机、手机等收付款工具来说，个人信息是区分用户的主要依据。换句话说，谁知道账号和密码，谁就是银行卡和手机钱包的支配者。

在大数据时代的背景下，绝对的个人信息隐私已经不复存在，我们每天登录过哪些网站、看过哪些新闻和电影、网购过哪些东西、住过哪些酒店……这些信息都被收集起来，并汇总分析。很多时候个人信息的主动提交也是不可避免的，比如，在填写快递单据、办理会员卡时都要填写个人信息。这些信息有可能被别有用心的人窃取并倒卖。

好在零散的信息不会对个人财产造成直接威胁。熟悉移动支付的用户都知道，支付密码作为手机钱包的最后一道安全屏障，若想重置，必须要提供银行卡号、预留手机号码、开户者姓名和身份证号码、验证码等关键信息。我们能做的就是尽可能避免这些关键信息外泄，不让别有用心的人将所有关键信息收集齐全。

信息泄露的重要源头是手机丢失和出售，因此在转送或出售旧手机前，千万要清除手机上的数据。

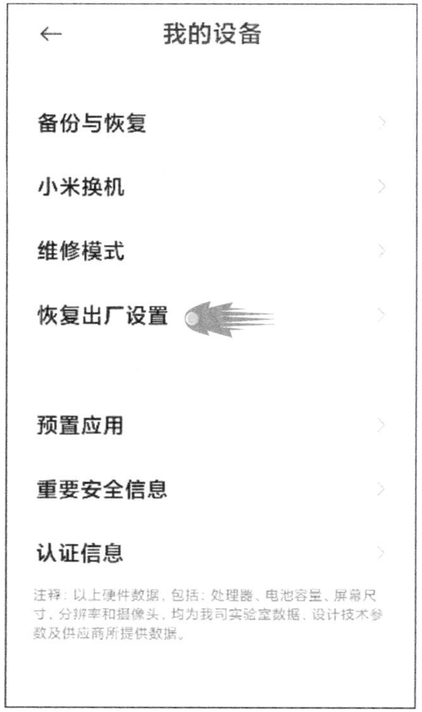
我的设备
备份与恢复
小米换机
维修模式
恢复出厂设置
预置应用
重要安全信息
认证信息
注释：以上硬件数据，包括：处理器、电池容量、屏幕尺寸、分辨率和摄像头，均为我司实验室数据，设计技术参数及供应商所提供数据。

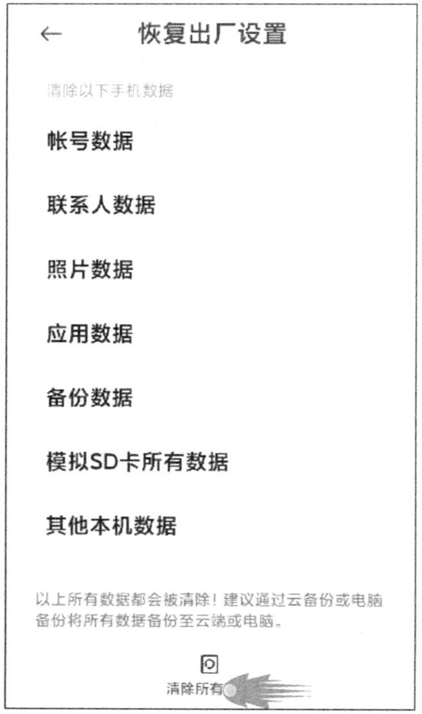
恢复出厂设置
清除以下手机数据
帐号数据
联系人数据
照片数据
应用数据
备份数据
模拟SD卡所有数据
其他本机数据
以上所有数据都会被清除！建议通过云备份或电脑备份将所有数据备份至云端或电脑。
清除所有

① 清除手机数据的方法是单击【设置】→【我的设备】→【恢复出厂设置】。

② 弹出【恢复出厂设置】界面，单击最下方的【清除所有】按钮即可。即便在清除所有数据后，使用恢复软件仍可复原部分数据。如果您的手机保留过比较重要的文件，则在清除数据后，先下载一些“大体积”的视频，将存储器填满，再重新恢复出厂设置，可提高手机的安全性。

③ 还可以利用手机自带的功能增强安全防护级别。如果手机上的某些照片或文档不希望被别人看到，则可运行【文件管理】应用，按住要隐藏的文件将其选中，单击【更多】→【设为私密】，并设置一个手势密码，这个文件就被隐藏起来了。

④ 查看私密文件的方法是从【文件管理】界面的顶部向下滑动，出现【松开进入隐私空间】的提示后，松开手指，输入解锁手势密码即可。

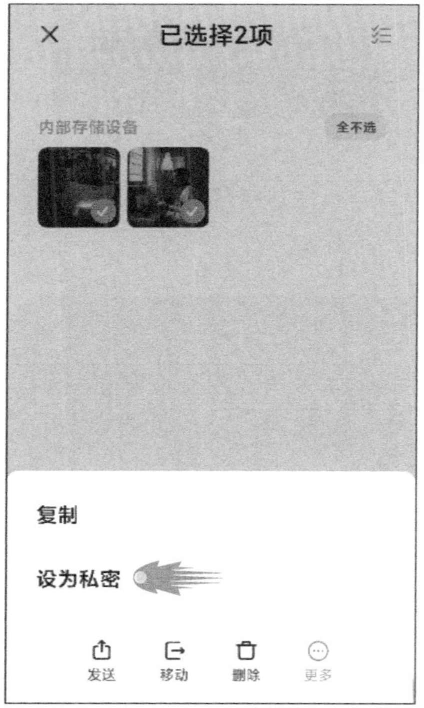
已选择2项
内部存储设备
全不选
复制
设为私密
发送
移动
删除
更多

文件管理
手机
最近
文档
视频
图片
松开进入隐私空间
没有文件

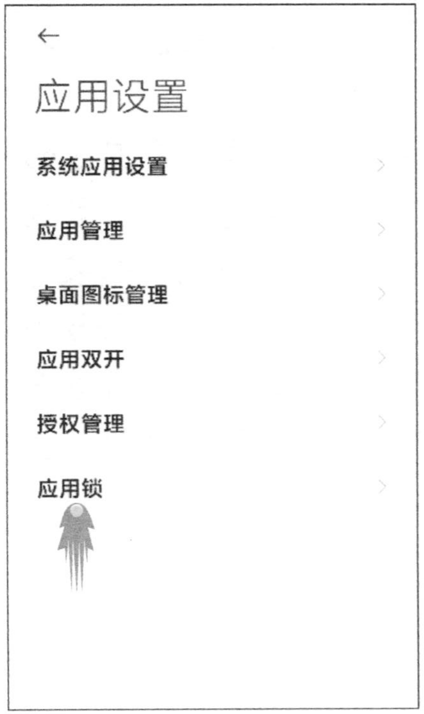
应用设置
系统应用设置
应用管理
桌面图标管理
应用双开
授权管理
应用锁

应用锁
为应用加锁，保护隐私数据
等8个应用建议加锁
立即开启

⑤ 如果不想让别人运行某个应用，则可在手机的【设置】应用中单击【应用设置】→【应用锁】，弹出【应用锁】界面。单击【立即开启】按钮后设置手势密码。

⑥ 第一次开启应用锁后，进入可选择要保护应用的界面，按照需求勾选应用，如微信，单击【完成应用锁设置】按钮。

应用锁
选择要保护的应用
98%的用户选择保护以下应用
微信
相册
文件管理
钱包
支付宝
短信
将一键加锁以上1个应用
完成应用锁设置

应用锁 隐藏应用
搜索 34 个应用程序
使用指纹解锁应用锁
支持设置多个指纹，解锁应用更便捷
使用面容数据解锁应用锁
无需操作，开启应用立即解锁
34 个应用未加锁
微信
第三方应用
支付宝
第三方应用
文件管理
系统应用
浏览器
系统应用

⑦ 第二次开启应用锁后，进入应用锁和隐藏应用共同显示的界面。应用右侧的按钮可控制是否开启应用锁。设置完成后，只有在解锁后才能运行上锁应用。如果您觉得手势解锁比较麻烦，则可以开启指纹和面容解锁。

3.2 快跑，远离手机病毒

提起手机病毒，很多朋友就会联想到曾经肆虐一时的电脑病毒。比起电脑病毒，手机中并不存在同时具有繁殖性和破坏性的程序。那些在手机上窃取信息和账号、不断推送广告，甚至锁定屏幕、勒索用户的 APP 有个更贴切的叫法——手机恶意应用。

除手机恶意应用外，同样困扰手机用户的还有手机流氓应用。虽然手机流氓应用没有多少破坏性，但是具有难以卸载、强行捆绑其他应用、恶意吸费和过度收集信息的特点。若想彻底防范手机恶意应用和手机流氓应用，则要知道它们进入手机的途径。

- 从非正规渠道下载：手机恶意应用的制作者主要通过 SDK 代码集成和应用二次打包的方式，将恶意代码嵌入流行应用中，并把这些应用散布到应用下载网站、论坛和网盘，静静等待人们自行下载安装。为了吸引用户下载，这些手机恶意应用通常会披上破解或色情的外衣。
- ROM 内置：这种情况主要出现在二手手机和廉价手机上，即这些手机在出售前已被安装手机恶意应用。
- 扫描二维码下载：随着移动支付的普及，二维码逐渐成为手机恶意应用的重要传播途径。由于二维码的隐蔽性强，扫码便可自动下载，所以更不容易防范。
- 通过短信链接下载：电子邮件和短信也是传播手机恶意应用的途径之一。有些包含蠕虫程序的应用还能读取手机上的通讯录，并给所有联系人群发带有手机恶意应用下载链接的短信。

在知道了手机恶意应用的传播途径后，自然就能找到应对的方法。用一句话概括就是：不买山寨手机、谨慎扫码、只从手机自带的【应用商店】下载应用。如果您在使用手机的过程中发生下列现象，则要警惕手机中是否安装了恶意应用。

- 应用安装完毕后，桌面上未出现图标，或者在没有主动下载的情况下，手机反复提示安装新应用。
- 在打开新安装的应用时被要求填写身份证号码、银行卡号等信息。
- 收不到短信通知或收到短信时黑屏。
- 桌面频繁弹出广告或锁屏密码被更换。

若手机被安装了恶意应用，则应该在第一时间开启【飞行模式】并断开网络，暂时避免信息泄露，再用手机自带的安全应用查杀。多数手机恶意应用没有那么顽固，只要安全应用能够发现并将其卸载，基本上就不会造成太大的危害。

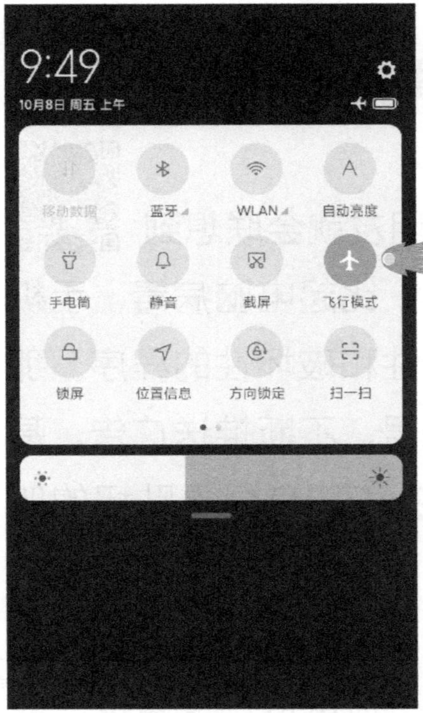
9:49
10月8日 周五 上午
移动数据
蓝牙
WLAN
自动亮度
手电筒
静音
截屏
飞行模式
锁屏
位置信息
方向锁定
扫一扫

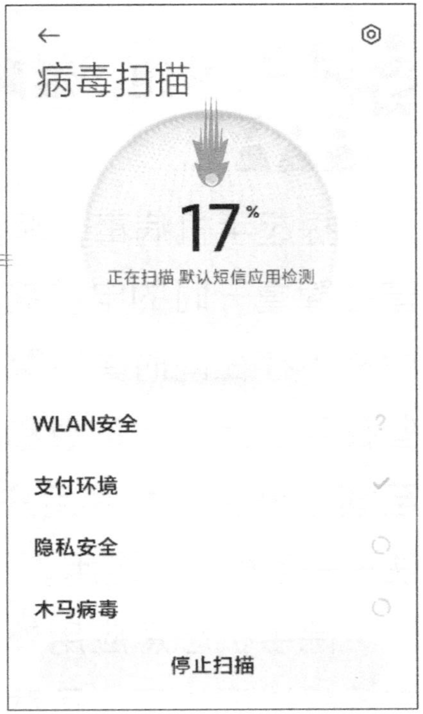
病毒扫描
17%
正在扫描 默认短信应用检测
WLAN安全
支付环境
隐私安全
木马病毒
停止扫描

提 示

如果查杀后手机依然有问题，则应该按照前面介绍过的方法恢复出厂设置。在个别情况下，即便恢复出厂设置也无法彻底清除恶意应用，例如，手机ROM中被内置了手机恶意应用，或者手机恶意应用具有提升权限的能力，这时只能先到手机的官方网站下载线刷工具，再用电脑刷机。

3.3 捂好您的手机钱包

移动支付的一大优点就是便捷。去商场结账时只要打开微信或支付宝，让收银员扫一下收付款码就能支付成功。当您发现整个过程不需要任何密码时，心里是否有一丝不安呢？若别人拿了自己的手机，是不是也能轻易地把钱花出去？在设计者看来，这种便捷的支付方式，有以下几方面的安全保证。

- 收付款码是动态码，生成二维码 3 分钟后就会失效。
- 只有和微信或支付宝签约的商家才能直接扣款，否则就需要输入支付密码。

当然，任何措施都无法保证绝对安全，更加谨慎的做法是给手机钱包单独上一道“安全锁”。

01 开启微信安全锁

① 在微信中单击界面下方的【我】→【支付】→【钱包】→【安全保障】→【安全锁】。

支付
收付款
钱包
金融理财
信用卡还款
微粒贷借钱
理财通
生活服务
手机充值
生活缴费
Q币充值
城市服务
腾讯公益
医疗健康
防疫健康码
交通出行

微信保护你的支付安全
银行级别的安全技术，支付密码和手机短信双重验证，联合人保提供百万保障
数字证书
保护钱包提升支付安全
未启用
支付环境保镖
未安装
安全锁
未开启
金额隐私保护
开启后可隐藏钱包下方金额
未开启
百万保障
联合人保财险，保障你的资金安全
保障中

支付
收付款
钱包
金融理财
信用卡还款
微粒贷借钱
理财通
生活服务
手机充值
生活缴费
Q币充值
城市服务
腾讯公益
医疗健康
防疫健康码
交通出行

微信保护你的支付安全
银行级别的安全技术，支付密码和手机短信双重验证，联合人保提供百万保障
数字证书
保护钱包提升支付安全
未启用
支付环境保镖
保护手机支付环境安全
未安装
安全锁
开启后，进入"我-支付"时需验证身份
已开启
金额隐私保护
开启后可隐藏钱包下方金额
已开启
百万保障
联合人保财险，保障你的资金安全
保障中

2 弹出【安全锁】界面，可选中【手势密码解锁】，在输入支付密码后设置手势密码。也可选中【指纹解锁】，在输入支付密码后设置指纹解锁。在添加了安全锁后，只要退出微信支付的时间超过5分钟，当再次进入微信支付时，就需要重新输入密码。

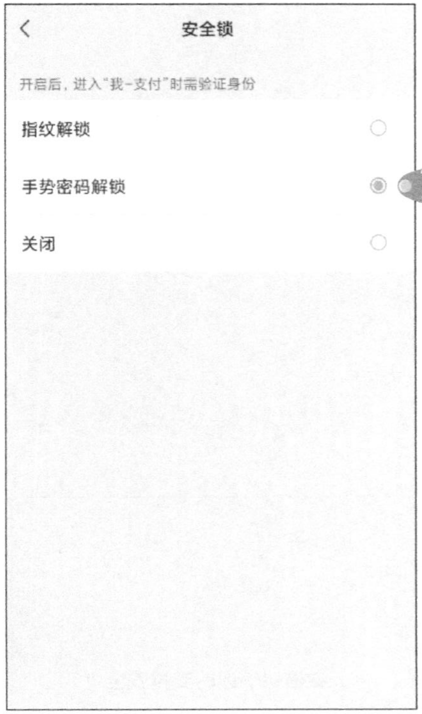
安全锁
开启后，进入"我-支付"时需验证身份
指纹解锁
手势密码解锁
关闭

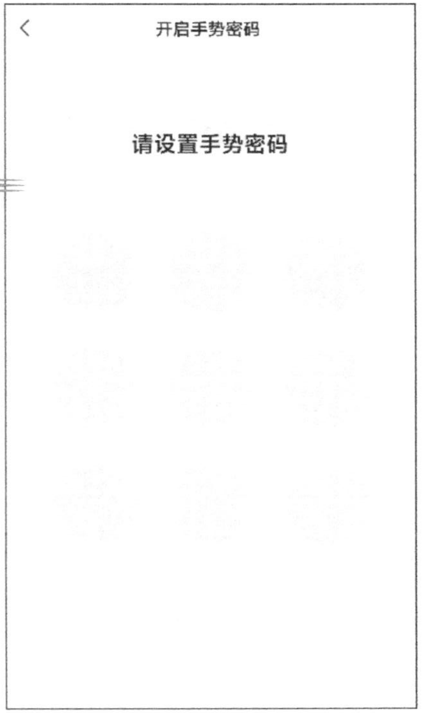
开启手势密码
请设置手势密码

提示

在安全保障界面单击【金额隐私保护】，弹出【金额隐私保护】界面。开启【隐藏钱包入口下方金额】开关，别人就看不到您的钱包里有多少零钱了。

02 开启支付宝的钱包锁

① 在支付宝中单击【我的】，并单击界面右上角的 ⚙ 图标，弹出【设置】界面。继续单击【账号与安全】→【解锁设置】，弹出【指纹 / 手势解锁】界面，开始设置钱包锁并保护隐私信息。

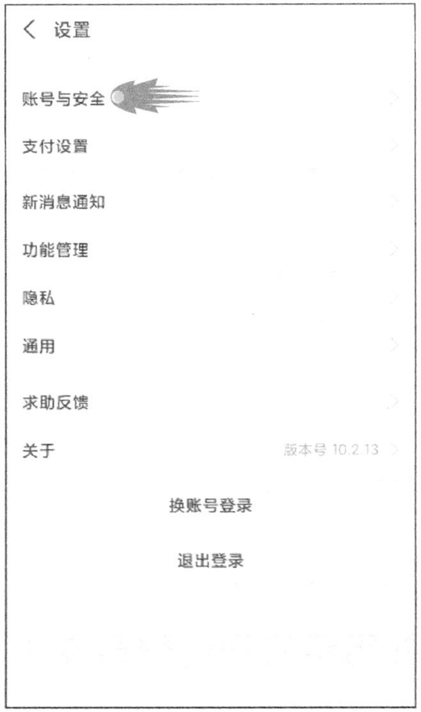

设置
账号与安全
支付设置
新消息通知
功能管理
隐私
通用
求助反馈
关于
版本号 10.2.13
换账号登录
退出登录

账号与安全
实名认证
手机号
淘宝会员名
支付宝青少年账号
添加/管理你孩子的支付宝账号
待添加
支付密码
登录密码
解锁设置
设置指纹/手势解锁来保护隐私信息
生物识别
刷脸、指纹、声音锁
安全中心
账号注销、挂失/解挂等账户安全服务

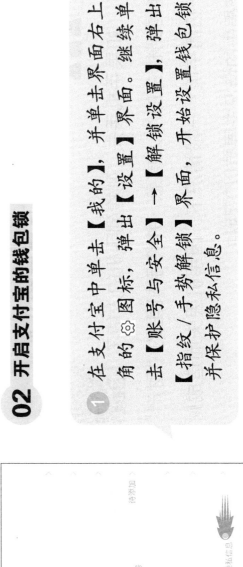

② 指纹和手势密码可以同时开启，使用哪种方式都可以解锁钱包。

③ 在【账号与安全】界面单击【生物识别】→【刷脸设置】，弹出【刷脸设置】界面。通过该界面可以设置用刷脸的方式解锁支付宝，以及开启【手机刷脸支付】开关。

指纹/手势解锁
请选择需要解锁的页面
离开5分钟后再进入，需要使用指纹/手势解锁
设置解锁方式
指纹
指纹仅对本机有效
手势密码

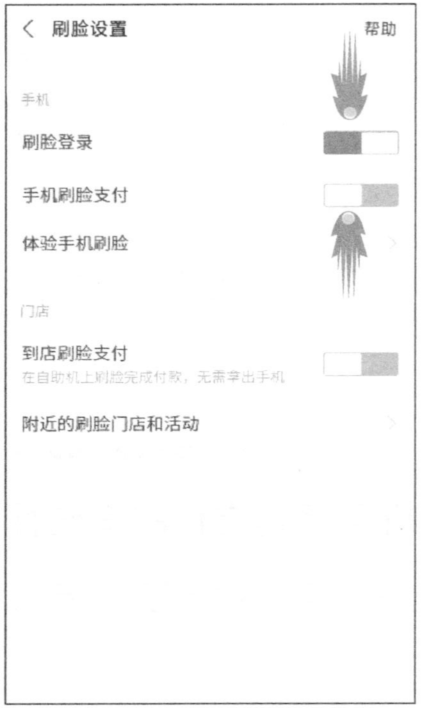

刷脸设置
帮助
手机
刷脸登录
手机刷脸支付
体验手机刷脸
门店
到店刷脸支付
在自助机上刷脸完成付款，无需拿出手机
附近的刷脸门店和活动

3.4 不要慌！手机丢了可补救

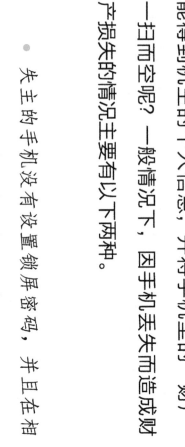

如果手机丢失，则捡到手机的人能不能得到机主的个人信息，并将手机里的“财产”一扫而空呢？一般情况下，因手机丢失而造成财产损失的情况主要有以下两种。

- 失主的手机没有设置锁屏密码，并且在相册或短信中保存了身份信息。
- 手机有锁屏密码且没有保存身份信息，但手机里的钱仍然被划走。

第一种情况是因失主疏忽大意造成的，与手机和移动支付的安全性无关。我们需要重点关注的是第二种情况。若捡到手机的人想绕过锁屏密码解除锁屏，则一般都会用常见的密码组合或图案碰碰运气。在多次尝试失败导致手机被锁定后，可以把手机连接到电脑上，尝试用软件读取手机中的信息或解除锁屏。只要捡到手机的人没有通过刷机或安装应用获取手机的最高管理权限，就只能恢复出厂设置。这样一来，手机上的资料和数据被清空，手机里的“财产”就安全了。

如果捡到手机的人只想转移资金，则会把手机卡插到另一部手机上，并用手机号码登录支付宝，通过短信找回密码。只要身份证或银行卡没有一起丢失，那么在支付密码的保护下，手机钱包暂时还是安全的。为了提高手机钱包的安全性，在手机丢失后，需要通过以下补救措施来减小损失。

01 冻结移动支付账号

① 在发现手机丢失后，应在第一时间用另一部手机登录支付宝和微信。打开支付宝中的【我的】界面，单击右上角的 ··· 图标，并继续单击【账号与安全】→【安全中心】，在弹出的【安全中心】界面上单击【账号挂失】，弹出【快速挂失】界面。

② 选中【手机丢了】，单击【立即挂失】按钮。

安全中心
未开启检测
了解账号安全，获取安全建议
立即开启
账号挂失
解除限制
举报中心
账号注销
反赌先锋
设备管理
蚂蚁探险
更多服务
暂无未读安全服务通知
输入你需要的安全服务
速来体验反赌先锋

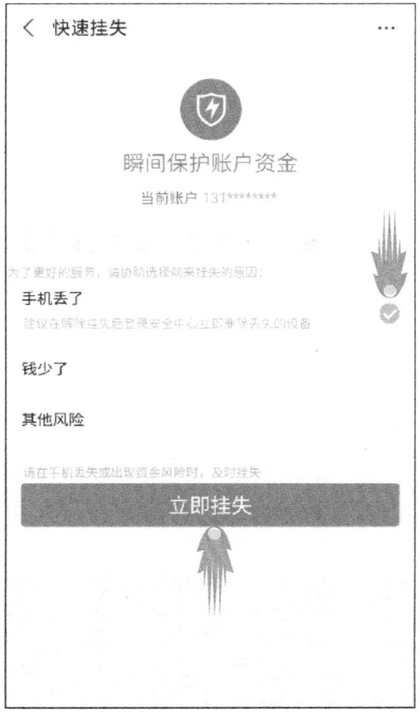
快速挂失
瞬间保护账户资金
当前账户 131********
手机丢了
钱少了
其他风险
立即挂失

③ 在支付宝中进行账号挂失后，还要冻结微信账号：在微信中单击【我】→【设置】→【账号与安全】→【微信安全中心】→【冻结账号】→【开始冻结】按钮。

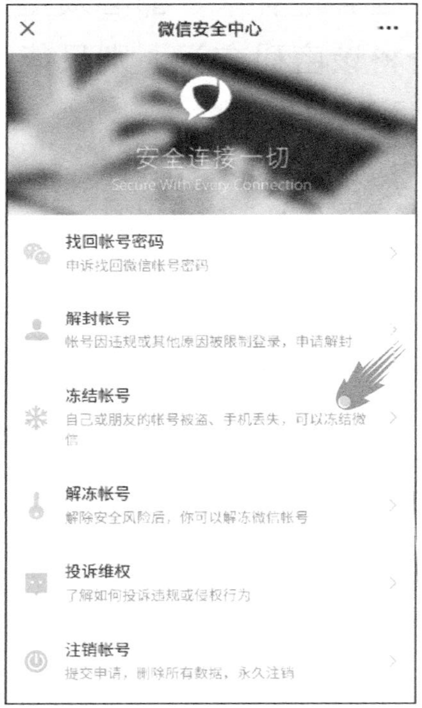
微信安全中心
安全连接一切
Secure With Every Connection
找回帐号密码
申诉找回微信帐号密码
解封帐号
冻结帐号
解冻帐号
投诉维权
注销帐号

冻结帐号
发现微信被盗或手机丢失，你可以冻结微信号
防止坏人窃取你的个人隐私
防止坏人冒用你的身份诈骗好友
防止坏人盗刷你的微信支付资金
开始冻结

提示

也可以在电脑或手机的浏览器中搜索【安全中心－应急服务】和【微信安全中心】，通过网页冻结支付宝和微信账号。

02 办理手机卡

在冻结移动支付账户后，需持身份证到就近的营业厅办理补卡业务。补办新卡后，原卡立即作废，这样捡到手机的人就收不到验证短信了。如果无法及时补卡，则可拨打运营商的服务电话申请紧急停机。

提示

无论办理紧急停机，还是办理异地补卡，都必须提供 6 位数字的服务密码。若将该密码忘记，则只能在开户营业厅凭身份证重置服务密码。

03 解绑并挂失银行卡

① 如果银行卡和手机一起丢失，则要在支付宝中单击【我的】→【银行卡】，选中绑定的银行卡后，单击【卡管理】→【解除绑定】→【仍要解绑】。

支付宝界面

单笔限额
每日限额
解除绑定
取消

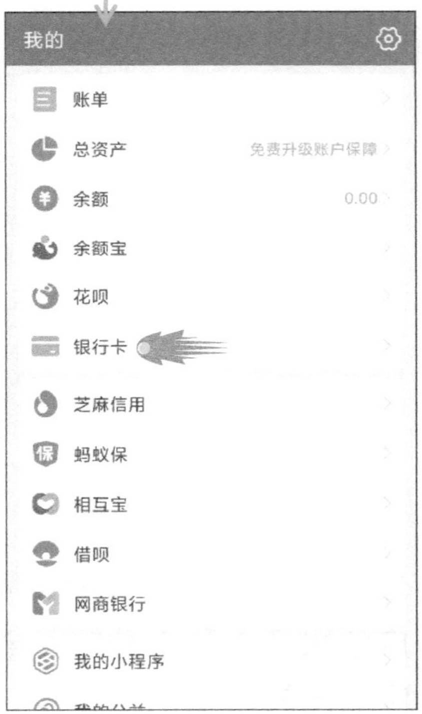
我的
账单
总资产
免费升级账户保障
余额
0.00
余额宝
花呗
银行卡
芝麻信用
蚂蚁保
相互宝
借呗
网商银行
我的小程序

② 在微信中单击【我】→【支付】→【钱包】→【银行卡】，选中绑定的银行卡，单击右上角的 ··· 图标，在出现的选项中单击【解除绑定】。

04 通知亲朋好友

如果您怀疑手机里的个人信息已经泄露，则别忘了通知熟悉的亲朋好友，以免他们遭遇电信诈骗。另外，在创建通讯录时最好不要直接使用“爸爸”“女儿”等称呼，以免给骗子留下可乘之机。

05 使用手机查找服务

各大手机厂商都提供了手机查找服务。如果手机丢失的时间不长，则可用另一部手机或在电脑上登录【手机查找】服务网站，以便在地图上定位手机，或者远程擦除手机上的数据。

1 不同品牌的手机都会预装【手机管家】应用。运行【手机管家】，等待扫描结束后，单击【垃圾清理】→【清理选中垃圾】，就可以将日常积累的应用缓存、垃圾文件、残留的卸载文件，以及安装完成后没有清理的安装包删除。

3.5 手机容量有限，及时清理垃圾文件

智能手机用久了会卡顿：一是因为应用不断升级，给硬件配置带来了压力；二是因为应用下载过多，导致常驻后台的应用增多，系统的垃圾文件大量出现。所以，应每隔一段时间清理系统的垃圾文件，腾出更多的存储空间，保持手机的运行流畅度。

75
手机存在风险，建议修复
立即优化
垃圾清理
845MB垃圾可清理
病毒扫描
省电与电池
优化加速
可提速33%以上
安全中心

垃圾清理
1.36 GB
总共扫描出垃圾
应用缓存 468MB
垃圾文件 81MB
安装包 0B
清理选中垃圾 1.36GB

手机优化 检测问题，优化性能
优化加速
异常检测
网络诊断
手机清理 节省空间，运行更流畅
深度清理
QQ专清
微信专清
视频专清
微信聊天…
安装包清理
照片清理
应用数据…
智能通讯 管理通信，智能服务
骚扰拦截
通话自动…
应用管理 自主定义应用服务

应用数据
按大小排序
爱奇艺 建议保留 2.57GB
支付宝 建议保留 12.37MB
澎湃新闻 建议清理 2.76MB
浏览器 建议保留 128KB
手机管家 建议清理 126KB
时钟 建议保留 69.26KB
删除选中的数据 2.57GB

2. 因为微信的使用频率高，保存的聊天记录多，所以微信每天都会产生大量的细碎文件。在垃圾清理结束后，单击【微信专清】，就可以将无用的细碎文件删除（清除这些文件不会影响聊天记录）。

3. 在线视频和听书的应用会产生"体积"较大的视频和音频数据，长期积累也会产生大量垃圾文件。例如，单击界面下方的【手机管家】→【应用数据】→【爱奇艺】→【删除选中的数据】，即可将应用缓存，也就是已经看过或下载过的视频和音频清空。

应用商店
音乐
微信
TIM

4. 拖慢手机运行速度的不仅仅是系统垃圾，还有可能是手机后台运行的程序太多了。按一下手机上的菜单键可显示出所有正在运行的应用，左右拖动应用的缩略图可以关闭单个应用，单击界面下方的 ✕ 图标可以关闭所有后台应用。

第4章

04

警惕电信诈骗

随着互联网的飞速发展，人们在享受便捷生活的同时，也面临着日益严重的网络安全问题。近几年来，电信诈骗的套路层出不穷。虽然公安机关对电信诈骗的打击日益严厉，但由于犯罪分子的诈骗手段不断升级，花样不断翻新，电信诈骗依旧令人防不胜防。

对于普通民众来说，若想不上当受骗，最好的办法就是加强自身防范意识，了解电信诈骗的常用手段和防范知识，并使用【国家反诈中心】等应用，更加全面地维护自身权益。

4.1 电信诈骗的常见套路

虽然诈骗手段千千万，但只要了解电信诈骗的常见套路就能防隐患。电信诈骗的花样虽多，但总结起来无非有以下几种常见套路。

- 冒充公检法机关诈骗：这种诈骗的受害群体多为防范意识较差的女性和老人。诈骗分子通过非法途径获取个人信息后，冒充公检法机关或社保、医保人员，用网络电话虚拟公检法机关等单位的电话号码，编造涉嫌银行卡洗钱、恶意透支、社保或医保账户异常等理由，要求受害人将个人资产转到所谓的“安全账户”，从而达到诈骗目的。

防骗提示

公检法机关不会通过电话、微信、传真等形式发送通缉令、拘留证、逮捕证等法律文书，也没有所谓的“安全账户”，更不会让您远程转账、汇款。只要提到“电话转接公检法”或“安全账户”，一律是诈骗。

- 冒充熟人诈骗：诈骗分子利用部分手机用户对社交软件不熟悉的特点，通过手中掌握的部分信息，创建一个头像、昵称均与受害者的亲人、朋友高度相似的微信或QQ账号，以便接近受害者，编造遭遇车祸、被人绑架等紧急事件，或者冒充单位领导诱使他人转账。

防骗提示

在遇到此类情况时不要急于转账汇款，可通过见面、电话或视频聊天的方式进行核实，骗子的伎俩便不攻自破。

- 冒充电商客服诈骗：这种诈骗的受害者主要是经常网购的群体。诈骗分子首先从非法渠道获取客户的订单信息和个人信息，然后冒充客服人员，以订单异常或商品质量有问题，需要退款赔偿为理由，诱导受害者在伪造的退款理赔界面输入银行卡号、手机号、验证码等信息，从而将银行卡中的钱转走。

防骗提示

网络购物平台都有正规的退款流程，所有操作均应在官网完成。凡是通过微信、QQ 等社交工具要求添加好友，或者在社交工具中让您扫码登录网站的“客服人员”都是骗子。

- 小额贷款诈骗：这类电信诈骗人员通过发送短信或在网上发布虚假信息的方式，以“无抵押”“无担保”“不查征信”等幌子，骗取受害者下载虚假贷款 APP 或登录虚假贷款网站，并填写个人信息及签订电子合同。之后就会以手续费、解冻费等名义，不断要求受害者缴纳各种费用。

防骗提示

在办理网络贷款时一定要到正规的金融机构办理，正规贷款在放贷之前不收取任何费用。凡是放贷前就要求缴纳各种费用的，都是诈骗。

- 金融理财诈骗：金融理财类诈骗利用部分人急于赚钱的心理，不断在各种社交媒体上发布股票、期货、虚拟货币等投资、理财信息。在取得受害者的初步信任后，就会把受害者拉入群聊，之后通过专家课、内幕消息、许诺丰厚回报、群友晒图等方式，诱导受害者在虚假网站或 APP 上投资。

防骗提示

在进行投资理财时，应该选择银行、证券公司等专业机构。一些所谓的证券客服、投资导师以内部消息、系统漏洞等理由引导投资的，都是诈骗。

- 杀猪盘诈骗：杀猪盘是诈骗分子自己起的名字，意思是养得越久，骗得越狠。诈骗分子以网络交友为幌子，利用虚假的人设和交友套路不断与受害者聊天、倾诉、培养感情。在获取受害者的充分信任后，就会将受害者引至博彩网站、虚假投资 APP 等实施诈骗。

防骗提示

网络交友需谨慎，如果网友告诉您有稳赚不赔、一本万利的投资方式，或者要求在游戏直播间大量消费时，一定要提高警惕，这些都是诈骗的常见套路。

- 虚假购物诈骗：这类诈骗分子会通过二手交易平台、微信群、朋友圈等途径大量发布低价出售商品的信息。当受害者与之联系时，诈骗分子就会利用各种理由要求添加微信、QQ 私聊，之后诈骗分子会让受害者先转账，再以收取运费、货物被扣等理由不断要求受害者打款，直至将受害者拉黑。

防骗提示

网络购物时不要选择价格远低于正常范围的商品。如果对方要求避开官方平台，用私下交易的方式支付货款，则应立刻终止交易。

4.2 国家反诈中心：预防、举报诈骗

【国家反诈中心】应用是公安部推出的反诈骗应用，可以把这款应用理解成杀毒软件，只不过杀毒软件依靠病毒库辨别、杀灭病毒程序，【国家反诈中心】应用则通过存储诈骗电话、虚假网站和仿冒应用的反诈数据库进行拦截和预警。

除拦截和预警外，还可以利用【国家反诈中心】应用检测手机上的可疑应用、举报电信诈骗行为、验证交易人员身份的真实性等。

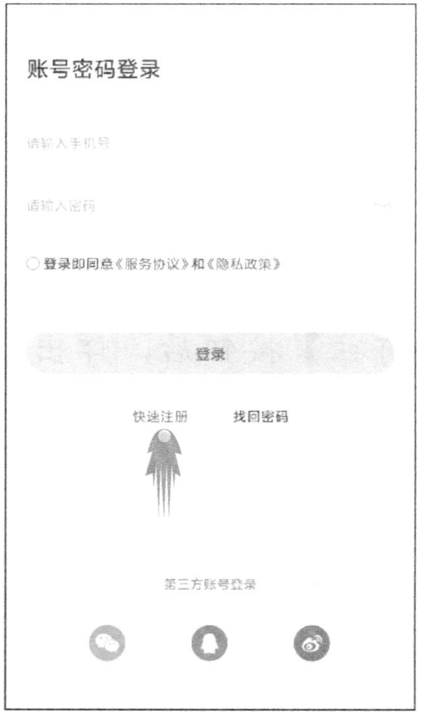
账号密码登录
请输入手机号
请输入密码
登录即同意《服务协议》和《隐私政策》
登录
快速注册
找回密码
第三方账号登录

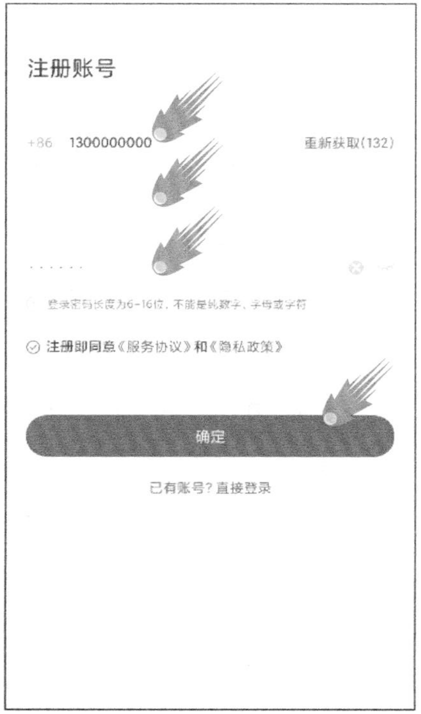
注册账号
+86 1300000000
重新获取(132)
注册即同意《服务协议》和《隐私政策》
确定
已有账号？直接登录

① 第一次运行【国家反诈中心】应用时，需要单击【快速注册】按钮，弹出【注册账号】界面，在输入手机号、短信验证码和登录密码后，单击【确定】按钮。

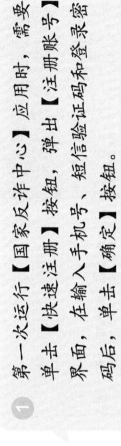

提示

登录密码的长度为 6 ~ 16 位，不能仅为数字、字母或字符，应设置为数字、字母、字符的组合。

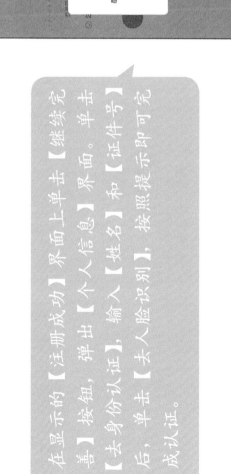

注册账号
+86 1300000000
重新获取(266)
注册成功
感谢您的注册，完善您的个人信息将获得反诈部门更多关注
忽略
继续完善

个人信息
完善信息，遭遇诈骗我们能够更及时的帮助您
基础信息
姓名：
去身份认证
证件号：
地区：
详细地址：
行业：
紧急联系人
添加紧急联系人
去添加
社交通讯信息
QQ账号
去填写

② 在显示的【注册成功】界面上单击【继续完善】按钮，弹出【个人信息】界面。单击【去身份认证】，输入【姓名】和【证件号】后，单击【去人脸识别】，按照提示即可完成认证。

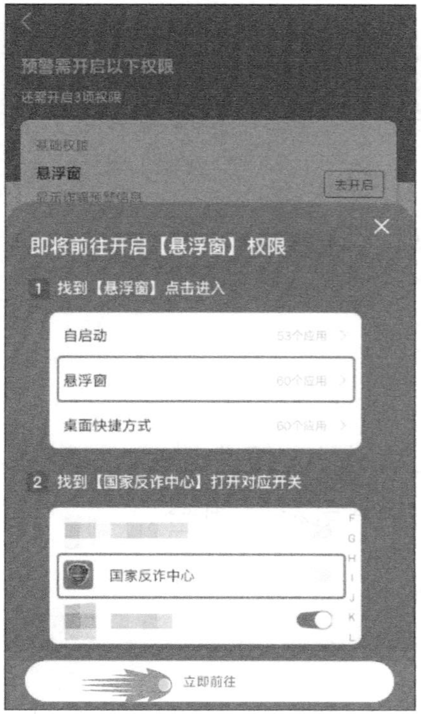
预警需开启以下权限
还需开启3项权限
基础权限
悬浮窗
去开启
即将前往开启【悬浮窗】权限
1 找到【悬浮窗】点击进入
自启动
悬浮窗
桌面快捷方式
2 找到【国家反诈中心】打开对应开关
国家反诈中心
立即前往

显示在其他应用的上层
允许显示在其他应用的上层
允许此应用显示在您当前使用的其他应用的上层。此应用将能得知您点按的位置或更改屏幕上显示的内容。

③【国家反诈中心】应用最重要的功能就是拦截诈骗电话和诈骗短信。若想使用这项功能，则要授予该应用足够的权限。单击该应用首页中的【来电预警】，出现提示界面后单击【立即开启】。此时，界面上会显示操作提示，单击【立即前往】按钮后，弹出【显示在其他应用的上层】界面。开启【允许显示在其他应用的上层】开关。

④ 单击【通话记录】右侧的【去开启】按钮，出现提示界面后，单击【仅在使用中允许】按钮，这样拦截诈骗电话和诈骗短信的设置就完成了。单击首页上的【APP自检】可以检测手机上已经安装的应用是否安全。检测完毕后，别忘了开启【APP预警】开关，一旦手机上出现可疑应用，【国家反诈中心】应用就会进行提示。

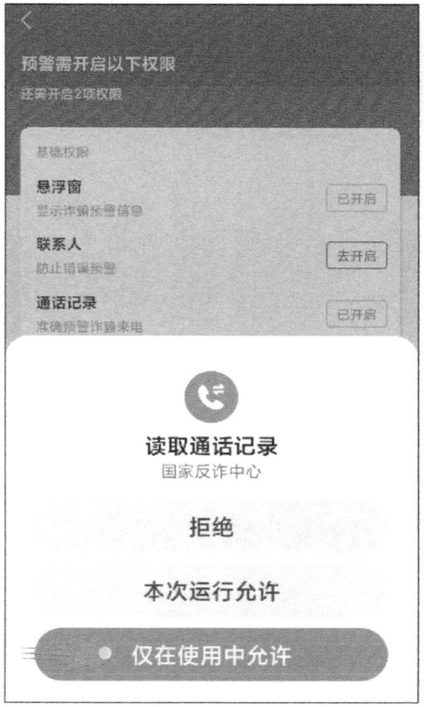
预警需开启以下权限
还需开启2项权限
基础权限
悬浮窗
已开启
联系人
去开启
通话记录
已开启
读取通话记录
国家反诈中心
拒绝
本次运行允许
仅在使用中允许

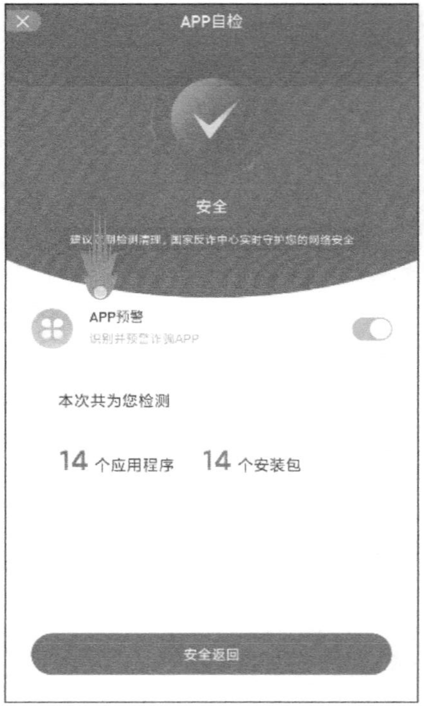
APP自检
安全
APP预警
本次共为您检测
14 个应用程序
14 个安装包
安全返回

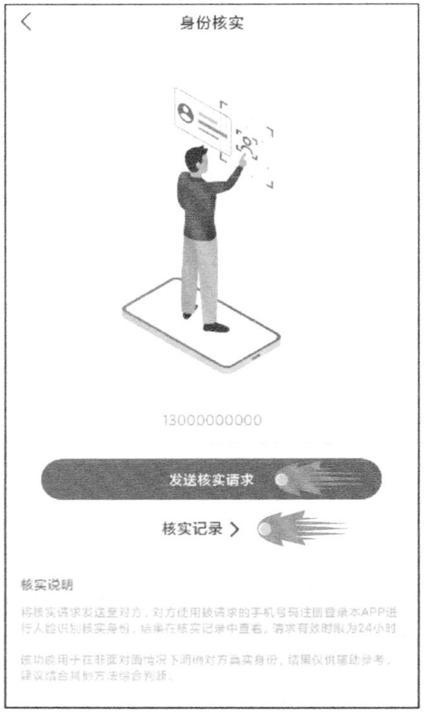
身份核实
13000000000
发送核实请求
核实记录 >
核实说明

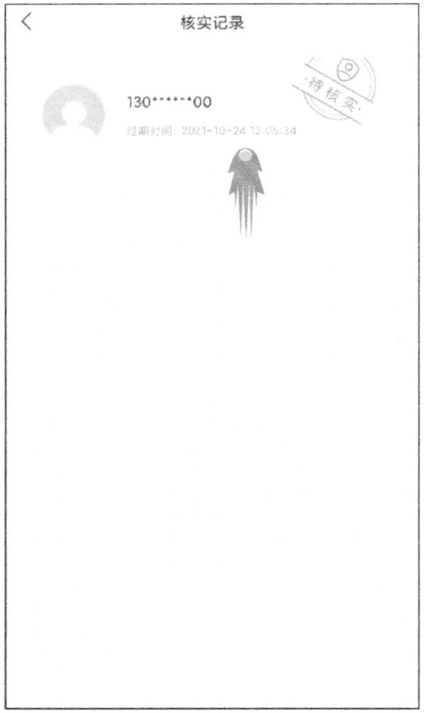
核实记录
130******00
待核实

⑤ 借助着网络的便利，越来越多的人开始在网上交易。在给不熟悉的人打款前，可以在【国家反诈中心】应用上单击【身份核实】，弹出【身份核实】界面。输入对方的手机号码后，单击【发送核实请求】按钮。对方收到国家反诈中心发送的短信后，通过安装【国家反诈中心】应用可核实身份的真实性。在【身份核实】界面上单击【核实记录】，可看到对方身份核实的进度和结果。

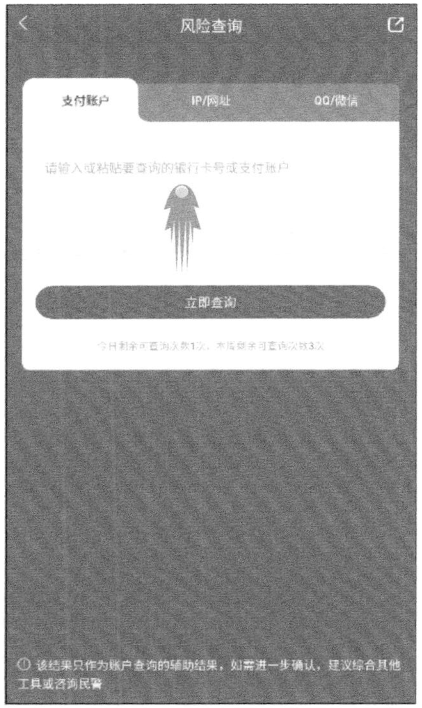
风险查询
支付账户
IP/网址
QQ/微信
立即查询

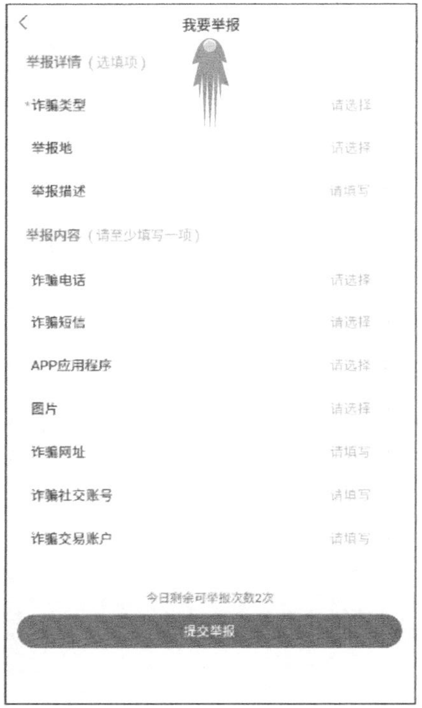
我要举报
举报详情（选填项）
*诈骗类型
举报地
举报描述
举报内容（请至少填写一项）
诈骗电话
诈骗短信
APP应用程序
图片
诈骗网址
诈骗社交账号
诈骗交易账户
今日剩余可举报次数2次
提交举报

⑥ 单击首页上的【风险查询】，弹出【风险查询】界面，可查询对方的银行卡号或支付账户，也可以查询对方的 IP/ 网址是否真实，还可以查询对方的 QQ/ 微信账号是否有涉嫌电信诈骗的记录。如果不小心被骗，则可单击首页上的【我要举报】，在弹出的【我要举报】界面上在线举报诈骗分子。

第5章 05 学会微信的常用功能

作为国内手机用户的必备应用，如今的微信早已超越了即时通信的应用范畴，人们不但用微信聊天、支付、获取资讯、展示生活，甚至很多人还通过微信工作。

由于屏幕尺寸的限制，微信的界面不能容纳所有的功能，所以只能采取功能分组和部分功能隐藏的方法进行展示。如果不去刻意寻找，很多功能和选项就连老用户都不知晓，新用户更是无从下手。本章主要介绍微信的常用功能，只要掌握了这些功能，就可以畅通无阻地使用微信，开启移动时代的新生活了。

5.1 注册微信账号，开启移动时代新生活

就像打电话时需要手机号一样，使用微信前，也要注册一个专属的微信账号。为了避免注册时手忙脚乱，在注册微信账号前最好做一些准备：首先，想个好听的昵称，也就是微信上用的网名；然后，设置一组密码，密码最少 8 位，必须由英文字母、数字混合组成；最后，用手机拍摄一张照片，或者在浏览器上下载一张图片作为头像。下面就来开启微信之旅吧！

① 运行【微信】应用，进入登录界面，单击界面右下角的【注册】按钮。在出现的【手机号注册】界面上输入昵称、手机号和密码。

语言
登录
注册

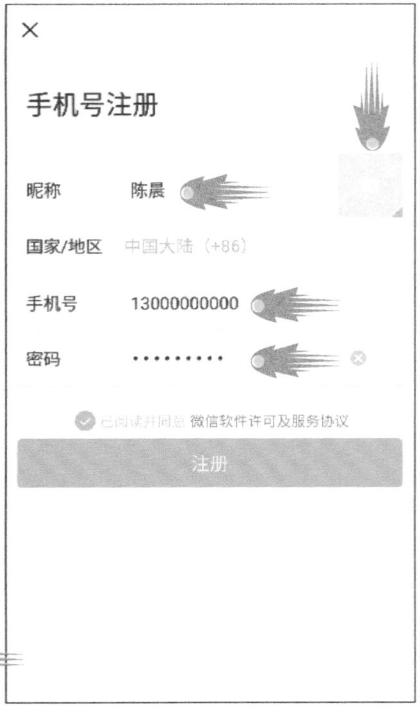

手机号注册
昵称
陈晨
国家/地区
中国大陆（+86）
手机号
13000000000
密码
微信软件许可及服务协议
注册

提示

如果您之前已经注册过微信账号，则在进入登录界面后，单击界面左下角的【登录】按钮，即可直接登录微信账号。

所有图片
拍摄照片

取消
确定

2 单击昵称右边的相机图标，选择想要作为头像的图片。在拖动和缩放图片，选择合适的裁剪范围后，单击【确定】按钮。

提示

尽量选择清晰的图片作为头像哦！

3 单击【注册】按钮后会显示【微信隐私保护指引】界面。选择界面下方的【我已阅读并同意上述条款】选项，单击【下一步】按钮会弹出【安全验证】界面。在【安全验证】界面上单击【开始】按钮，拖动滑块完成拼图。

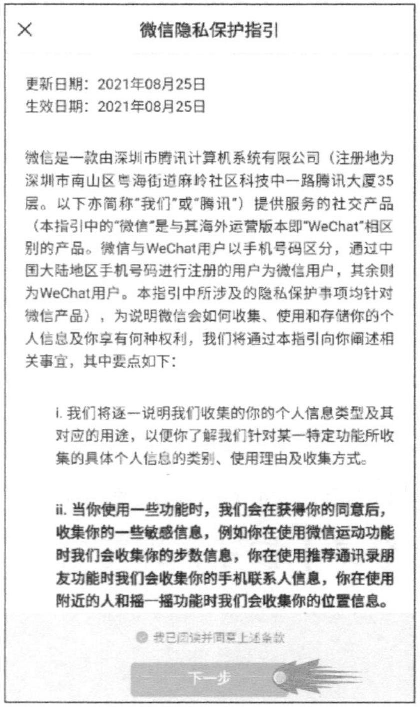
微信隐私保护指引
更新日期：2021年08月25日
生效日期：2021年08月25日
微信是一款由深圳市腾讯计算机系统有限公司（注册地为深圳市南山区粤海街道麻岭社区科技中一路腾讯大厦35层。以下亦简称"我们"或"腾讯"）提供服务的社交产品（本指引中的"微信"是与其海外运营版本即"WeChat"相区别的产品。微信与WeChat用户以手机号码区分，通过中国大陆地区手机号码进行注册的用户为微信用户，其余则为WeChat用户。本指引中所涉及的隐私保护事项均针对微信产品），为说明微信会如何收集、使用和存储你的个人信息及你享有何种权利，我们将通过本指引向你阐述相关事宜，其中要点如下：
i. 我们将逐一说明我们收集的你的个人信息类型及其对应的用途，以便你了解我们针对某一特定功能所收集的具体个人信息的类别、使用理由及收集方式。
ii. 当你使用一些功能时，我们会在获得你的同意后，收集你的一些敏感信息，例如你在使用微信运动功能时我们会收集你的步数信息，你在使用推荐通讯录朋友功能时我们会收集你的手机联系人信息，你在使用附近的人和摇一摇功能时我们会收集你的位置信息。
我已阅读并同意上述条款
下一步

安全验证
安全验证
拖动下方滑块完成拼图
开始

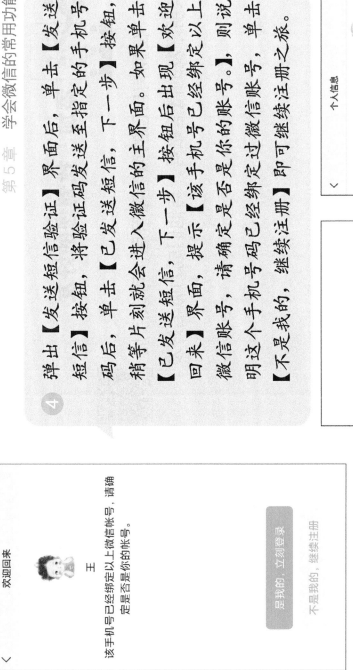

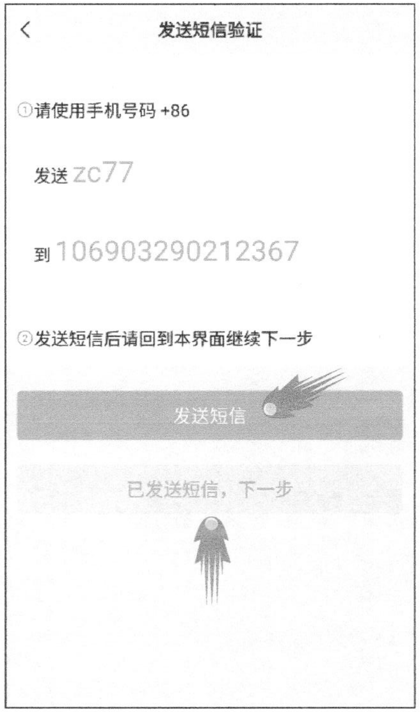
发送短信验证
①请使用手机号码 +86
发送 zc77
到 106903290212367
②发送短信后请回到本界面继续下一步
发送短信
已发送短信，下一步

欢迎回来
王
该手机号已经绑定以上微信帐号，请确定是否是你的帐号。
是我的，立刻登录
不是我的，继续注册

4 弹出【发送短信验证】界面后，单击【发送短信】按钮，将验证码发送至指定的手机号码后，单击【已发送短信，下一步】按钮，稍等片刻就会进入微信的主界面。如果单击【已发送短信，下一步】按钮后出现【欢迎回来】界面，提示【该手机号已经绑定以上微信账号，请确定是否是你的账号。】，则说明这个手机号码已经绑定过微信账号，单击【不是我的，继续注册】即可继续注册之旅。

5 单击微信主界面右下角的【我】，并单击界面上方的头像。在弹出的【个人信息】界面中可修改头像、昵称、微信号。微信号的作用和手机号相同，都是区分用户的唯一识别号。可以用微信号代替手机号登录，也可以通过微信号查找其他用户。微信号可以使用字母、数字、下画线和减号，但必须以字母开头。另外，微信号一年只有一次修改机会，所以不能像昵称那样随意填写。

陈晨
微信号：chenchenxueshouji
+ 状态
支付
收藏
朋友圈
表情
设置
微信
通讯录
发现
我

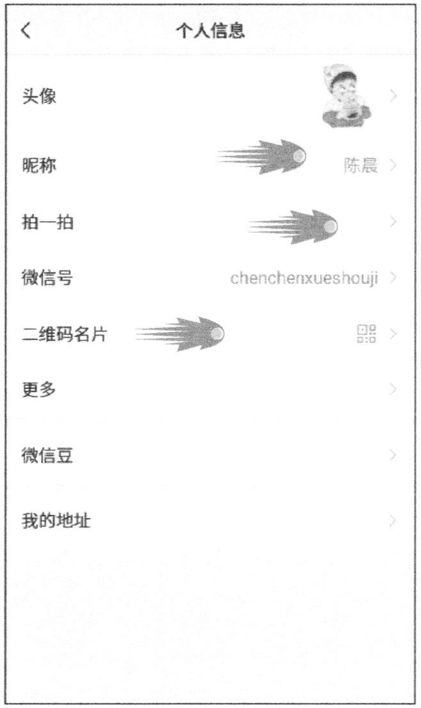
个人信息
头像
昵称
陈晨
拍一拍
微信号
chenchenxueshouji
二维码名片
更多
微信豆
我的地址

5.2 添加、找到您的好友

在拥有自己的微信账号后，可以添加亲朋好友的微信账号，与他们成为微信好友。

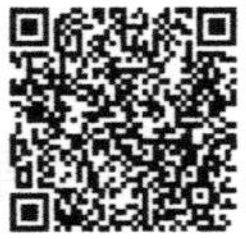

1 第一次使用微信时，可以从手机通讯录中快速添加好友。单击微信右上角的⊕图标，在出现的选项中单击【添加朋友】。在【添加朋友】界面上单击【手机联系人】。

微信
微信团队
发起群聊
添加朋友
扫一扫
收付款
帮助与反馈
微信
通讯录
发现
我

添加朋友
微信号/手机号
我的微信号：chenchenxueshouji
雷达加朋友
面对面建群
扫一扫
手机联系人
公众号
企业微信联系人

查看手机通讯录
丁
微信:Alice
添加
张
微信:道尔
添加
赵
微信:海蓝
添加

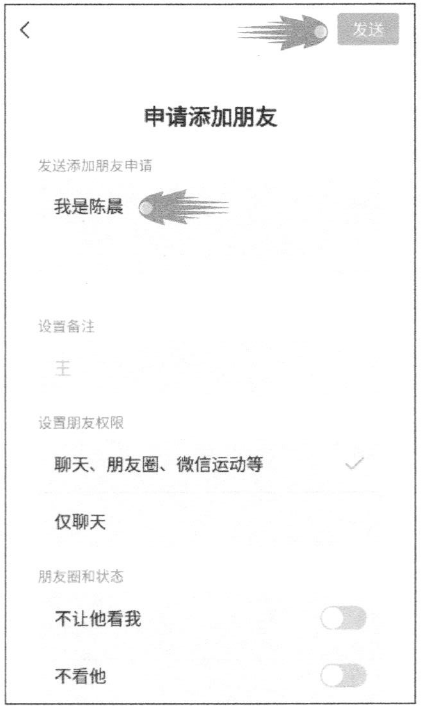
发送
申请添加朋友
发送添加朋友申请
我是陈晨
设置备注
王
设置朋友权限
聊天、朋友圈、微信运动等
仅聊天
朋友圈和状态
不让他看我
不看他

2 第一次使用时需单击【上传通讯录】按钮，出现提示界面后单击【是】按钮。在弹出的【查看手机通讯录】界面上，单击想要添加联系人右侧的【添加】按钮。在弹出的【申请添加朋友】界面上的【发送添加朋友申请】文本框中，输入文字让对方了解自己的身份，例如，输入【我是陈晨】，单击【发送】按钮，在对方通过您的申请后，彼此就成为好友了。

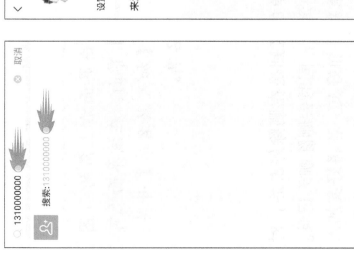
1310000000
取消
搜索:1310000000

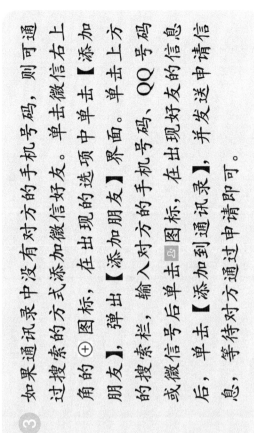

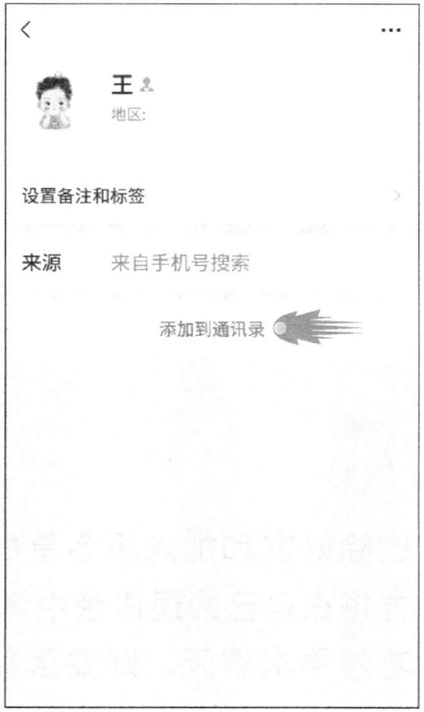
王
地区:
设置备注和标签
来源
来自手机号搜索
添加到通讯录

③ 如果通讯录中没有对方的手机号码，则可通过搜索的方式添加微信好友。单击微信右上角的⊕图标，在出现的选项中单击【添加朋友】，弹出【添加朋友】界面。单击上方的搜索栏，输入对方的手机号码、QQ 号码或微信号后单击图标，在出现好友的信息后，单击【添加到通讯录】，并发送申请信息，等待对方通过申请即可。

④ 若朋友就在身边，如何添加对方为微信好友呢？您可以在【添加朋友】界面上单击搜索栏下方的二维码图标，朋友打开【扫一扫】功能后，扫描您的微信二维码就能将您添加为好友。您也可以通过让对方出示二维码，您打开【扫一扫】功能添加对方为您的好友。

添加朋友
微信号/手机号
我的微信号：chenchenxueshouji
雷达加朋友
面对面建群
扫一扫
手机联系人
公众号
企业微信联系人

二维码名片
陈晨

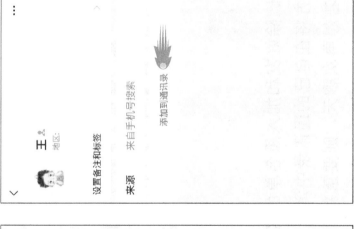

王
微信号:
地区:
设置备注和标签
朋友权限
电话号码
朋友圈
更多信息
发消息
音视频通话

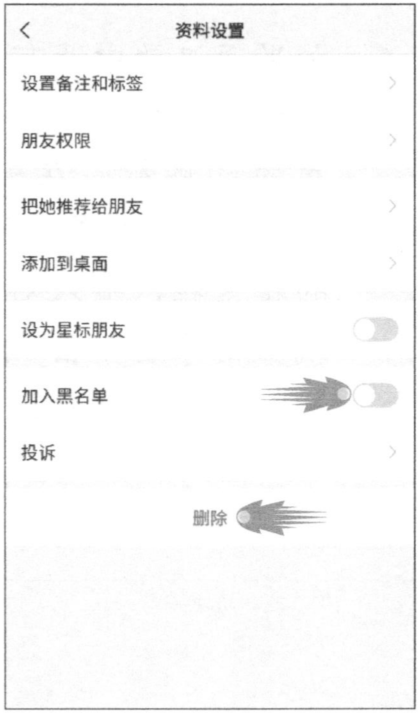
资料设置
设置备注和标签
朋友权限
把她推荐给朋友
添加到桌面
设为星标朋友
加入黑名单
投诉
删除

5 若想删除好友，如何操作呢？单击界面下方的【通讯录】可看到已添加的好友，单击一个好友的头像后，单击界面右上角的 ··· 图标，弹出【资料设置】界面。在该界面上可单击【删除】或开启【加入黑名单】开关，将好友删除或加入黑名单。

提示

删除好友和加入黑名单的区别是在删除好友后，对方将在自己的通讯录中消失，同时会删除聊天记录。若想再次聊天，则要重新添加好友。若将好友加入黑名单，则双方仍在彼此的通讯录中，但不能收到对方发来的消息，互相都看不到朋友圈。

5.3 与好朋友聊起来，文字、图片、语音、视频任您选

微信中的交流手段非常丰富，不仅可以发送文字和语音消息，还能与好友进行实时语音通话或视频通话。需要说明的是，微信中的所有消息都要通过网络传输，只有在打开数据流量开关或连接无线网络后才能与好友聊天。

① 第一次和好友聊天时需要进入【通讯录】界面，单击对方的头像后可打开好友信息的详情界面，单击【发消息】按钮。

提示

微信好友太多，找不到好友怎么办？在【通讯录】界面的右侧有一排字母，根据好友微信昵称，单击对应的字母，即可快速查找好友。

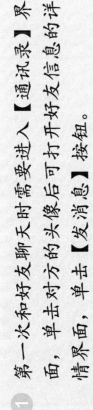

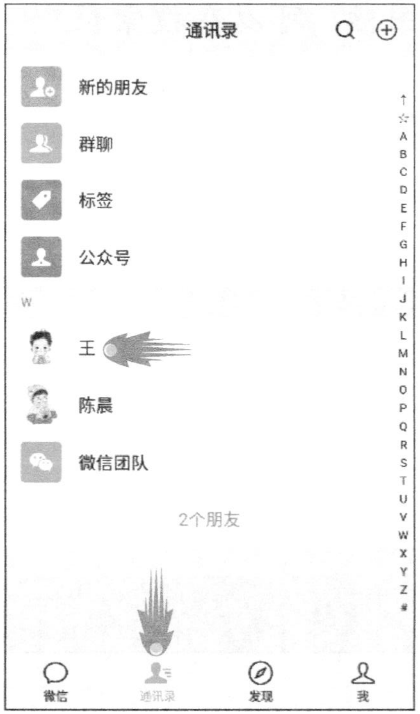
通讯录
新的朋友
群聊
标签
公众号
王
陈晨
微信团队
2个朋友
微信
通讯录
发现
我

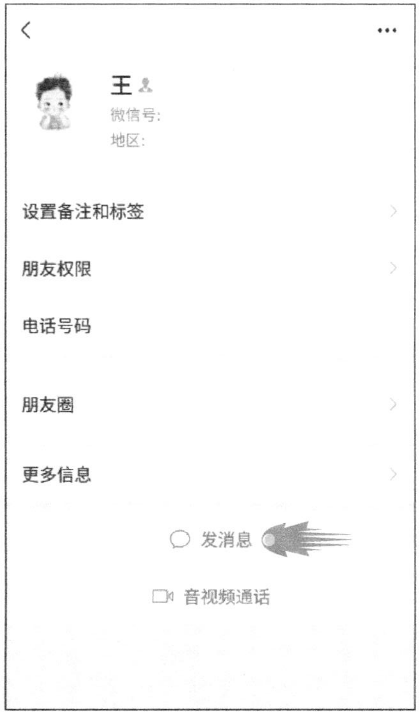
王
微信号:
地区:
设置备注和标签
朋友权限
电话号码
朋友圈
更多信息
发消息
音视频通话

② 单击界面下方的文本框可输入文字，单击 😊 图标可以添加表情。单击【发送】按钮后，好友就能在微信中收到这条消息了。

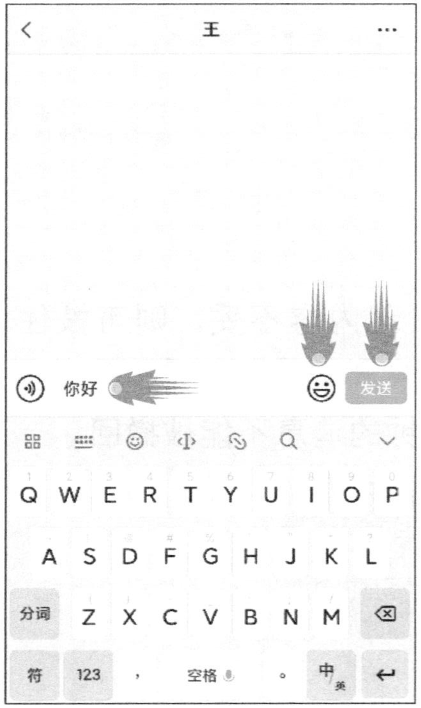
王
你好
发送
分词
符
123
空格

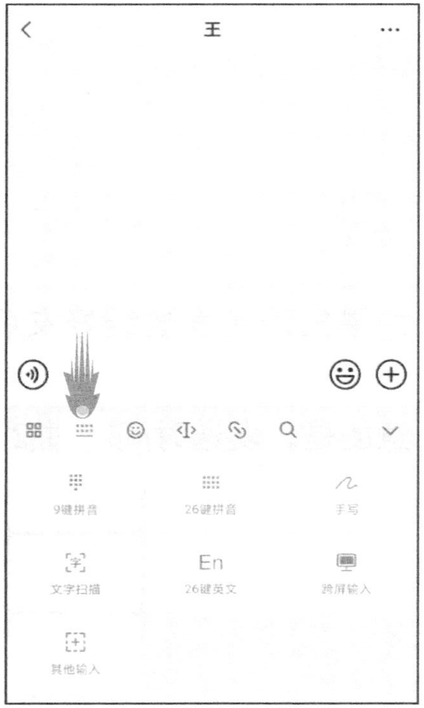
王
9键拼音
26键拼音
手写
文字扫描
26键英文
跨屏输入
其他输入

提示

若您用不惯正在使用的拼音键盘，可通过单击 ⌨ 按钮，选择适合自己的输入法，如【9 键拼音】【26 键拼音】【手写】【文字扫描】【26 键英文】等。

3 单击输入法上方的 Q 图标，可以在搜索框中根据输入的文本找到表情包图片。清除搜索框中的文本后，单击【更多表情】，在弹出的【表情商店】界面上可以添加成套的表情包。

王
更多表情

表情商店
精选表情
更多表情
精选
柴犬小胖友
炒鸡萌の柴犬表情包
添加
胖白日常第七弹
胖白头套日常
一二
这只熊猫有点软
燃烧卡路里2
全民运动嗨翻体坛
萌二
你的小宝贝已上线
佛系物语精选辑
一切随缘
呛人语录

4 不想打字时您可单击 图标，之后长按【按住说话】，对着手机话筒留言，松开手指后即可发送语音消息。在留言的过程中将手指移到 ☒ 图标上，可取消语音消息的发送；将手指移到【文】图标上，可将语音转换成文本。

王
按住 说话

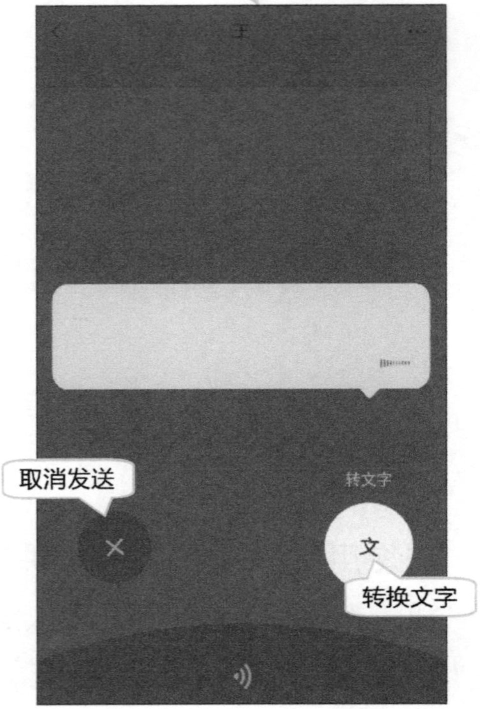
取消发送
转文字
文
转换文字

提示

如果把消息发送给好友后发现内容不妥，则可按住已发出的消息，在出现菜单中单击【撤回】。需要注意的是，发送时间超过 2 分钟的消息不能被撤回。

复制
转发
收藏
撤回
多选
引用
提醒
翻译
搜一搜

5 虽然文字聊天和语音留言非常便捷，但都有一定的滞后性。如果您想和好友像打电话那样实时交流，或者面对面交流，则可单击右下角的 ⊕ 图标，在出现菜单后单击【视频通话】，继续选择【视频通话】或【语音通话】后即可等待好友接听。

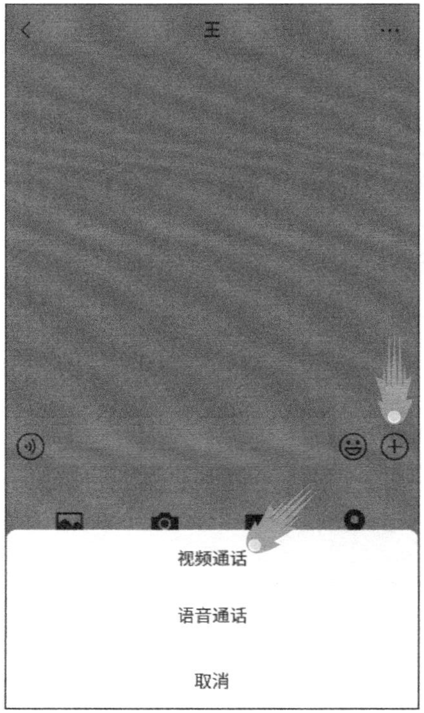
王
视频通话
语音通话
取消

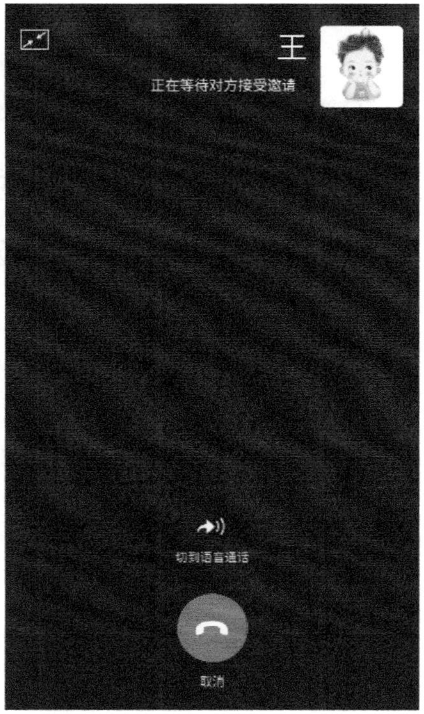
王
正在等待对方接受邀请
切到语音通话
取消

6 若想给好友发送照片，该如何操作？单击 ⊕ 图标，在出现菜单后，单击【相册】即可打开【图片和视频】界面。选中想发送的照片后单击【发送】按钮。

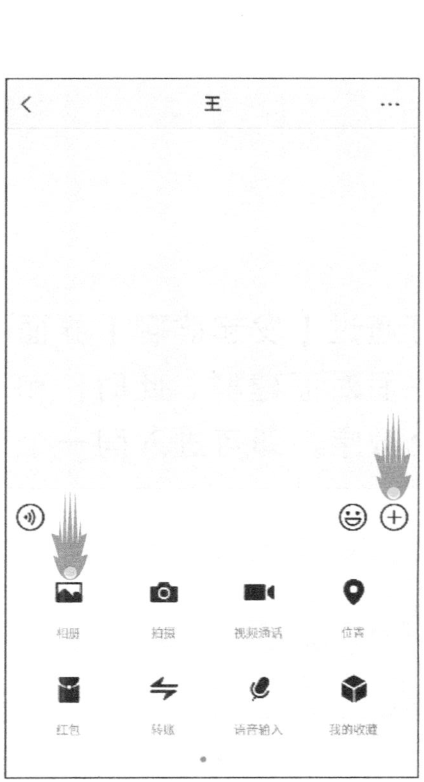
王
相册
拍摄
视频通话
位置
红包
转账
语音输入
我的收藏

图片和视频
发送(2/9)
预览(2)
原图

提示

在给好友发送照片时，建议选中界面下方的【原图】选项，可发送未经压缩的清晰照片。

5.4 建立亲友群，相亲相爱一家人

好友之间的交流都是一对一的，其他人无法参与其中。若想很多人一起聊天，则可使用群聊功能实现。现在我们就来了解一下在微信中发起和加入群聊的方法。

① 单击微信主界面右上角的⊕图标，出现菜单后，单击【发起群聊】。在【发起群聊】界面上选择要一起聊天的好友后单击【完成】按钮，一个微信群就创建好了。

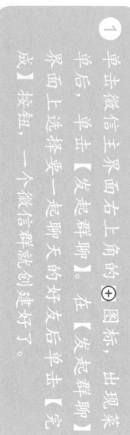

微信
微信团队
发起群聊
添加朋友
扫一扫
收付款
帮助与反馈
通讯录
发现
我

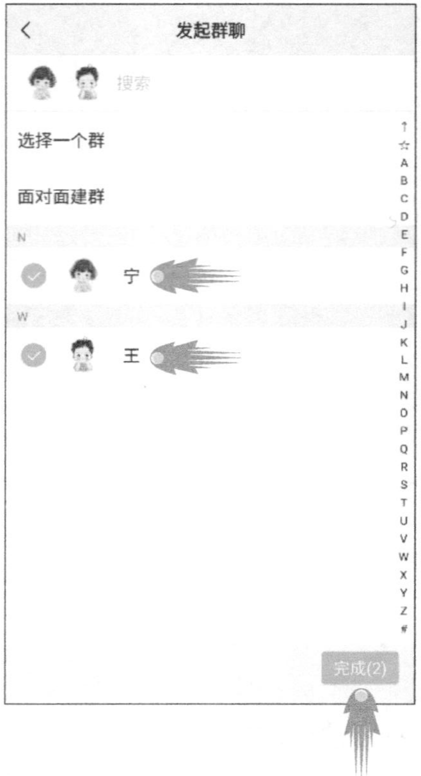
发起群聊
搜索
选择一个群
面对面建群
宁
王
完成(2)

提示

若一群好友就在身边，则可通过【发起群聊】界面选择更高效的建群方式——面对面建群。此时，和身边的朋友输入同样的四个数字，即可进入同一个群聊，真是简单、高效！

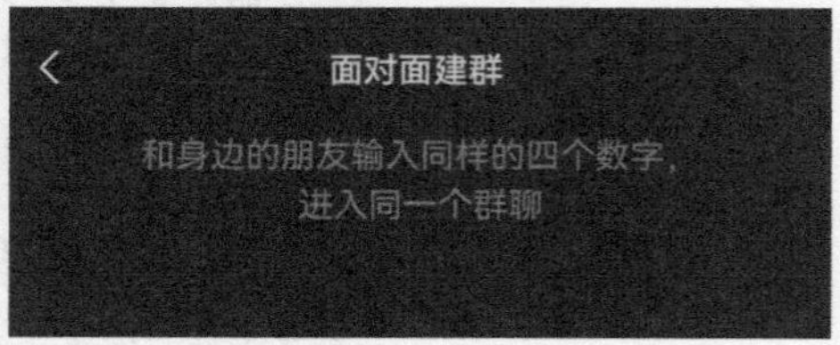
面对面建群
和身边的朋友输入同样的四个数字，
进入同一个群聊

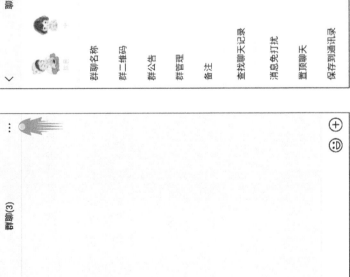

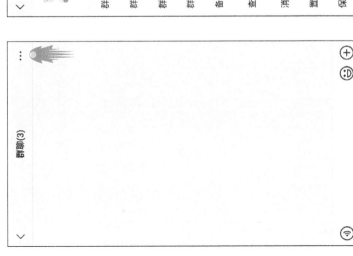
群聊(3)
···

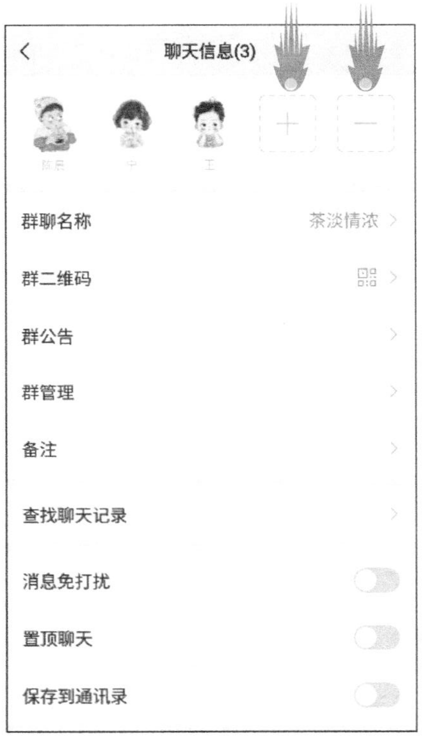
聊天信息(3)
群聊名称
茶淡情浓
群二维码
群公告
群管理
备注
查找聊天记录
消息免打扰
置顶聊天
保存到通讯录

2 单击【群聊】界面右上角的 ··· 图标。

3 在打开的界面上能看到群内的所有成员，在这里还可设置群聊名称和邀请权限。群内的每个成员都可单击 + 图标将自己的好友拉入群内，但只有创建群的群主才能通过单击 − 图标将成员移出群。如果您想加入别人创建的群，则需要找一个已经在群里的好友拉您进群，或者让好友把群二维码发送给您。

4 在清理聊天记录或重装微信后会遇到找不到群的问题，为避免出现此问题，可在【聊天信息】界面中开启【保存到通讯录】开关。不管以后遇到什么状况，都可以通过单击【通讯录】→【群聊】的方式找到这个群。

5 寻找微信群的第二种方法是单击微信右上角的⊕图标，在出现菜单后单击【发起群聊】→【选择一个群】，您加入过的所有群就会全部显示出来。

通讯录
新的朋友
群聊
标签
公众号
宁
王
陈晨
微信团队
3个朋友
微信
通讯录
发现
我

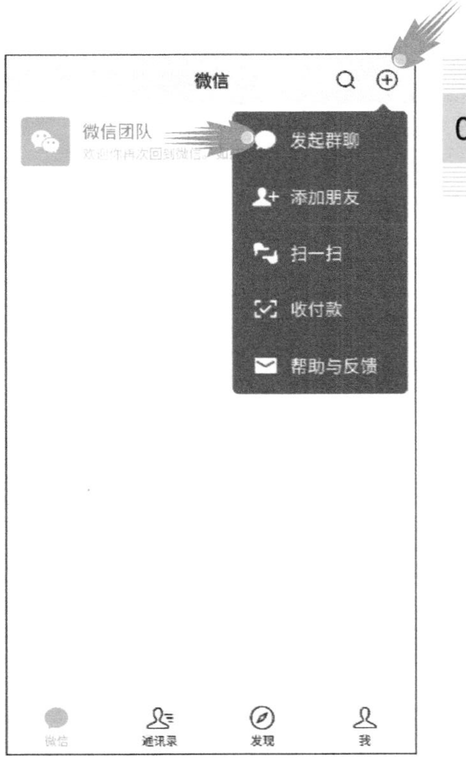
微信
微信团队
发起群聊
添加朋友
扫一扫
收付款
帮助与反馈
微信
通讯录
发现
我

6 查找微信群的第三种方法是在微信的通讯录中找到和您在同一个群的好友，单击好友头像，打开好友的信息界面，继续单击【更多信息】→【我和她的共同群聊】，就能看到您想查找的群了。

宁
微信号：weixin
地区：
设置备注和标签
朋友权限
朋友圈
更多信息
发消息
音视频通话

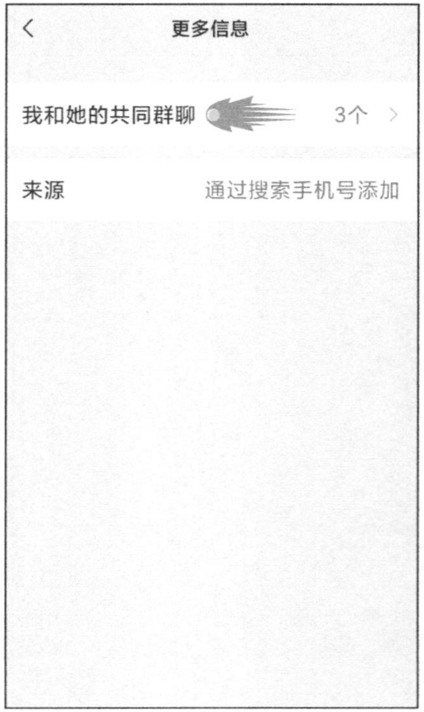
更多信息
我和她的共同群聊
3个
来源
通过搜索手机号添加

7 单击【聊天信息】界面最下方的【删除并退出】，可以退出这个群。

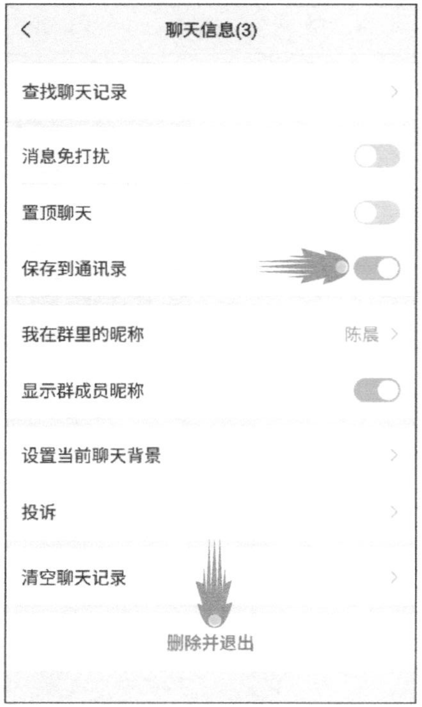
聊天信息(3)
查找聊天记录
消息免打扰
置顶聊天
保存到通讯录
我在群里的昵称
陈晨
显示群成员昵称
设置当前聊天背景
投诉
清空聊天记录
删除并退出

提示

单击【聊天信息】界面上的【保存到通讯录】按钮后，可通过在【通讯录】界面上单击【群聊】，快速找到微信群。

5.5 朋友圈晒起来，展示多彩生活

即使相隔再远，也能看到亲朋好友的最新动态，这就是朋友圈的意义所在。发送和删除朋友圈的方法很简单，几分钟就能学会。

发现
朋友圈
扫一扫
微信
通讯录
发现
我

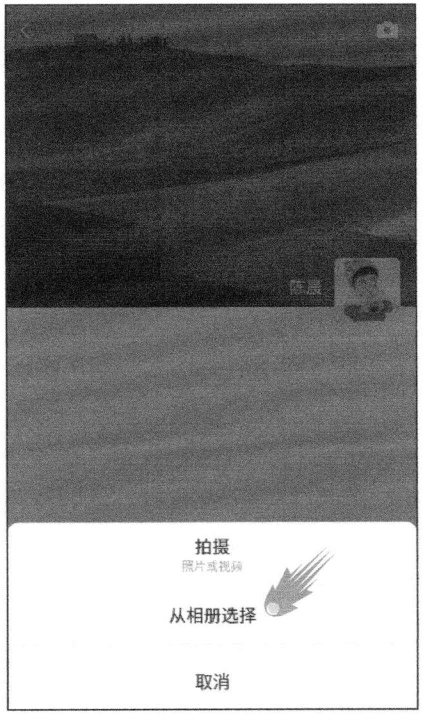
陈晨
拍摄
照片或视频
从相册选择
取消

① 在微信主界面的下方单击【发现】→【朋友圈】，单击界面右上角的 图标，在出现的菜单中单击【从相册选择】。

提示

一条朋友圈最多可以发送 9 张图哦！

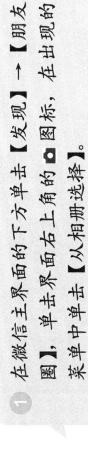

② 先从相册中选择配图，并输入这一刻的想法（正文内容），接下来单击【谁可以看】，即在【谁可以看】界面设置朋友圈的查看权限，设置完成后，单击右上角的【发表】按钮。

发表
这一刻的想法...
所在位置
提醒谁看
谁可以看
公开

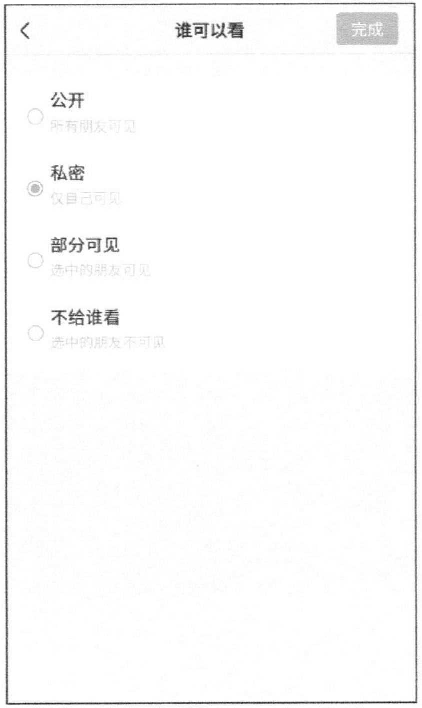
谁可以看
完成
公开
所有朋友可见
私密
仅自己可见
部分可见
选中的朋友可见
不给谁看
选中的朋友不可见

提示

如果想提醒特定的朋友看到朋友圈，则可以单击【提醒谁看】，选择微信好友。

发表文字
发表
纯文字朋友圈
所在位置
提醒谁看
谁可以看
公开

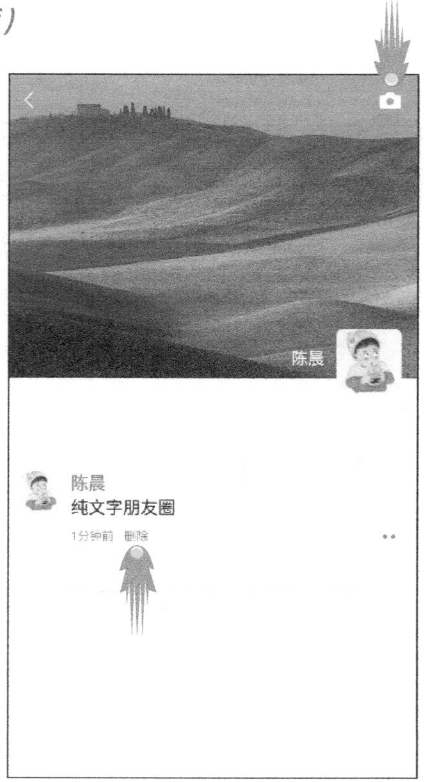
陈晨
陈晨
纯文字朋友圈
1分钟前 删除

3 如果在发布朋友圈时不想配图，则可按住📷图标不放，即可发布纯文字朋友圈。单击发布时间，如【1 分钟前】右侧的【删除】，可以删除已经发布的朋友圈。

4 很多好友在朋友圈中发广告，如果您不想看此类广告，则可在微信主界面上单击【发现】→【朋友圈】，找到经常发广告的好友后长按头像，在弹出的菜单中单击【设置权限】，开启【不看他】开关，这样就看不到好友的朋友圈了。

陈晨
设置权限
投诉
王
Hi 遇到你是我的幸运！
品质鲜花立减40！
99元4束，每周1束！
包邮，送花瓶和保鲜剂！
1分钟前

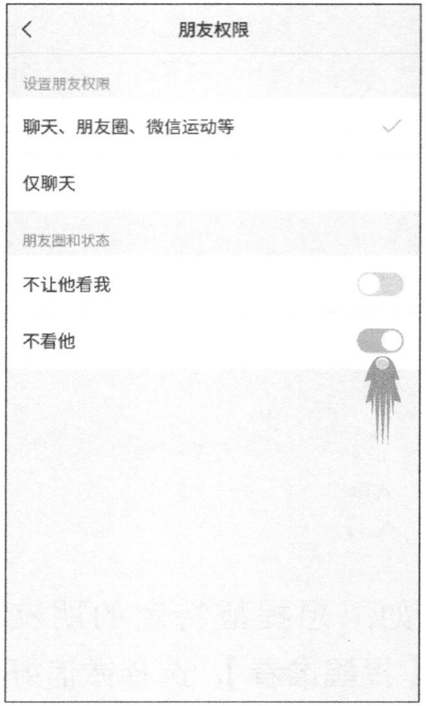
朋友权限
设置朋友权限
聊天、朋友圈、微信运动等
仅聊天
朋友圈和状态
不让他看我
不看他

5.6 微信红包抢起来，节日气氛有高潮

逢年过节在群里发红包，或遇到喜事给好友发红包，已经成为现代人的一种生活方式。无论发红包还是抢红包，都需要在微信上绑定银行卡后才能提现。现在就请准备一张银行卡，加入发红包和抢红包的行列中吧！

① 在微信主界面上单击【我】→【支付】→【钱包】→【银行卡】→【添加银行卡】，在【添加银行卡】界面根据提示输入银行卡号和持卡人姓名，并设置 6 位数字的支付密码即可完成银行卡的绑定。

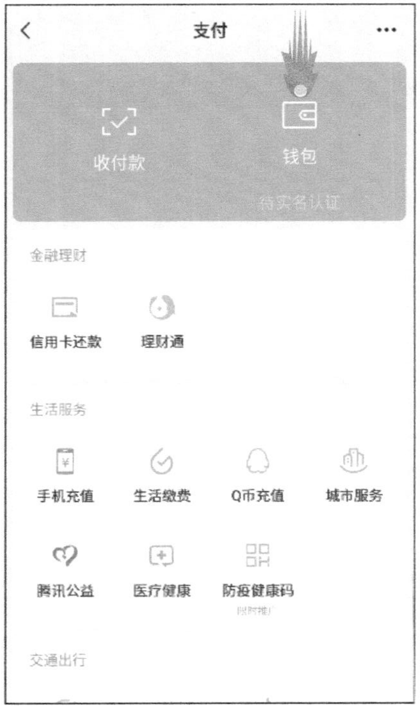
支付
收付款
钱包
待实名认证
金融理财
信用卡还款
理财通
生活服务
手机充值
生活缴费
Q币充值
城市服务
腾讯公益
医疗健康
防疫健康码
交通出行

钱包
账单
零钱
银行卡
支付分
亲属卡
身份信息
立即实名认证
安全保障
帮助中心
本服务由财付通提供

提示

一定要牢记设置的支付密码，发红包和转账时都需要输入支付密码。

王
相册
拍摄
视频通话
位置
红包
转账
语音输入
我的收藏

发红包
单个金额
100 元
红包封面
¥100.00
塞钱进红包
未领取的红包，将于24小时后发起退款

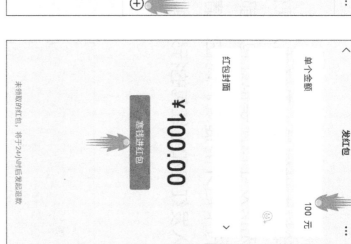

②在绑定银行卡后，就可以给好友发红包了。打开与好友的聊天界面，单击⊕图标，出现菜单后单击【红包】。在弹出的【发红包】界面上输入红包金额后，单击【塞钱进红包】按钮，输入支付密码，即可发送给对方。在【发红包】界面上单击右上角的…图标，出现选项后单击【红包记录】，即可看到所有的收发记录。

③除了可给单个好友发红包，还可在群里发红包。此时可选择三种模式：拼手气红包是指设置总金额和红包个数，大家能够抢到多少金额全凭运气；普通红包则比较公平，在设定好金额后，大家领取的红包金额都是一样的；专属红包则具有方向性，发红包时最多可以选择三名群成员，只有被选为领取人的群成员才能领取红包。

发红包
拼手气红包
红包个数
填写个数 个
总金额
0.00 元
红包封面
¥0.00
未领取的红包，将于24小时后发起退款

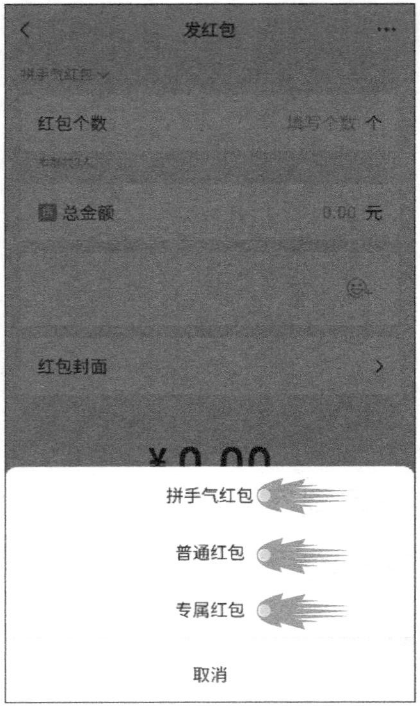
发红包
拼手气红包
普通红包
专属红包
取消

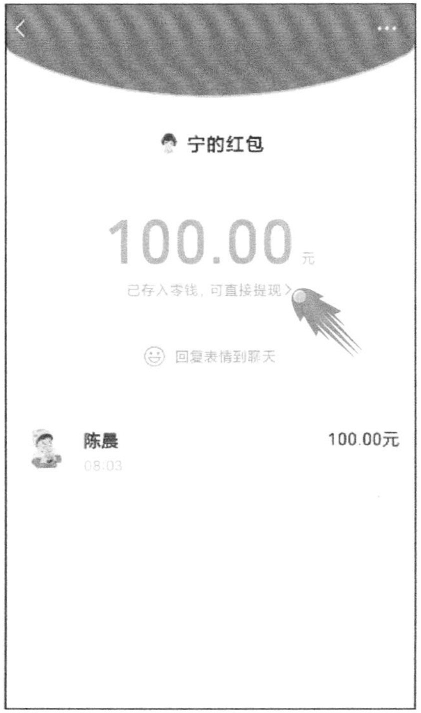
宁的红包
100.00元
已存入零钱，可直接提现 >
回复表情到聊天
陈晨
08:03
100.00元

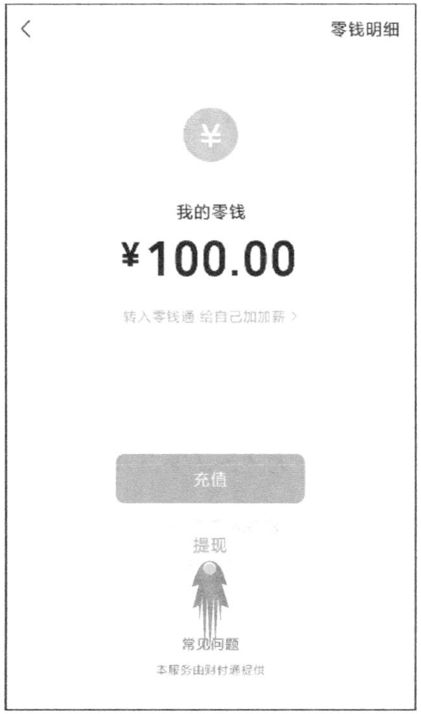
零钱明细
我的零钱
¥100.00
转入零钱通 给自己加加薪 >
充值
提现
常见问题
本服务由财付通提供

4 您收到的红包会被存储到微信的零钱中，如果想把零钱提现，则可在收取红包界面上单击【已存入零钱，可直接提现】后，弹出【零钱明细】界面，单击【提现】按钮即可将零钱提取至银行卡。

5 还可通过单击【我】→【钱包】→【零钱】，在弹出的【零钱明细】界面上单击【提现】按钮，将钱包中的零钱全部提现。注意：提现时需要扣除 0.1% 的手续费（最少 0.1 元）。

5.7 微信转账很方便，不去银行就能转

除发送红包外，在微信中还可以通过转账的方式给好友打款。与发送红包相比，转账打款的单笔限额和每日限额更高，且转账时会显示实际金额，对方在领取前就能知道具体数目。

① 在与好友的聊天界面中单击 ⊕ 图标，出现菜单后单击【转账】，在输入转账金额后单击【转账】按钮，继续输入支付密码，对方就能收到转账信息了。

王
相册
拍摄
视频通话
位置
红包
转账
语音输入
我的收藏

王(*陈)
转账金额
¥ 100
添加转账说明
1 2 3
4 5 6
7 8 9
0 .
转账

② 转账时需要注意，转账后不能撤回，接收方可以拒收。如果不小心转错了账，则需要在第一时间联系接收方，说明理由并请接收方拒收。如果接收方已经接收并拒绝退还，则可在微信主界面上单击上方的 🔍 图标，搜索【微信客服】，单击【腾讯客服】或拨打微信客服电话寻求协助。

提示

如果对方在 24 小时内没有收款，则资金会自动退回到微信零钱中。

待你收款
¥1.00
转账时间
收款
1天内未确认，将退还给对方。退还

微信客服
取消
全部
公众号
小程序
视频号
朋友圈
文章
腾讯客服
联系电话
官方帐号
腾讯客服
公众号
腾讯客服
小程序
官方服务
提现查询
账号检测
支付保护
游戏封号
客服查询服务
微信客服电话
腾讯服务热线
075583765566
呼叫
财付通、手Q钱包热线

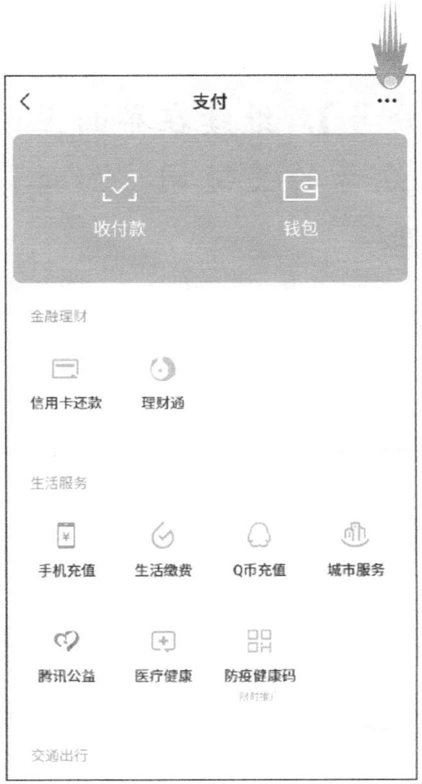
支付
收付款
钱包
金融理财
信用卡还款
理财通
生活服务
手机充值
生活缴费
Q币充值
城市服务
腾讯公益
医疗健康
防疫健康码
交通出行

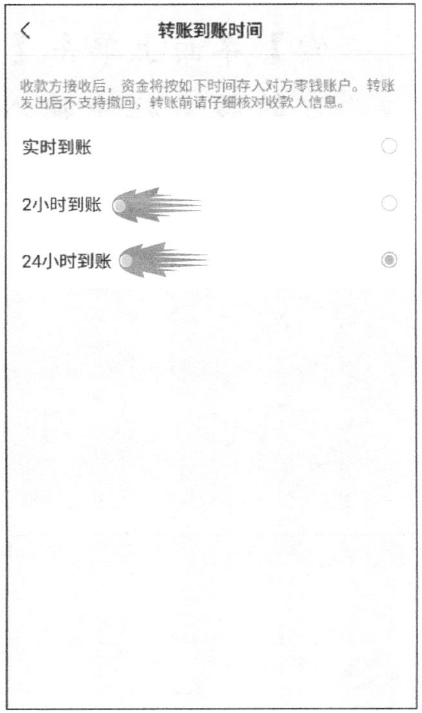
转账到账时间
收款方接收后，资金将按如下时间存入对方零钱账户。转账发出后不支持撤回，转账前请仔细核对收款人信息。
实时到账
2小时到账
24小时到账

3 如果经常使用微信转账功能，则可开启微信延迟到账功能。在微信主界面上单击【我】→【支付】，弹出【支付】界面，单击右上角的⋯图标，弹出【支付管理】界面，继续单击【转账到账时间】，在弹出的【转账到账时间】界面上可以设置延迟到账的时间，如【2 小时到账】或【24 小时到账】。

提示

虽然开启延迟到账功能后仍然不能撤回转账操作，但在接收方确认收款后，资金需要经过一段时间才能入账到接收方的零钱中，您就可以利用这段时间与接收方协商或向客服投诉。

5.8 公众号里趣闻多，新鲜事不容错过

公众号是个人与机构发布信息和传播图文的平台，是很多人获取资讯、阅读文章的重要途径。现在就来了解一下如何在微信中搜索、订阅和转发公众号吧！

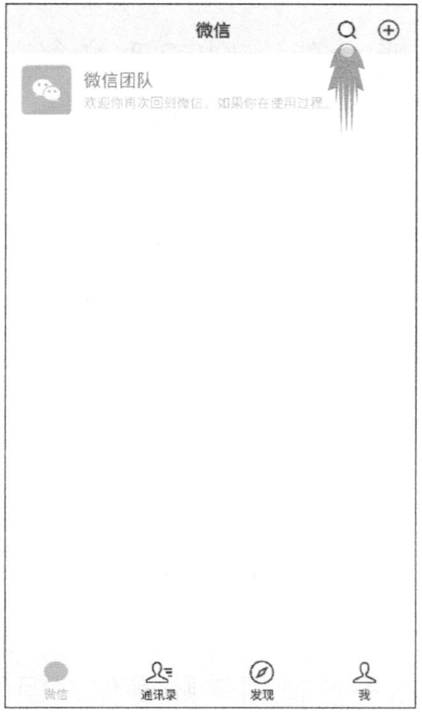
微信
微信团队
欢迎你再次回到微信。如果你在使用过程...
微信
通讯录
发现
我

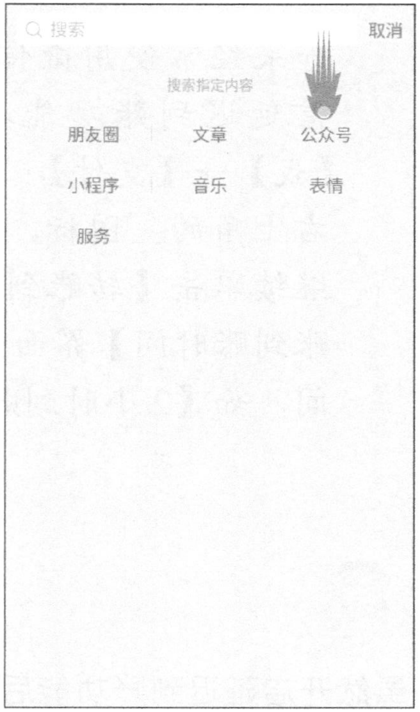
搜索
取消
搜索指定内容
朋友圈
文章
公众号
小程序
音乐
表情
服务

① 单击微信主界面右上方的 Q 图标。在【搜索】界面上单击【公众号】，继续在界面上方的搜索栏中输入公众号的关键词，如新闻，单击【搜索】按钮。

② 此时将出现多个包含关键词的公众号。单击一个感兴趣的公众号，如【界面新闻】，将弹出【界面新闻】界面。单击【关注】按钮即可订阅该公众号，并且进入公众号的主页。

新闻
取消
公众号
央视新闻
中央广播电视总台新闻新媒体中心公众号，提供时政、社会、财经、体育、突发等新...
中央电视台
名牌栏目
主播说
夜读精选
澎湃新闻
有内涵的时政新媒体
上海东方报业有限公司
界面新闻
界面新闻是中国具有影响力的原创财经新媒体，只服务于独立思考的人群
中国新闻社
中国新闻社，简称"中新社"，是中国以对外报道为主要新闻业务的国家级通讯社，是...
中国新闻社

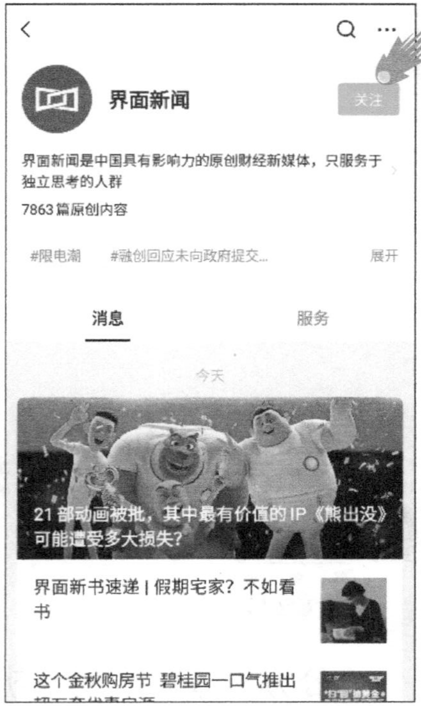
界面新闻
关注
界面新闻是中国具有影响力的原创财经新媒体，只服务于独立思考的人群
7863 篇原创内容
#限电潮
#融创回应未向政府提交...
展开
消息
服务
今天
21 部动画被批，其中最有价值的 IP《熊出没》可能遭受多大损失?
界面新书速递 | 假期宅家？不如看书
这个金秋购房节 碧桂园一口气推出

提示

如果公众号名称的右侧带有 ✔ 标志，则表示这个公众号经过官方平台认证。如果带有 Ⓡ 标志，则表示公众号的名称和 LOGO 受商标保护。在查找银行、理财、报考等机构的公众号时一定要看好认证标志，以免进入仿冒的公众号。

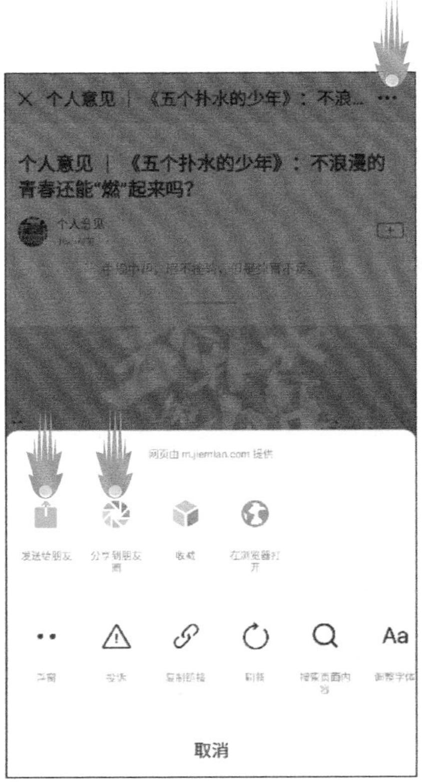
个人意见 | 《五个扑水的少年》：不浪...
个人意见 | 《五个扑水的少年》：不浪漫的青春还能"燃"起来吗?
取消

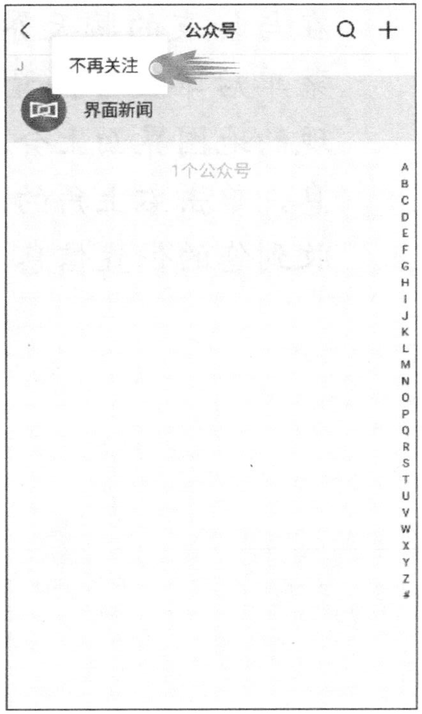
公众号
不再关注
界面新闻
1个公众号

③ 在公众号中阅读一篇文章后，很想分享给好友，该如何操作呢？单击右上角的 ··· 图标，在出现的菜单中单击【发送给朋友】，则可将这篇文章发送给好友。若在出现的菜单中单击【分享到朋友圈】，则可将文章分享到朋友圈。

④ 若在关注公众号后，不再喜欢其中的文章，则可不再关注该公众号。在微信主界面上单击【通讯录】→【公众号】，所有订阅的公众号都将显示出来。按住一个公众号后单击【不再关注】，以后就不会收到这个公众号的消息了。

5.9 不知道自己在哪？共享位置来帮您

不知道您是否遇到过以下难题：到了一个陌生地方后找不到路；朋友约好了见面，但到了目的地却找不到对方；朋友要来家里做客，但不知道您居住的大致方位……在遇到以上烦心的问题时不用着急，只要拿出手机，在微信上给对方发送位置就能轻松解决。

王
发送位置
共享实时位置
取消

搜索地点
光明公寓(北京市朝阳区亮马桥路42号)
100m内 | 朝阳区
徽州四季
北京盛捷福景苑酒店式公寓
光明饭店

① 在与好友的聊天界面上单击⊕图标，出现菜单后单击【位置】→【发送位置】，在出现的地图界面上会显示您当前所处的位置信息，单击右上角的【发送】按钮，好友就能收到您的位置信息了。

② 如果您想给好友发送其他位置，则可在地图界面的搜索框中输入位置名称，会显示出相关的位置列表，在列表中选择一个位置，单击【发送】按钮，朋友就能收到位置信息了。如果您在收到好友发送的位置信息后想把位置信息转发给其他人，则可单击地图界面右上角的…图标，在弹出的菜单中单击【发送给朋友】，并选择要转发的好友即可。

亮马桥
取消
亮马桥[地铁站]
亮马桥[公交站]
亮马桥
亮马桥-B口(东北口)
亮马桥-C口(东南口)
亮马桥-A口(西北口)

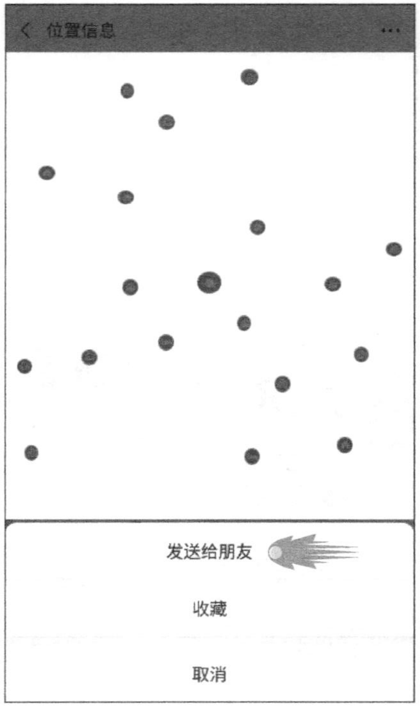
位置信息
发送给朋友
收藏
取消

③ 如何了解好友的位置或让好友掌握自己的实时位置呢？在与好友的聊天界面上单击⊕图标，出现菜单后单击【位置】→【共享实时位置】，在地图界面上就会显示您当前所处的实时位置。

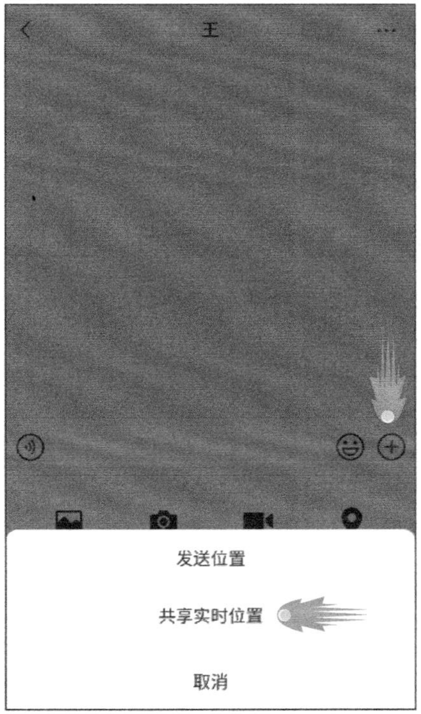
王
发送位置
共享实时位置
取消

1人在共享位置

④ 与发送位置不同，共享实时位置是即时更新的。单击界面右上角的图标可返回聊天界面；单击左上角的图标可关闭共享实时位置。

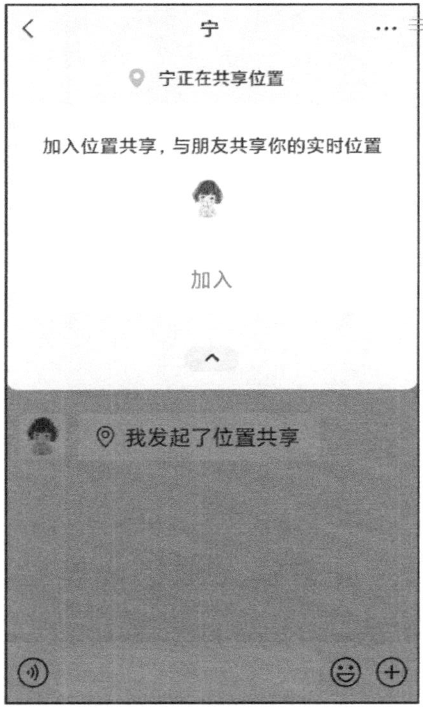
宁
宁正在共享位置
加入位置共享，与朋友共享你的实时位置
加入
我发起了位置共享

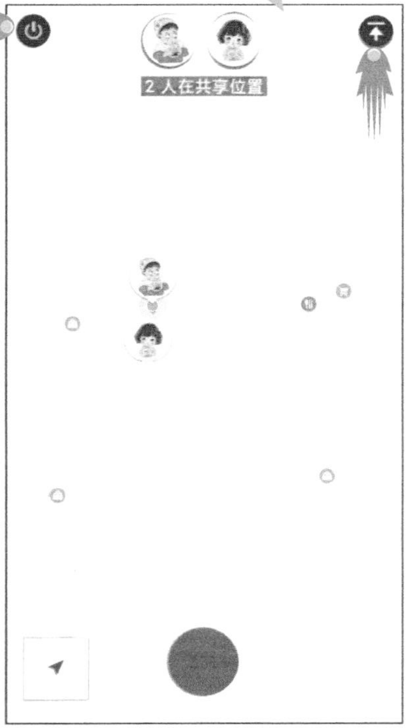
2人在共享位置

提示

当好友单击【我发起了位置共享】→【加入】后，在地图上不但可以看到共享位置的好友在哪，所处的位置还会随着走动实时更新。

5.10 使用微信小程序，节省手机空间

硬件配置不足或安装的应用太多，是手机卡顿的主要原因。在使用微信小程序这个替代品后，我们就可以卸载一部分应用，以节省手机空间，让手机变得更加流畅。微信小程序是一种不需要下载安装就能使用的手机应用，具有即开即用、用完即关、不占存储空间等优点，主要用来替代使用频率较低或功能比较简单的应用。

① 添加小程序的方法有三种：第一种方法是扫描商户门店中的二维码；第二种方法是单击好友发来的分享链接；第三种方法是单击微信主界面右上角的 🔍 图标，单击【小程序】后在搜索栏中输入小程序名称，单击【搜索】按钮即可。

搜索
取消
搜索指定内容
朋友圈
文章
公众号
小程序
音乐
表情
服务

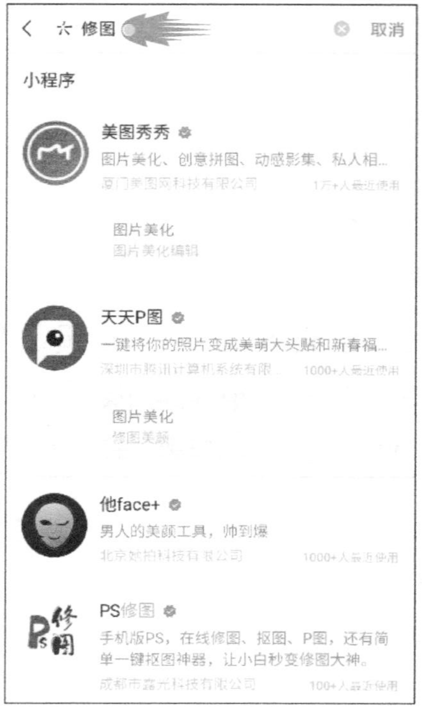
修图
取消
小程序
美图秀秀
图片美化、创意拼图、动感影集、私人相...
图片美化
图片美化编辑
天天P图
一键将你的照片变成美萌大头贴和新春福...
图片美化
修图美颜
他face+
男人的美颜工具，帅到爆
PS修图
手机版PS，在线修图、抠图、P图，还有简单一键抠图神器，让小白秒变修图大神。

提示

搜索小程序时不用输入全称，只要输入模糊的关键词，就会出现同类小程序的列表。

美图秀秀
图片美化
智能优化
创意拼图
有趣的拼图模板
海报制作
简单易懂的海报制作
美图AI
图片神奇黑科技
热门玩法
老照片修复
翻新神器还原旧时光
一键翻新
社区
私人相册
工具箱
我

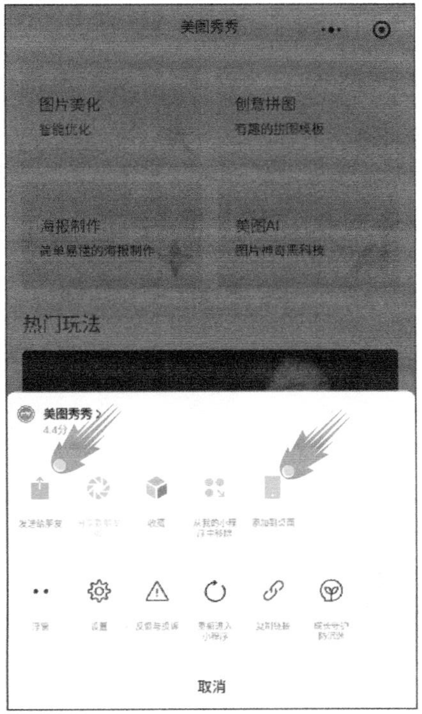
美图秀秀
热门玩法
取消

② 在搜索结果列表中单击小程序名称可打开这个小程序，使用完毕后按手机上的⊙图标可退出小程序。如果您发现一款很实用的小程序，则可单击右上角的··图标将其分享给好友，或者把小程序的图标添加到桌面。如果在小程序中玩游戏时好友发来了消息，则可单击右上角的⊙图标退出游戏，在聊天结束后重新打开游戏时，依然可保持原来的游戏进度。

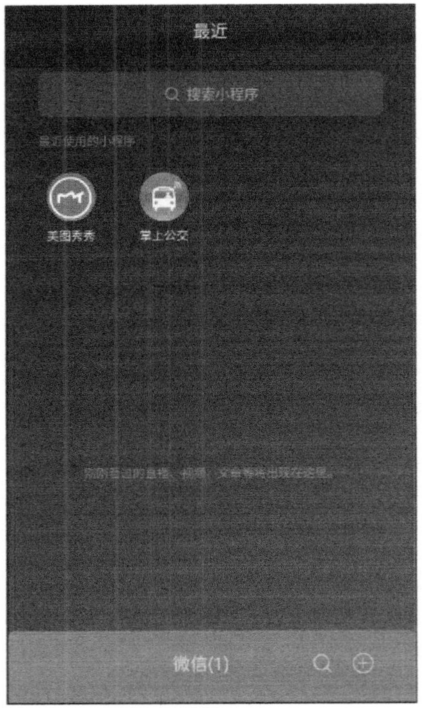
最近
搜索小程序
美图秀秀
掌上公交
微信(1)

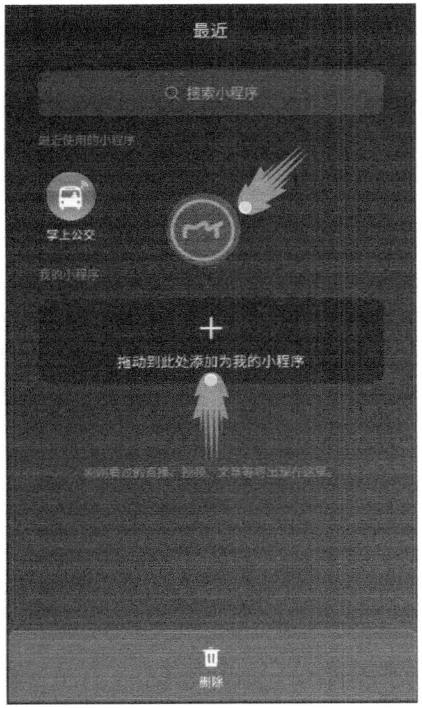
最近
搜索小程序
掌上公交
拖动到此处添加为我的小程序
删除

③ 在微信主界面上向下拖动屏幕会出现最近使用的小程序列表，小程序列表是按照最近使用时间排序的。

④ 若选中某个小程序，则把该小程序拖到【拖动到此处添加为我的小程序】中，则可将这个小程序显示在列表的首位，而不会被新使用的小程序取代位置。

5.11 电脑、手机也能连，文件互传很方便

在外出游玩、聚会时会拍很多照片。不管是您发给微信好友的照片，还是好友发给您的照片，都只能在微信中查看，不但查找起来很麻烦，遇到重装微信等情况时还有丢失照片的风险；当好友传给您一份文档，而这份文档又需要在电脑上进行处理后回传给好友……若您遇到上述问题，该如何解决呢？只需要将手机和电脑连接起来即可。虽然数据线能轻松地连接手机和电脑，但是若想在电脑上找到微信中的照片和文档却是一件困难的事情，最有效率的解决方法是在电脑中安装微信。

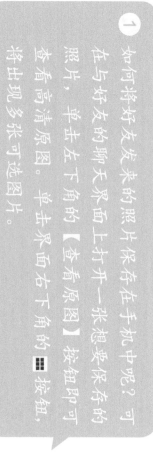

① 如何将好友发来的照片保存在手机中呢？可在与好友的聊天界面上打开一张想要保存的照片，单击左下角的【查看原图】按钮即可查看高清原图。单击界面右下角的 ▦ 按钮，将出现多张可选图片。

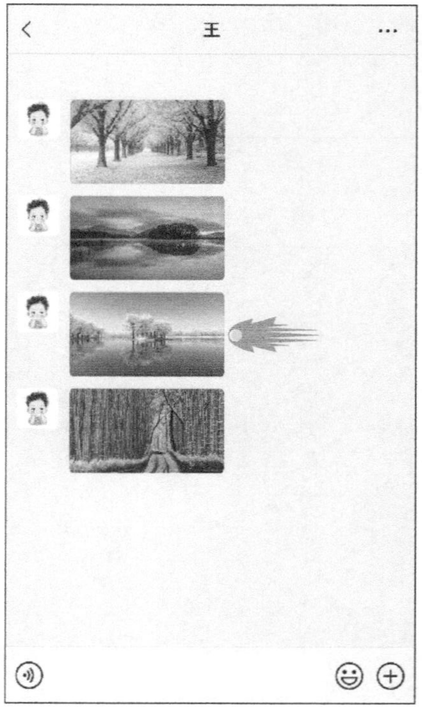
王

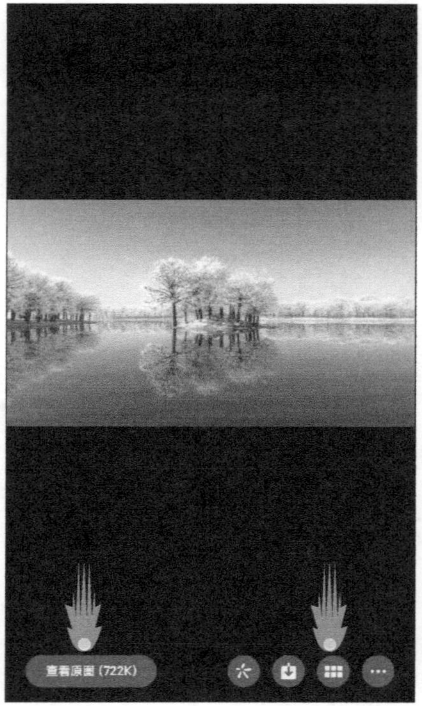
查看原图 (722K)

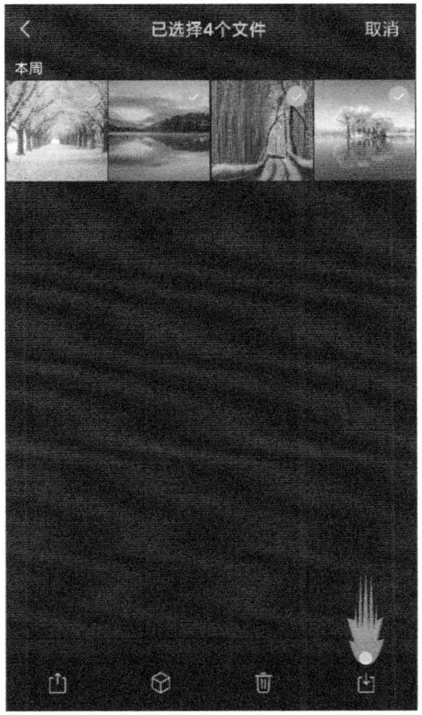
已选择4个文件
取消
本周

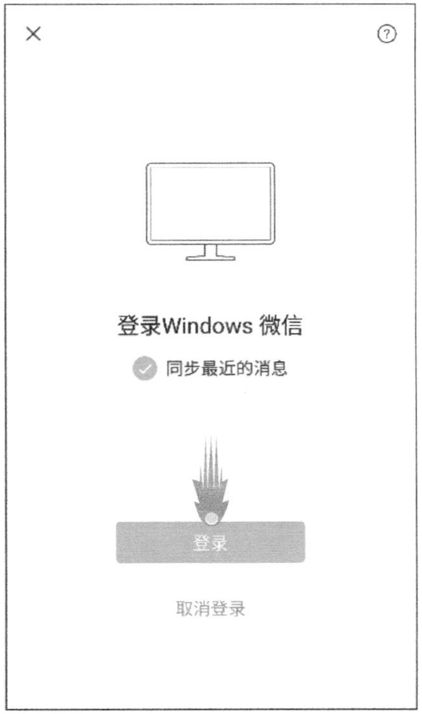
登录Windows 微信
同步最近的消息
登录
取消登录

2 单击界面右上角的【选择】按钮，选中所有要保存的照片后，单击右下角的按钮，选中的照片就被保存到手机中了。打开手机上的【相册】应用，在【微信】文件夹中可看到这些照片。

3 若想将照片保存到电脑中，则需要先在电脑上运行微信，然后单击【登录】按钮，在手机弹出的提示界面上单击【登录】按钮。

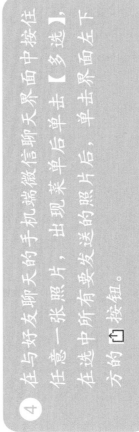

4 在与好友聊天的手机端微信聊天界面中按住任意一张照片，出现菜单后单击【多选】，在选中所有要发送的照片后，单击界面左下方的按钮。

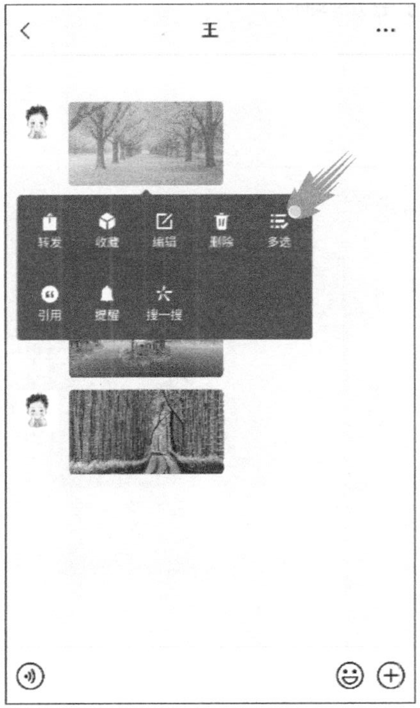
王
转发
收藏
编辑
删除
多选
引用
提醒
搜一搜

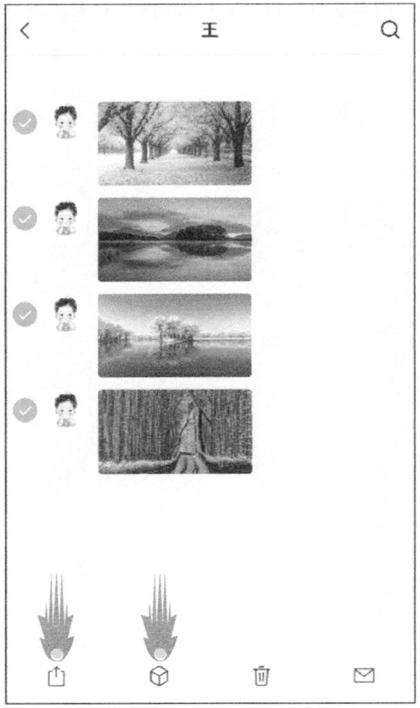
王

提示

除发送照片外，还可将照片收藏，选中所有要收藏的照片，单击界面左下方的按钮，即可收藏照片。

5 在弹出的菜单中单击【逐条转发】→【文件传输助手】→【发送】，即可将这些照片发送到电脑端微信中了。

王
逐条转发
合并转发
取消

选择
多选
搜索
创建新聊天
最近聊天
文件传输助手
王

提示

将文档发送到电脑端微信中的方法与发送照片相同。如果只发送一个文档，则只要在聊天界面上按住要发送的文档，出现菜单后单击【转发】→【文件传输助手】，即可将文档发送到电脑端。

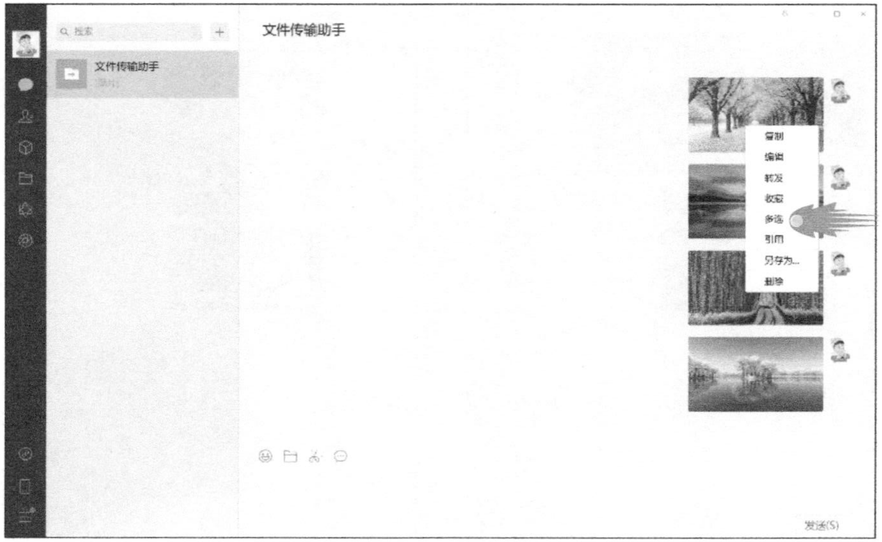
文件传输助手
复制
编辑
转发
收藏
多选
引用
另存为...
删除
发送(S)

6 在电脑端微信中的【文件传输助手】中可以看到由手机发送的照片，在照片上单击鼠标右键，在弹出的快捷菜单中单击【多选】。

⑦ 此时可选择所有要下载的照片，单击【保存】按钮，在选择保存路径后单击【确定】按钮，照片就被保存到电脑中了。

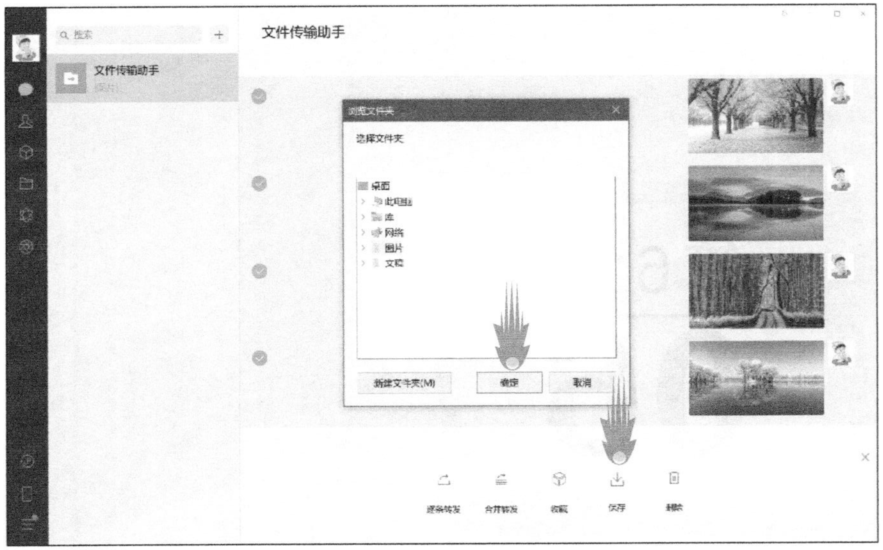
文件传输助手
选择文件夹
桌面
新建文件夹(M)
确定
取消
保存

提示

把电脑端微信中的文档发送到手机端非常简单，只要在电脑上选中要传输的文档，把文档拖曳到电脑端微信中的【文件传输助手】，即可在手机端微信中收到文档。

已选择4项
1小时前
全不选
发送
移动
删除
更多

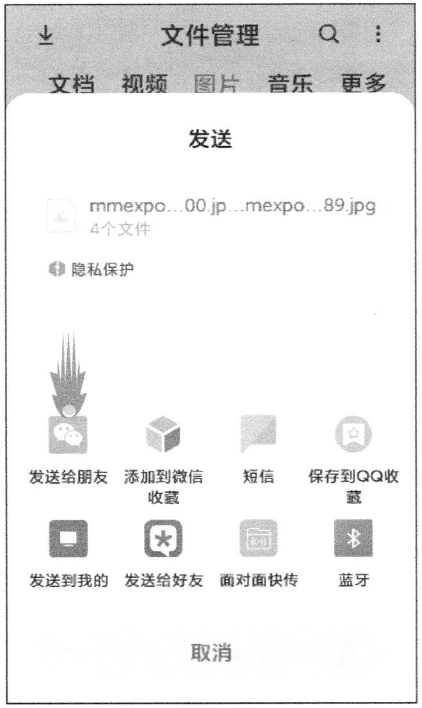
文件管理
文档
视频
图片
音乐
更多
发送
mmexpo...00.jp...mexpo...89.jpg
4个文件
隐私保护
发送给朋友
添加到微信收藏
短信
保存到QQ收藏
发送到我的
发送给好友
面对面快传
蓝牙
取消

⑧ 手机中的照片或文档也可以通过【文件传输助手】发送到电脑上：在手机上打开【文档管理】应用，选中要传输的文件类型后，选择要传送到电脑上的文档，单击界面下方的【发送】，弹出菜单后单击【发送给朋友】→【文件传输助手】，即可将文档发送到电脑端。

第6章 06 支付宝，让生活更便捷

提到支付宝，很多人首先想到的是手机钱包和扫码支付。其实，现在的支付宝已经可以改名为生活宝了，从银行转账到付款理财，从生活缴费到外卖打车，从快递购物到买药挂号……支付宝提供的功能几乎涵盖了人们日常生活中的各种场景。

如果您对支付宝还不太熟悉，那么一定不能错过本章的精彩内容。下面就让我们一起了解支付宝都有哪些实用、便捷的功能吧！

6.1 注册一个账号，开启支付宝之旅

与大多数应用一样，第一次使用支付宝时需要使用自己的手机号来注册账号。因为钱包是支付宝最核心的功能，若想往支付宝里存钱或从支付宝中提现，都要经过银行卡，所以在注册好账号后，还要在支付宝中实名认证并绑定银行卡，之后才能使用支付宝的所有功能。

① 在【应用商店】应用中下载支付宝，安装完毕后运行【支付宝】应用。在登录界面上输入手机号，单击【下一步】→【注册】。

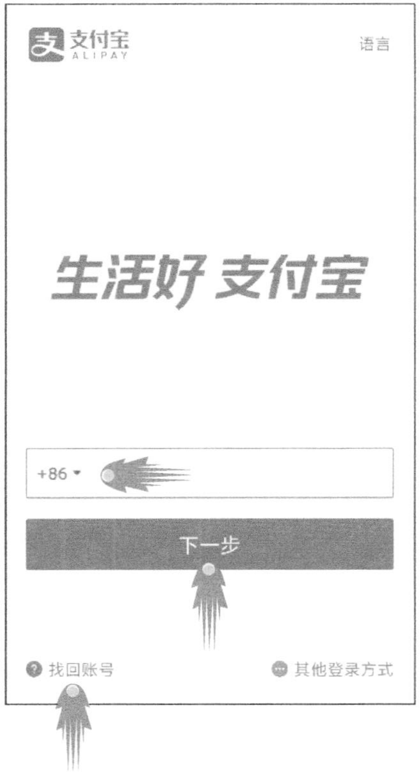

支付宝
ALIPAY
语言
生活好 支付宝
+86
下一步
找回账号
其他登录方式

请选择你想要进行的操作
注册
登录

提示

如果注册后忘记账号了，则可以单击登录界面左下角的【找回账号】，根据提示的相关信息找回账号。

② 此时【支付宝】应用将向注册时填写的手机号发送短信验证码。输入收到的短信验证码后单击【同意并注册】按钮，继续设置一组由字母和数字组成的登录密码，即可进入支付宝的首页。

提示

登录密码的长度为 8 ~ 20 位，并且不能全为数字。

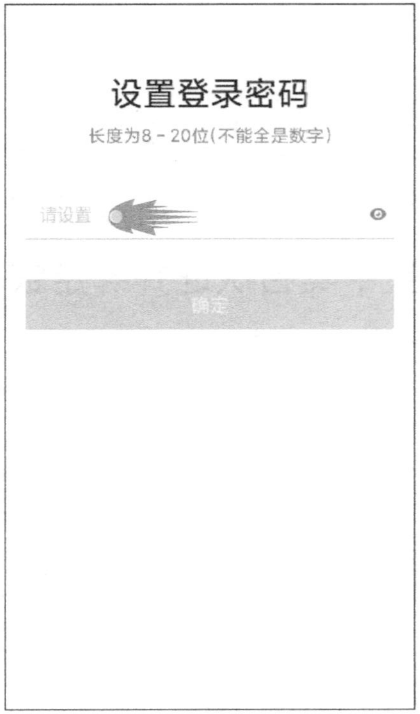
设置登录密码
长度为8－20位（不能全是数字）
请设置
确定

沈阳
搜索
扫一扫
收付款
出行
卡包
饿了么
口碑好店
市民中心
飞猪旅行
电影演出
转账
信用卡还款
充值中心
余额宝
蚂蚁保
蚂蚁森林
火车票机票
健康码
我的小程序
更多
暂未添加银行卡，去添加>>
添加付款方式，方便购物、转账、到店付款
专属福利
为您定制 玩转支付宝
36元现金
去参加
实体店红包
立即抢
理财
口碑
消息
我的

③ 先在支付宝主界面下方单击【我的】，然后单击界面左上角的用户头像，打开【个人信息】界面。在【个人信息】界面上单击【实名认证】→【立即认证】，输入姓名和身份证号码后，单击【提交】按钮即可完成认证。

消费者权益保护 >
设置昵称
请添加付款方式，就能用支付宝付钱啦
支付宝会员
你今日还没签到哦
账单
总资产
免费领取账户保障
余额
0.00
余额宝
银行卡
芝麻信用
蚂蚁保
网商银行
首页
理财
口碑
消息
我的

个人信息
个人主页
实名认证
支付宝账号
131******85
我的名片
淘宝会员名
我的车辆
我的收货地址
我的发票抬头
邀请有礼
聊天收藏

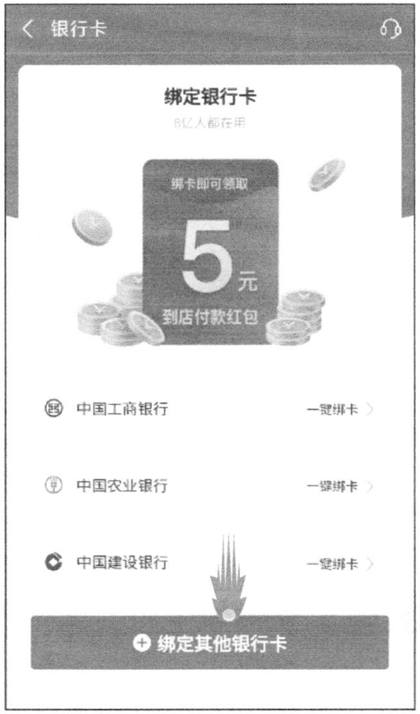
银行卡
绑定银行卡
8亿人都在用
绑卡即可领取
5元
到店付款红包
中国工商银行　一键绑卡
中国农业银行　一键绑卡
中国建设银行　一键绑卡
绑定其他银行卡

添加银行卡
支付宝全力保护你的信息安全
输入卡号添加（支持460家银行）
点击输入本人的银行卡号
提交卡号
免输卡号添加（支持71家银行）
中国农业银行
中国工商银行
中国建设银行　可得8元红包
中国邮政储蓄银行
中国银行

④ 准备一张银行卡，这张卡的开户人必须与在实名认证时输入的姓名一致。在【我的】界面上单击【银行卡】→【绑定其他银行卡】，弹出【添加银行卡】界面。在界面上方输入银行卡的卡号，也可以单击 📷 图标，用拍照的方式识别卡号。

⑤ 单击【同意协议并绑卡】按钮后，通过短信验证码验证手机号，并设置一组 6 位数字的支付密码，即可完成银行卡的绑定。

验证银行预留手机号
手机号
验证码　输入验证码
收不到验证码?
下一步

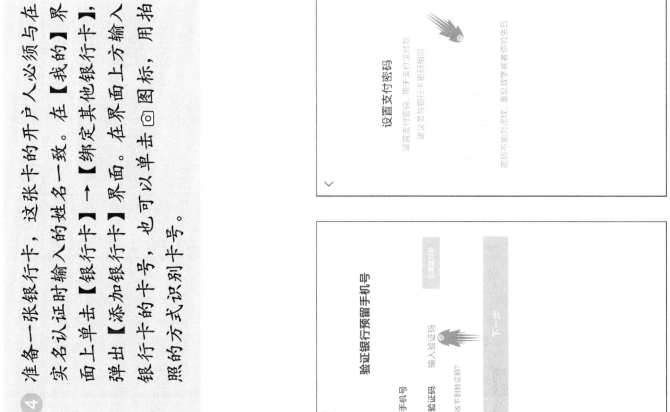

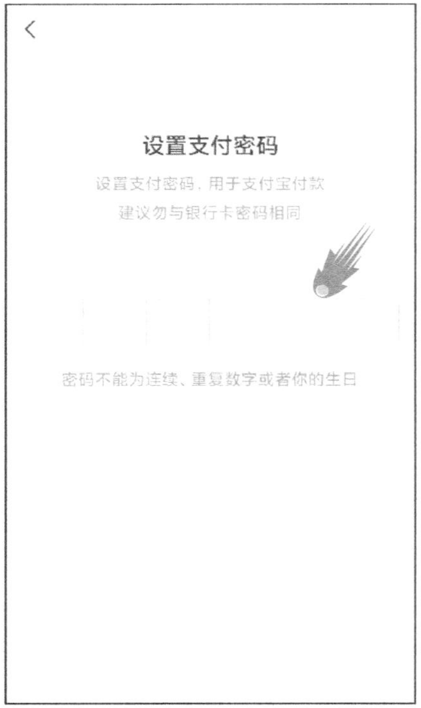
设置支付密码
设置支付密码，用于支付宝付款
建议勿与银行卡密码相同
密码不能为连续、重复数字或者你的生日

提 示

如果办理银行卡时预留的手机号与注册支付宝账号的手机号不一致，则应在【卡类型】下方填写办理银行卡时预留的手机号。

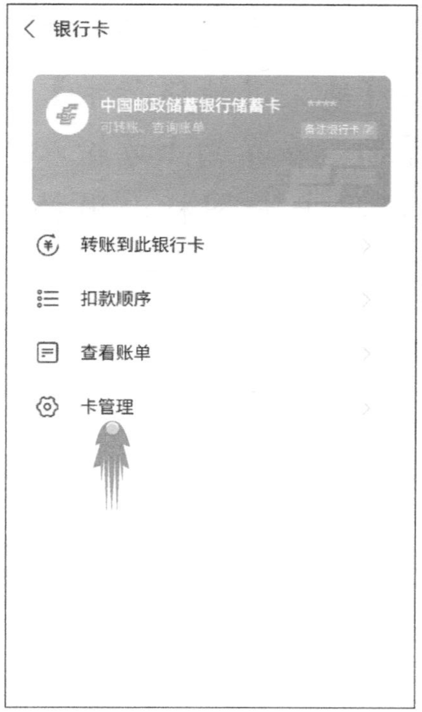
银行卡
中国邮政储蓄银行储蓄卡
转账到此银行卡
扣款顺序
查看账单
卡管理

银行卡管理
中国邮政储蓄银行
储蓄卡
每日支付限额
50000元
查看卡号
刷脸查看
ETC服务
去查看
银行卡备注
去备注
解除绑定
支付锁定

6 重复前面的操作可以绑定更多银行卡。在【银行卡】界面选中已经绑定的银行卡，单击【卡管理】→【解除绑定】→【仍要解绑】，输入支付密码即可解除银行卡的绑定。

提示

支付密码不能是连续、重复的数字或您的生日，否则他人可以轻易猜到支付密码。

6.2 收付款码，让支付更便捷

在绑定好银行卡后，不管在超市购物、饭店就餐，还是市场买菜，只要打开支付宝扫一下对方的收款二维码就能结账，既便捷又没有找零钱的麻烦。现在就让我们详细了解一下，用支付宝结账和收款的方法吧！

1 使用支付宝扫码支付有两种不同的形式：第一种形式为主动扫码，也就是利用支付宝主界面上的【扫一扫】功能，扫描商家带有支付宝标志的二维码，在输入付款金额后单击【确认转账】→【立即付款】，输入支付密码后会显示支付成功；第二种形式为被动扫码，也就是由商家扫描您出示的付款码。

沈阳
搜索
扫一扫
收付款
出行
卡包
饿了么
口碑好店
市民中心
飞猪旅行
电影演出
转账
信用卡还款
充值中心
余额宝
蚂蚁保
蚂蚁森林
火车票机票
健康码
我的小程序
更多
今日红包雨来了!
财富生活
今日好货
+3.81%
立即领取
理财
口碑
消息
我的

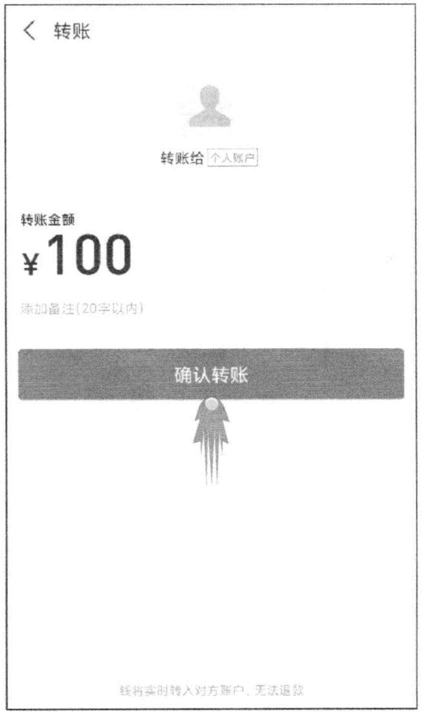
转账
转账给
转账金额
¥100
确认转账

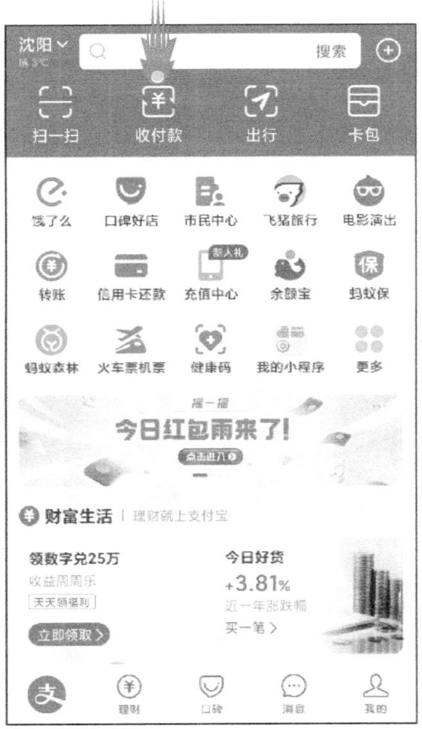
沈阳
搜索
扫一扫
收付款
出行
卡包
今日红包雨来了!
财富生活
+3.81%

收付款
向商家付款
开启付款码
你尚未开启此功能，
开启后向商家出示，即可付钱
定时自动刷新
每次用后失效
百万赔付保障
立即开启
收钱
扫码付

提示

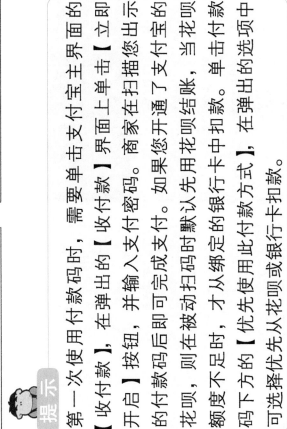

第一次使用付款码时，需要单击支付宝主界面的【收付款】，在弹出的【收付款】界面上单击【立即开启】按钮，并输入支付密码。商家在扫描您出示的付款码后即可完成支付。如果您开通了支付宝的花呗，则在被动扫码时默认先用花呗结账，当花呗额度不足时，才从绑定的银行卡中扣款。单击付款码下方的【优先使用此付款方式】，在弹出的选项中可选择优先从花呗或银行卡扣款。

收款
个人收款
支付宝扫一扫，向我付款
设置金额
保存收钱码
收款记录
成为收钱码商家
领取官方收钱码礼包
立即申领

申请收钱码
官方寄送
推荐
自行打印
自由快速
保存收钱码图片 立刻收钱
提现免费
实时到账
敢收敢赔
收钱可得商家积分兑好礼
支付宝
推荐使用支付宝
打开支付宝[扫一扫]
查看《支付宝收钱码协议》
同意协议并保存图片

② 除了可用支付宝扫码支付，还可用二维码收款：单击支付宝主界面上的【收付款】→【二维码收款】。如果您是商家，则可单击界面下方的【立即申领】，弹出【申请收钱码】界面，单击【官方寄送】，可购买官方制作的挂牌或立牌。如果单击【自行打印】，则可把收钱码图片保存到手机相册中并打印出来。

③ 单击收款码右上角的 ··· 图标，在弹出的菜单中单击【收钱到账语音提醒】，弹出【收钱到账语言提醒】界面，开启【语音提醒开关】，向您付款后，就会用语音播报收到了多少钱。

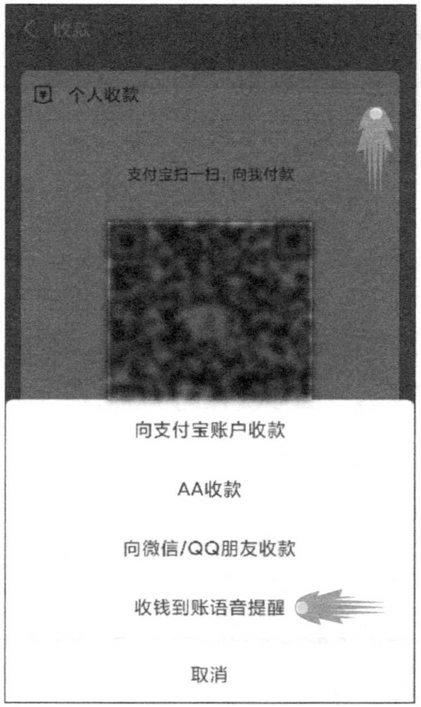
个人收款
支付宝扫一扫，向我付款
向支付宝账户收款
AA收款
向微信/QQ朋友收款
收钱到账语音提醒
取消

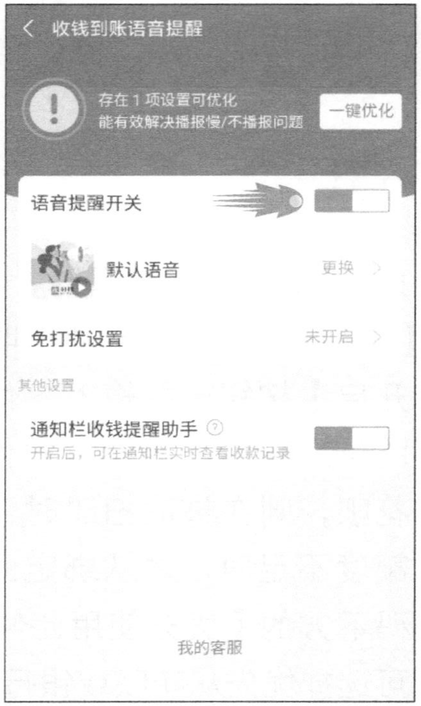
收钱到账语音提醒
存在 1 项设置可优化
能有效解决播报慢/不播报问题
一键优化
语音提醒开关
默认语音
更换
免打扰设置
未开启
其他设置
通知栏收钱提醒助手
开启后，可在通知栏实时查看收款记录
我的客服

6.3 生活缴费，轻松缴

移动支付的便捷不仅体现在轻松付款方面，水电费、燃气费、手机话费等日常生活缴费也可以在支付宝中缴纳，再也不用到营业厅排队等候了。

1 在支付宝的主界面单击【更多】，打开【应用中心】界面。
2 单击【便民生活】中的【生活缴费】。

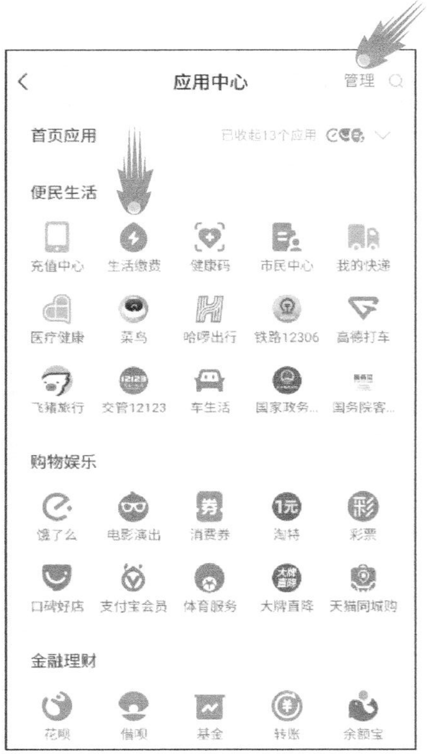

提示

在【应用中心】界面上单击右上角的【管理】，打开【编辑应用】界面，此时应用图标右上方将出现⊖标记，单击不常用的应用可将其从主界面移除，拖动应用图标，可将其添加到主界面。编辑完成后，单击右上角的【保存】按钮即可保存设置。

沈阳
生活缴费 极速到账
水电燃缴费有助于涨芝麻分
电费
水费
燃气费
立即缴费
立即缴费
立即缴费
有线电视
宽带
固话
暖气费
领取今日缴费红包
水电缴费 直接抵扣
去查收
了解生活缴费

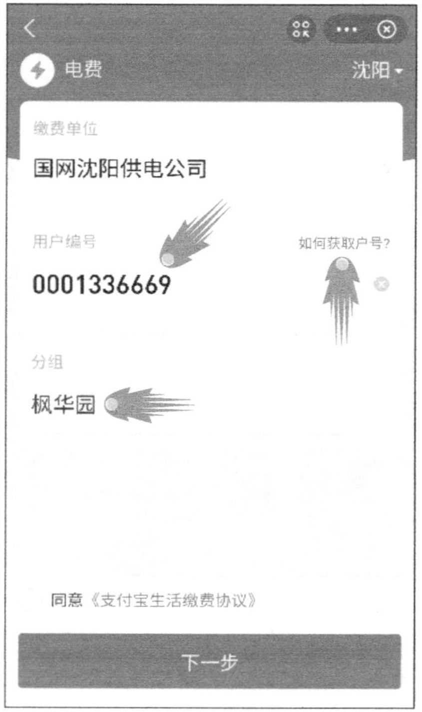
电费
沈阳
缴费单位
国网沈阳供电公司
用户编号
如何获取户号？
0001336669
分组
枫华园
同意《支付宝生活缴费协议》
下一步

3 这里以缴纳电费为例。单击【电费】图标下方的【立即缴费】按钮，选择【缴费单位】，并输入【用户编号】和【分组】。如果您不知道用户编号，则可单击【用户编号】右侧的【如何获取户号】，在帮助界面上查看获取方法。分组则是您所在的小区地址。

4 在输入用户编号和分组信息后，勾选界面下方的【同意《支付宝生活缴费协议》】，单击【下一步】按钮就能看到当前的可用余额。输入缴费金额并单击【立即缴费】按钮，输入支付密码即可完成缴费。

电费
沈阳
缴费单位
国网沈阳供电公司
用户编号
如何获取户号？
0001336669
分组
枫华园
同意《支付宝生活缴费协议》
下一步

缴费账单
国网辽宁省电力有限公司
暂未查询到欠费
可用余额(元)
0.00
户号信息
0001336669
住址信息
****-7502
缴费单位
国网沈阳供电公司
缴费金额
100元
200元
300元
¥ 1
立即缴费
开通自动缴费 安全省心
去开通

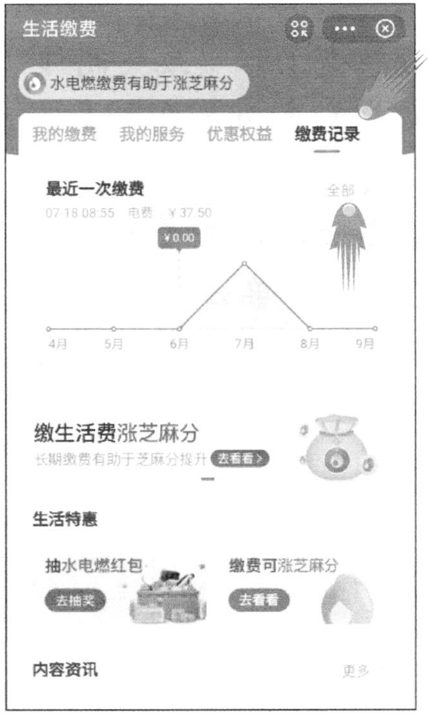
生活缴费
水电燃缴费有助于涨芝麻分
我的缴费
我的服务
优惠权益
缴费记录
最近一次缴费
全部
缴生活费涨芝麻分
去看看
生活特惠
抽水电燃红包
去抽奖
缴费可涨芝麻分
去看看
内容资讯
更多

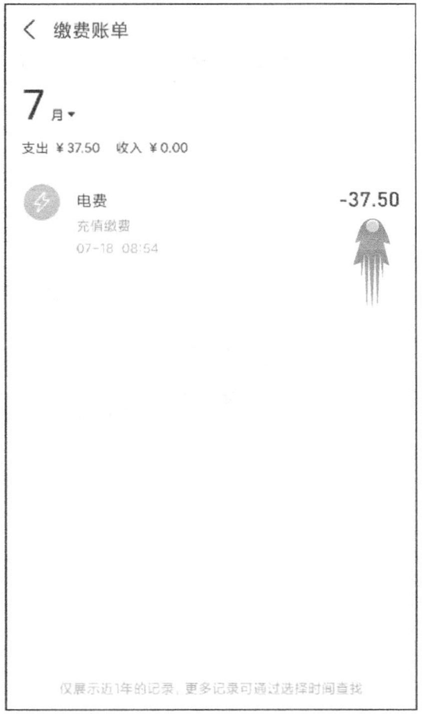
缴费账单
7月
支出 ¥37.50　收入 ¥0.00
电费
充值缴费
07-18 08:54
-37.50

5 如何查看历史账单呢？在【生活缴费】界面上单击【缴费记录】→【全部】即可看到详细的缴费账单。

提示

缴费账单只展示近 1 年的缴费记录，如果想查询更多记录，则可以通过选择时间进行查找。

6 如果您经常忘记缴纳水费、电费、燃气费，则可在【生活缴费】界面上单击【我的服务】→【自动缴费】→【去看看】，弹出【自动缴费】界面。单击【同意协议并开通】按钮即可开通自动缴费功能，一旦出现欠费账单，支付宝就会在第二天自动缴纳欠款。

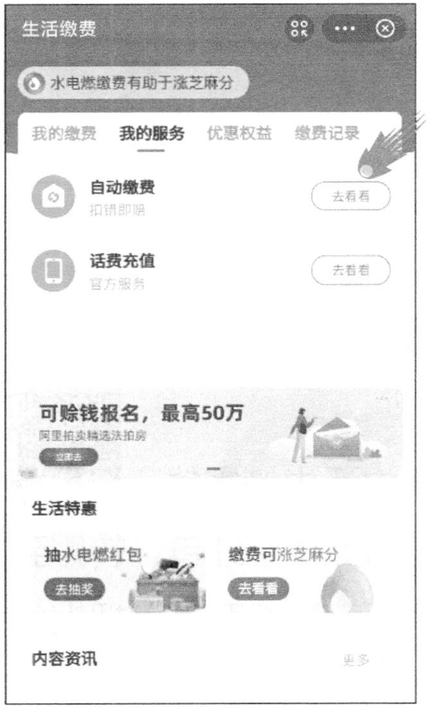
生活缴费
水电燃缴费有助于涨芝麻分
我的缴费
我的服务
优惠权益
缴费记录
自动缴费
去看看
话费充值
官方服务
去看看
可赊钱报名，最高50万
生活特惠
抽水电燃红包
去抽奖
缴费可涨芝麻分
去看看
内容资讯
更多

自动缴费
开通自动缴费
缴费有通知
随时可取消
扣错立即赔
户号信息
0001336669
地址信息
****-7502
自动缴费规则
每期电费出账后自动扣款
电水燃缴费得绿色能量 262g
同意协议并开通

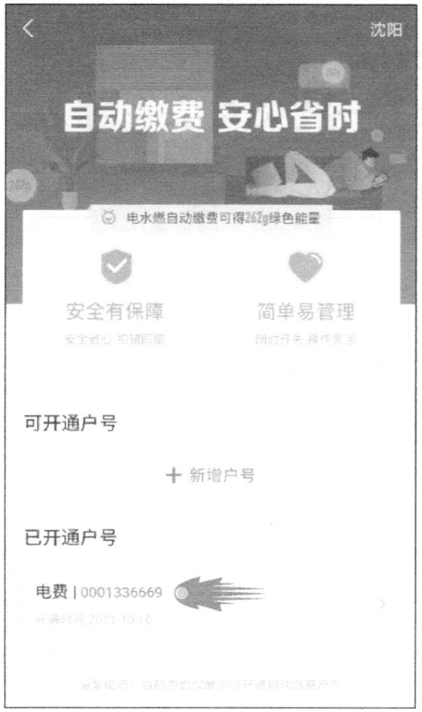
沈阳
自动缴费 安心省时
电水燃自动缴费可得262g绿色能量
安全有保障
简单易管理
可开通户号
新增户号
已开通户号
电费 | 0001336669

自动缴费管理
自动缴费安全保障
专属客服 扣错即赔
0001336669
****-7502
国网沈阳供电公司
近期缴费
详细信息
扣款规则
客服帮助
关闭自动缴费

7 若您在开通自动缴费后想查询账单或关闭该功能，则可在【生活缴费】界面上单击【我的服务】→【自动缴费】→【已开通户号】，弹出【自动缴费管理】界面，单击【近期缴费】，可看到自动缴费记录。单击界面下方的【关闭自动缴费】→【继续关闭】可关闭自动缴费功能。

6.4 余额宝，随取随用，天天有利息

支付宝中的余额相当于生活中的零钱，利用收款码收到的钱、收到的支付宝红包、转账到支付宝的钱都默认存放在余额。我们既可以把银行卡中的钱充值到余额，也可以将余额提现到银行卡。

余额宝相当于微信中的零钱通，若把闲置的余额转到余额宝，就可以持续产生微小的收益。简单来说，可以把余额宝理解成将零钱存到银行的活期账户收取利息。与银行卡不同的是，余额宝中的资金可以随取随用，在支付宝中发红包、转账和扫码支付时都能直接用余额宝中的钱。

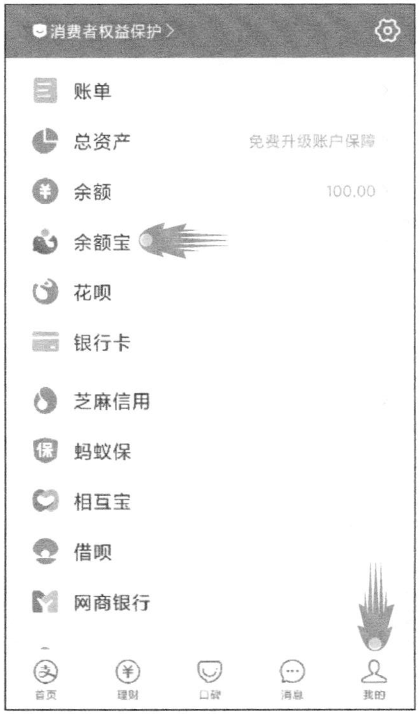
消费者权益保护 >
账单
总资产
免费升级账户保障
余额
100.00
余额宝
花呗
银行卡
芝麻信用
蚂蚁保
相互宝
借呗
网商银行
首页
理财
口碑
消息
我的

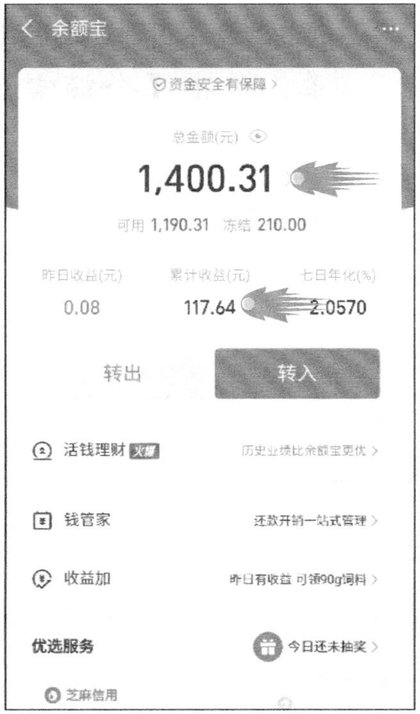
余额宝
资金安全有保障 >
总金额(元)
1,400.31
可用 1,190.31 冻结 210.00
昨日收益(元)
累计收益(元)
七日年化(%)
0.08
117.64
2.0570
转出
转入
活钱理财
历史业绩比余额宝更优 >
钱管家
还款开销一站式管理 >
收益加
昨日有收益 可领90g饲料 >
优选服务
今日还未抽奖 >
芝麻信用

① 在支付宝主界面下方单击【我的】→【余额宝】，即可在打开的【余额宝】界面看到余额宝账户中的总金额和收益情况。

提示

尽管余额宝中的理财产品多，可选余地大，但是理财有风险，投资需谨慎。

② 把钱转入余额宝的方法很简单：单击【余额宝】界面上的【转入】按钮，在出现的菜单中选择付款方式，即选择从账户余额转入还是从银行卡转入。输入转入金额后，单击【确认转入】按钮，输入支付密码即可显示转入成功。

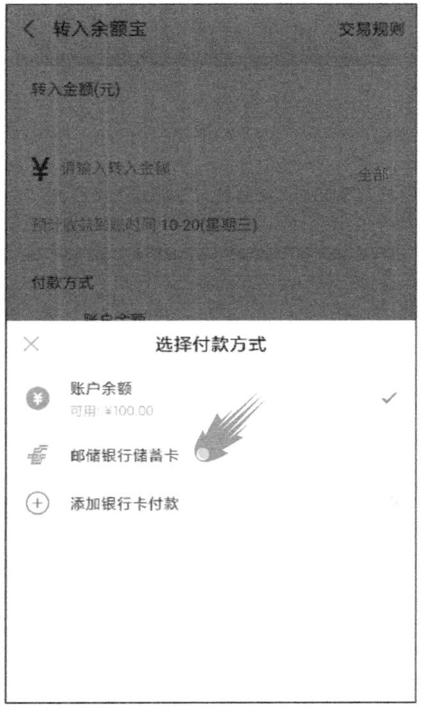
转入余额宝
交易规则
转入金额(元)
付款方式
选择付款方式
账户余额
可用 ¥100.00
邮储银行储蓄卡
添加银行卡付款

转入余额宝
交易规则
转入金额(元)
¥ 100
全部
预计收益到账时间 10-20(星期三)
付款方式
账户余额
100.00 元
确认转入
点此去"大额转入"，转入不限额

3 把余额宝中的钱转出到银行卡的方法也很简单，单击【余额宝】界面上的【转出】按钮，输入转出金额后，单击【确认转出】按钮，就可将资金提现到指定的银行卡。

转出
交易规则
转出到银行卡
转出到余额
中国邮政储蓄银行
快捷
¥100
全部
有142.08元不可转出到卡
查看原因
转出方式
转出方式及额度说明
快速到账
预计2小时内到账，每日限额1万元
普通到账
预计10月19日（2天后）23:59前到账，无限额，10月17日—10月18日仍有收益
活钱理财-近七日年化2.5370%
去看看
确认转出

转出
交易规则
转出到银行卡
转出到余额
转出金额(元)
¥100
全部
确认转出

提 示

从余额转入余额宝的钱不能提现到银行卡，可单击【转出】界面上的【转出到余额】，把钱转到余额，再单击【我的】→【余额】，在【余额】界面提现。

4 若您总是忘记将余额中的钱转至余额宝，又想让这些钱获得更多的收益，则可在支付宝主界面上单击【我的】→【余额】，打开【余额】界面。单击界面右上角的 ··· 图标，在出现的菜单中单击【自动转入余额宝】。设置完成后，只要余额中有钱，就会在第二天凌晨自动转入余额宝，从而让您的每一分钱都能继续赚钱。

消费者权益保护
账单
总资产
免费升级账户保障
余额
100.00
余额宝
花呗
银行卡
芝麻信用
蚂蚁保
相互宝
借呗
网商银行
首页
理财
口碑
消息
我的

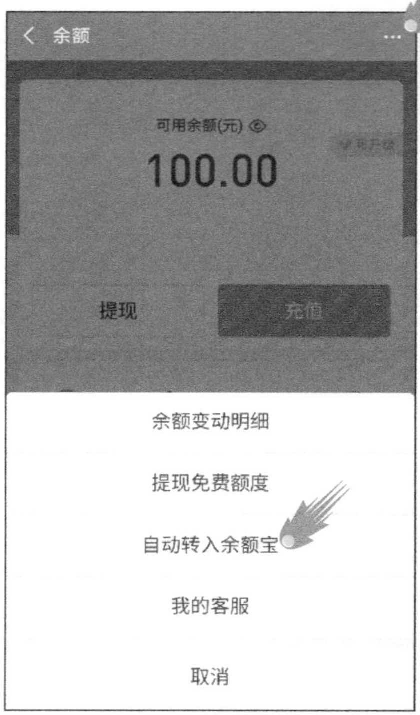
余额
可用余额(元)
100.00
提现
充值
余额变动明细
提现免费额度
自动转入余额宝
我的客服
取消

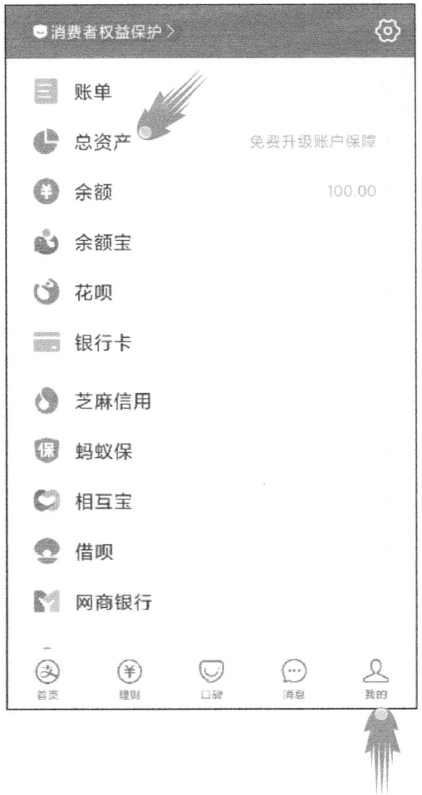
消费者权益保护 >
账单
总资产
免费升级账户保障
余额
100.00
余额宝
花呗
银行卡
芝麻信用
蚂蚁保
相互宝
借呗
网商银行
首页
理财
口碑
消息
我的

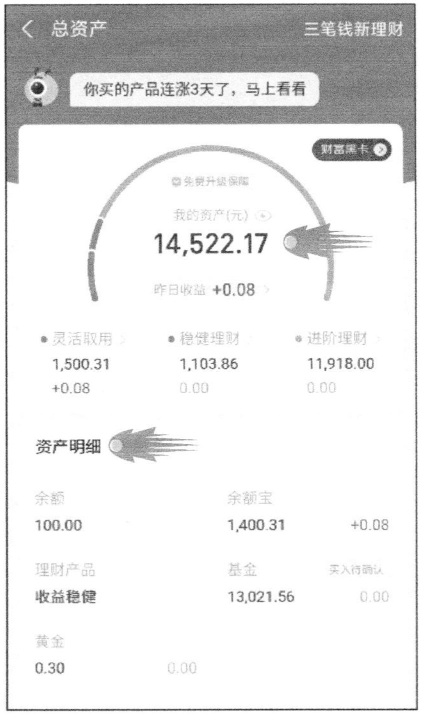
总资产
三笔钱新理财
你买的产品连涨3天了，马上看看
财富黑卡
我的资产(元)
14,522.17
昨日收益 +0.08
灵活取用
1,500.31
+0.08
稳健理财
1,103.86
0.00
进阶理财
11,918.00
0.00
资产明细
余额
100.00
余额宝
1,400.31
+0.08
理财产品
收益稳健
基金
13,021.56
0.00
黄金
0.30
0.00

5 除余额宝外，在支付宝中还能购买各种理财产品，从而提升您的收益。如果您想知道支付宝中共有多少资产，则可在支付宝主界面上单击【我的】→【总资产】，弹出【总资产】界面，既可看到资产总额，又可通过资产明细查看资产分布情况。

第7章

07

淘宝，品类超多

淘宝是大家熟知的网络购物平台。早期的淘宝采取的是 C2C 模式，可以把 C2C 模式理解成集市，每个人都可以进入这个集市购买或销售商品。如果买家和卖家之间产生了消费纠纷，则集市只承担调解的责任。这种模式的优势是卖家数量庞大，商品的种类十分丰富，买家购物时可以货比三家；劣势是商家的信誉和商品的质量参差不齐。

现在的淘宝，除个人店铺外，还把天猫和聚划算整合到一起。天猫和京东一样，都属于网络商城，聚划算则是专门为淘宝和天猫卖家提供的打折促销平台。概括来讲，淘宝既销售企业店铺的正规商品，又销售个人店铺的低价商品，还销售各种各样的打折商品。同类商品的价格差异非常大，比较适合既有时间、又有网络购物经验的买家。

7.1 关联支付宝账号，开启淘宝之旅

在任何网络购物平台购买商品，都要注册账号、输入自己的住址和联系方式，以便让快递员送货上门。

① 打开【淘宝】应用，单击主界面下方的【立即登录】按钮。如果您的手机上安装了【支付宝】应用，则可直接单击【支付宝账户快捷登录】按钮，在弹出的界面上单击【确定】→【立即登录】。

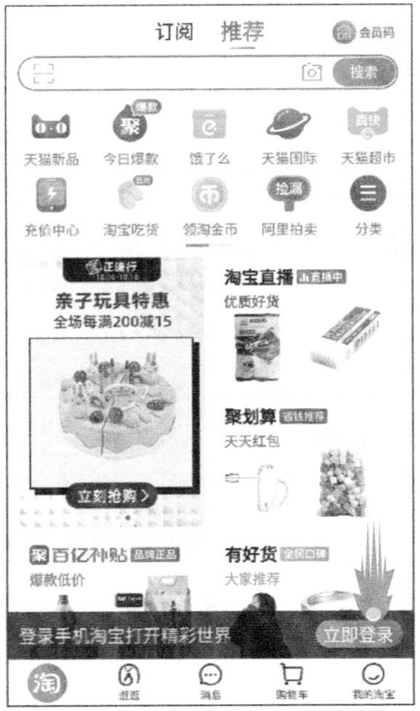
订阅
推荐
搜索
天猫新品
今日爆款
饿了么
天猫国际
天猫超市
充值中心
淘宝吃货
领淘金币
阿里拍卖
分类
亲子玩具特惠
全场每满200减15
立刻抢购
淘宝直播
优质好货
聚划算
天天红包
百亿补贴
爆款低价
有好货
大家推荐
登录手机淘宝打开精彩世界
立即登录

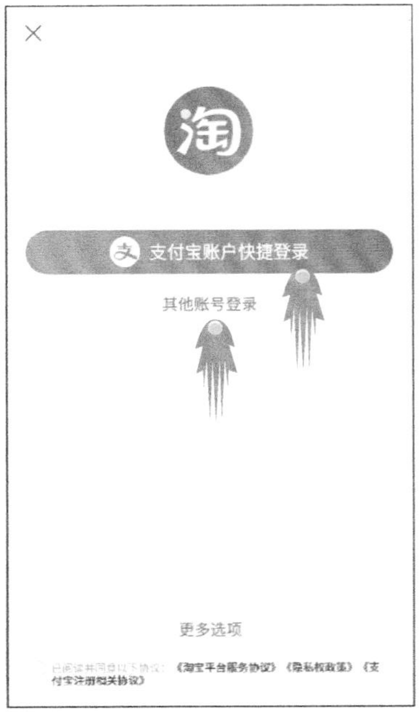
支付宝账户快捷登录
其他账号登录
更多选项

② 如果您的手机上没安装【支付宝】应用，则可在登录界面上单击【其他账号登录】→【立即注册】，在打开的【手机号注册】界面上输入手机号，勾选【立即注册】按钮下方的【已阅读并同意以下协议……】选项，单击【立即注册】按钮后，输入短信验证码即可完成注册。

亲，欢迎登录
没有淘宝账户？立即注册
支付宝账户快捷登录
更多选项

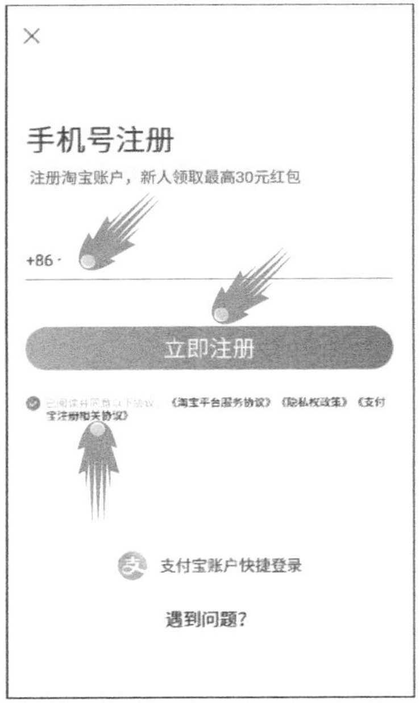
手机号注册
注册淘宝账户，新人领取最高30元红包
+86
立即注册
支付宝账户快捷登录
遇到问题？

3 现在开始添加收货地址。单击淘宝主界面下方的【我的淘宝】，继续单击右上角的⚙图标，打开【设置】界面，单击【我的收货地址】，打开【我的收货地址】界面。

提示

在【设置】界面中，可通过【模式切换】将标准模式切换为长辈模式，该模式的字体更大，操作更简单。

长辈模式
字大清晰
操作简单
大字更清晰，语音更方便！

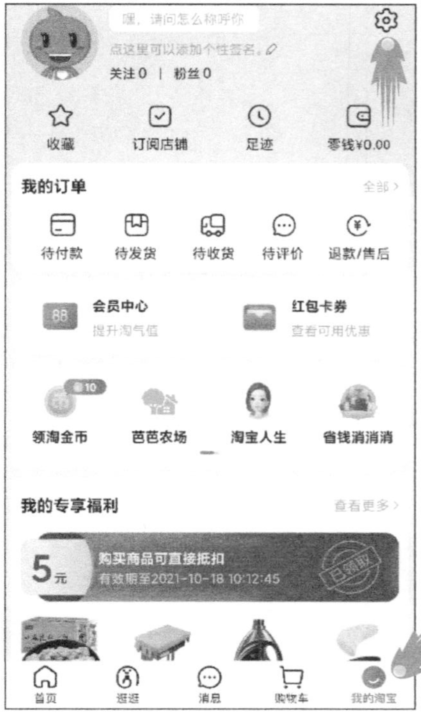
关注0 | 粉丝0
收藏
订阅店铺
足迹
零钱¥0.00
我的订单
全部 >
待付款
待发货
待收货
待评价
退款/售后
会员中心
提升淘气值
红包卡券
查看可用优惠
领淘金币
芭芭农场
淘宝人生
省钱消消消
我的专享福利
查看更多 >
购买商品可直接抵扣
有效期至2021-10-18 10:12:45
首页
逛逛
消息
购物车
我的淘宝

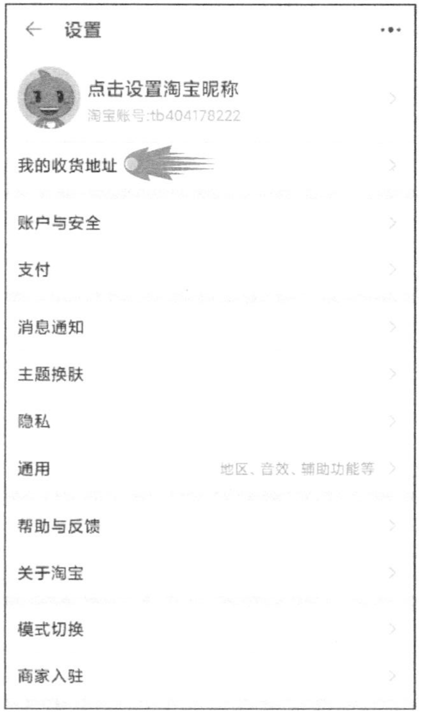
设置
点击设置淘宝昵称
淘宝账号:tb404178222
我的收货地址
账户与安全
支付
消息通知
主题换肤
隐私
通用
地区、音效、辅助功能等
帮助与反馈
关于淘宝
模式切换
商家入驻

4 单击【添加收货地址】按钮，在【添加收货地址】界面上输入收货人的名字、手机号码、所在地区等信息后，单击【保存】按钮。

我的收货地址
管理
一个地址也没有
"快去添加收货地址，买买买吧"
添加收货地址

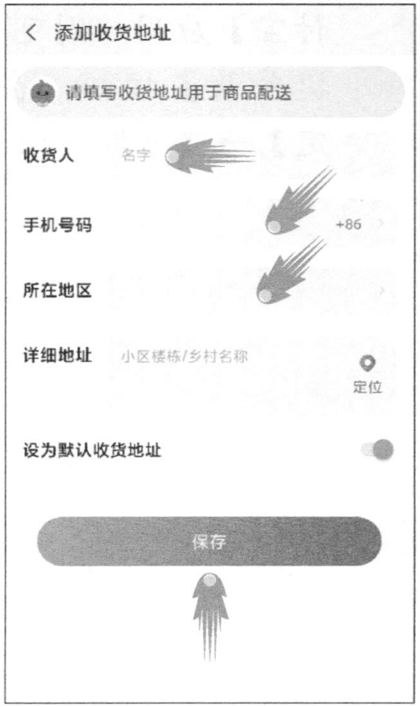
添加收货地址
请填写收货地址用于商品配送
收货人
名字
手机号码
+86
所在地区
详细地址
小区楼栋/乡村名称
定位
设为默认收货地址
保存

提示

在添加收货地址时有数量限制（最多添加 20 个收货地址）。可将常用地址设置为默认收货地址，即在购买商品时，系统会默认发货到此地址。

7.2 买什么，搜什么

淘宝网店数不胜数，销售的商品更是不计其数。我们如何在琳琅满目的商品中找到自己想要的商品呢？这就需要我们学会一些搜索商品的小技巧。

① 有的时候，我们逛网店的目的非常明确。比如，您现在急需购入一双秋冬穿的女鞋，只要在淘宝主界面的搜索栏中输入关键字，就能看到相关的商品列表。如果您想快速筛选出质量有保证的品牌商品，则可单击界面上方的【天猫】，进入天猫商城购买商品。天猫商城只有企业才有资格入驻开店，所售商品也需要经过平台审核，相对而言，天猫商城的商品质量更有保证。

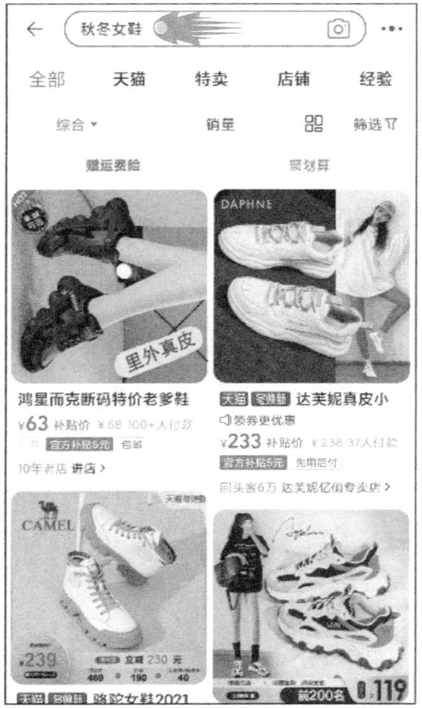
秋冬女鞋
全部
天猫
特卖
店铺
经验
综合
销量
筛选
鸿星而克断码特价老爹鞋
达芙妮真皮小

秋冬女鞋
全部
天猫
特卖
店铺
经验
综合
销量
筛选
强人秋冬女
TOD'S官方正
斯凯奇杨紫同

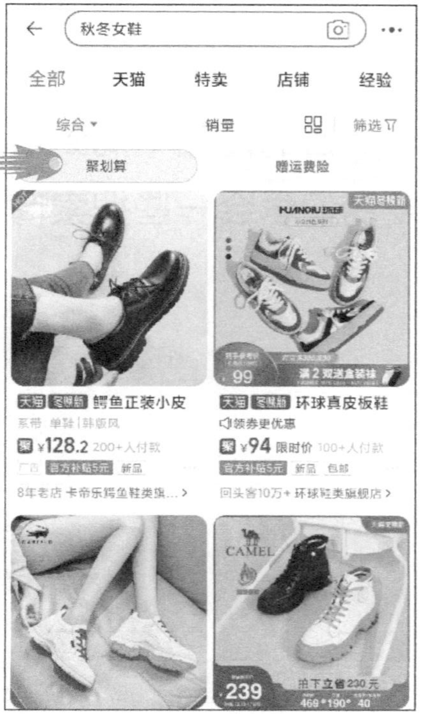

② 如果您想购买物美价廉的商品，则可单击商品列表上的【聚划算】，进入聚划算购物。我们可以把聚划算理解成一种打折促销活动，淘宝和天猫商城中符合条件的店铺都可以参加，所以对于同一件商品，聚划算中的价格要比淘宝和天猫商城低一些。

③ 为了节省挑选商品的时间，可利用排序和筛选功能更快地找到符合需求的商品。淘宝默认会根据店铺评分、商品销量等数据，对搜索到的商品综合排序。单击商品列表上方的【综合】，在弹出的菜单中可按照店铺信用或价格排列商品。单击【销量】，就能看到哪些商品卖得最多。还可以单击【筛选】，根据价格区间、品牌等条件，进一步缩小商品的选择范围。

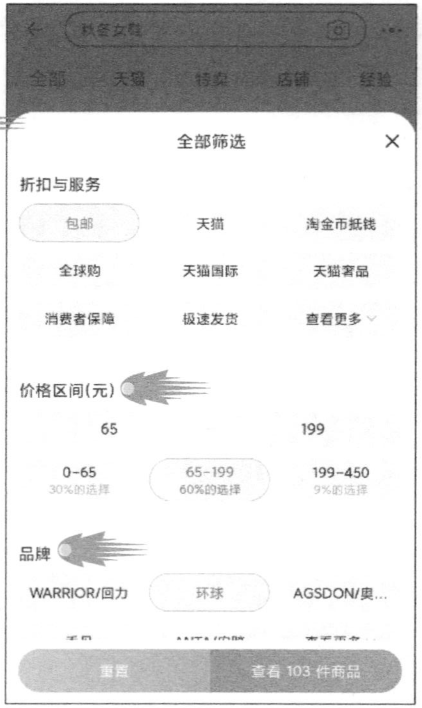

④ 如果您没有明确的购物目标，则可单击淘宝主界面上的【天猫超市】，挑选日常生活用品。单击淘宝主界面上的【聚划算】，就能看到所有打折促销的商品。

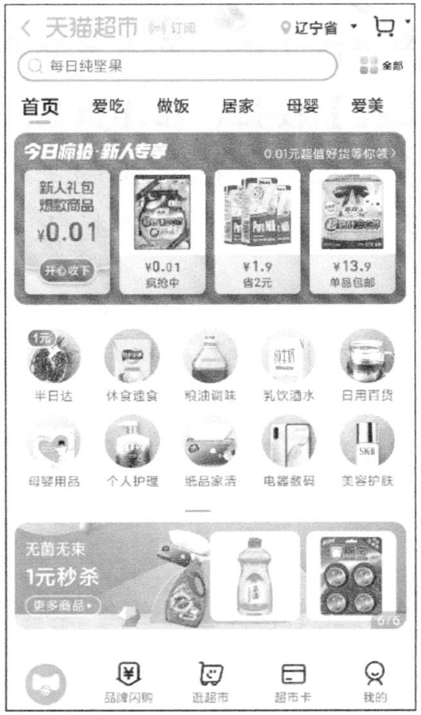

提示

天猫超市是优质、平价的线上超市，在大部分地区的物流速度很快，实现了 1 小时达、当日达和次日达。

⑤ 最近几年，人们越来越喜欢在直播间购物了。如果您想通过主播的介绍更加直观地了解商品，则可单击淘宝主界面上的【淘宝直播】，就能看到所有正在直播的商品了。

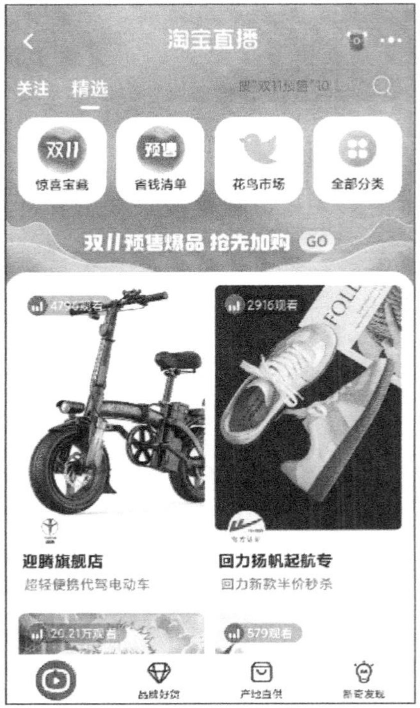

提示

在【淘宝直播】界面上的搜索框内输入商品或主播的名字，即可快速“抵达”感兴趣的直播间。

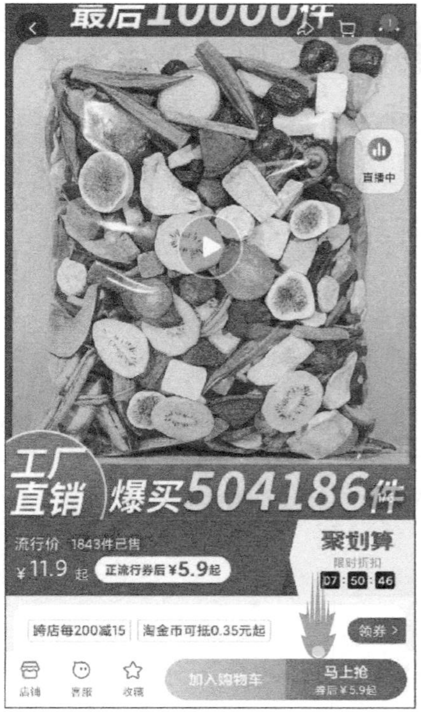

⑥ 在商品列表中选中满意的商品后，单击商品详情页右下角的【马上抢】按钮，在弹出的菜单中选择商品的规格、款式、花色和购买数量后，单击【领券购买】按钮，会跳转至【确认订单】界面。

⑦ 如果您创建了多个收货地址，则在【确认订单】界面中要注意选对地址，并确认购买数量、价格和邮费是否正确。信息无误后，单击【提交订单】按钮，弹出支付宝付款信息，若确认无误，则单击【立即付款】按钮完成商品的购买。

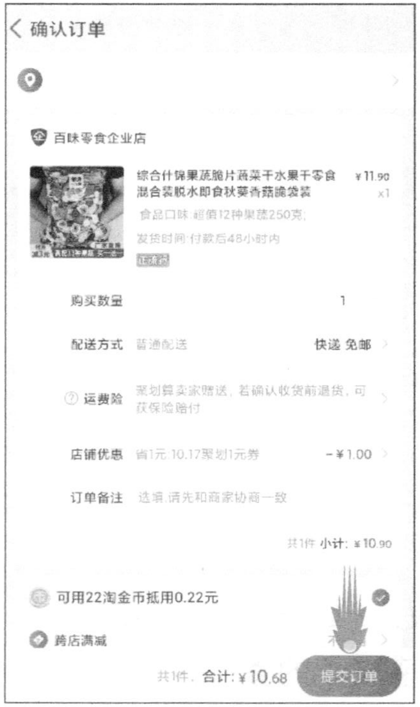

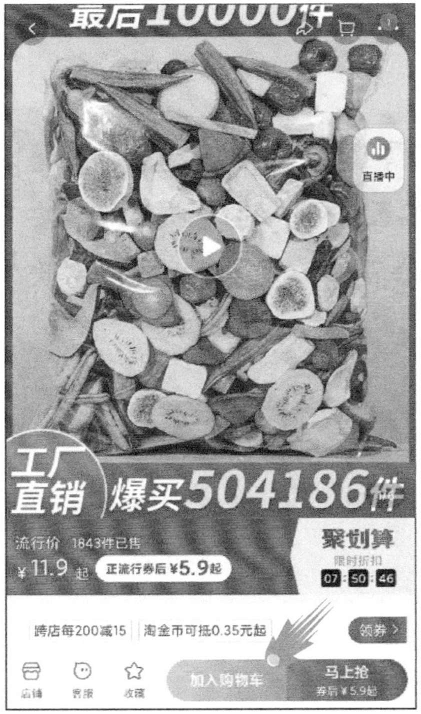
最后10000件
工厂直销
爆买504186件
聚划算
流行价 1843件已售
¥11.9 起
正流行券后 ¥5.9起
跨店每200减15
淘金币可抵0.35元起
领券
加入购物车
马上抢

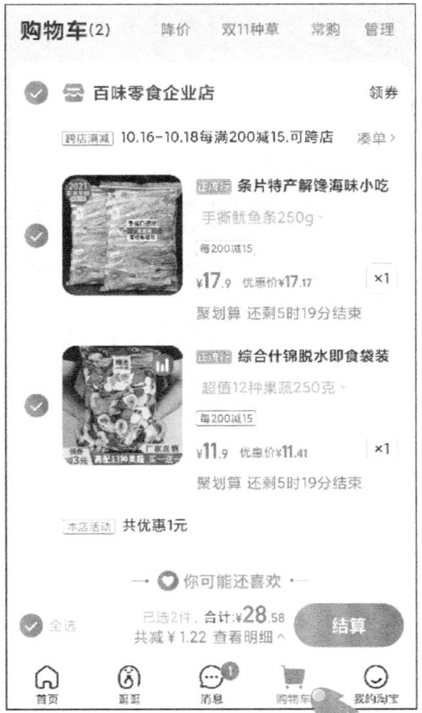
购物车(2)
降价
双11种草
常购
管理
百味零食企业店
领券
10.16-10.18每满200减15,可跨店
凑单
条片特产解馋海味小吃
手撕鱿鱼条250g
¥17.9 优惠价¥17.17
×1
聚划算 还剩5时19分结束
综合什锦脱水即食袋装
超值12种果蔬250克
¥11.9 优惠价¥11.41
×1
聚划算 还剩5时19分结束
共优惠1元
你可能还喜欢
全选
已选2件，合计:¥28.58
共减 ¥1.22 查看明细
结算
首页
逛逛
消息
购物车
我的淘宝

8 如果您在购买商品时犹豫不决或者需要购买多件商品，则可单击【加入购物车】按钮，把商品加入购物车，再慢慢考虑是否购买。返回淘宝主界面，单击下方的【购物车】，即可查看购物车中的所有商品。

7.3 商品不满意，直接退款退货

付款后后悔，或者商品寄到家后不满意，怎么办？本节就来了解淘宝的退货流程。

1 如果在支付货款后很快又不想买了，则可在淘宝主界面上单击【我的淘宝】→【待发货】，找到需退货的商品，在【买家已付款】界面上单击【保险服务】右侧的【查看详情】→【退款】，打开【选择售后类型】界面。

搜索订单
全部
待付款
待发货
待收货
待评价
百味零食企业店
买家已付款
综合什锦果蔬脆片蔬菜干水...
¥11.90
超值12种果蔬250克
7天价保
运费险
保险服务
查看详情
待发货 10月19日 16:27前发货
实付款¥3.75
修改地址
你可能还喜欢

买家已付款
百味零食企业店
直播福利 秒杀大放送
立即观看
综合什锦果蔬脆片蔬菜干水果干...
¥11.90
超值12种果蔬250克
7天价保
坏单包赔
假一赔十
加入购物车
退款
7天价保
查看规则
运费险
保险服务
查看详情
实付款
订单信息
订单编号:
2187065088708091834
复制
投诉商家
花呗账单:
去支付宝中查看
修改地址

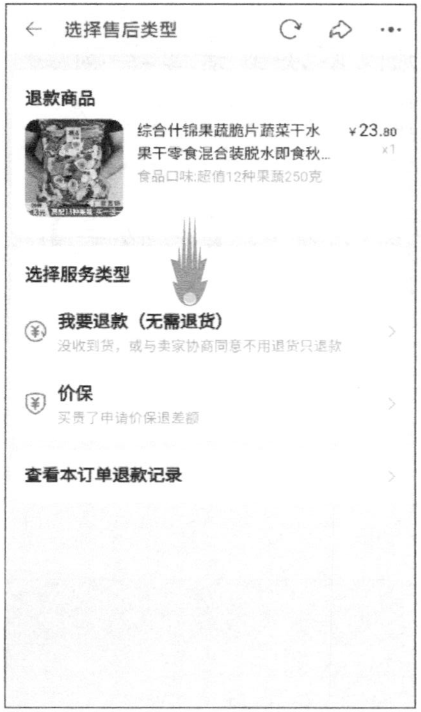
选择售后类型
退款商品
综合什锦果蔬脆片蔬菜干水果干零食混合装脱水即食秋...
¥23.80
食品口味:超值12种果蔬250克
选择服务类型
我要退款（无需退货）
没收到货，或与卖家协商同意不用退货只退款
价保
买贵了申请价保退差额
查看本订单退款记录

申请退款
退款原因*
请选择
退款金额*
¥10.55
不可修改，最多¥10.55，含发货邮费¥0.00，其中包含部分红包
补充描述和凭证
补充描述，有助于商家更好的处理售后问题
0/200
提交

2 单击【我要退款（无需退货）】后选择【退款原因】，继续单击界面下方的【提交】按钮，将退款申请发送给商家。商家同意退款后，退款就会返还到支付宝。

3 如果您想退款时，商家已经发货，则可在淘宝主界面上单击【我的淘宝】→【待收货】，找到需退货的商品，在【卖家已发货】界面上单击【保险服务】右侧的【查看详情】→【退款】，打开【选择售后类型】界面。

关注0 | 粉丝0
收藏
订阅店铺
足迹
零钱¥0.00
我的订单
全部
待付款
待发货
待收货
待评价
退款/售后
运输中
会员中心
红包卡券
领淘金币
芭芭农场
淘宝人生
省钱消消消
试用领取
活力中心
领券中心
收货地址
首页
逛逛
消息
购物车
我的淘宝

卖家已发货
运输中
查看物流
百味零食企业店
综合什锦果蔬脆片蔬菜干水果干...
¥11.90
超值12种果蔬250克
7天价保
加入购物车
退款
7天价保
查看规则
运费险
已出单
保险服务
专享定制化购物保障
查看详情
实付款¥3.75
订单信息
更多
延长收货
查看物流
确认收货

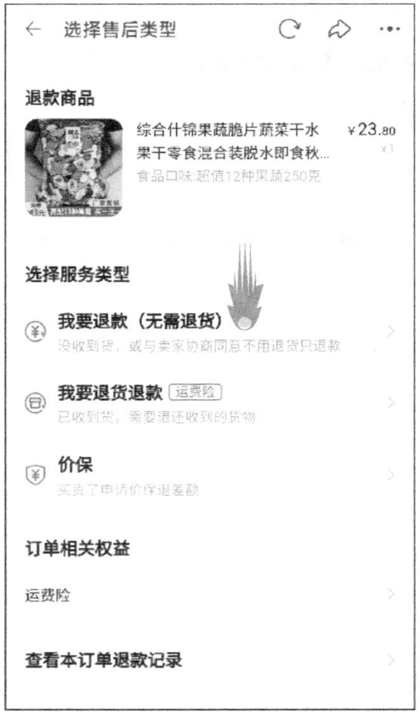
选择售后类型
退款商品
综合什锦果蔬脆片蔬菜干水果干零食混合装脱水即食秋...
¥23.80
食品口味:超值12种果蔬250克
选择服务类型
我要退款（无需退货）
没收到货，或与卖家协商同意不用退货只退款
我要退货退款 运费险
已收到货，需要退还收到的货物
价保
买贵了申请价保退差额
订单相关权益
运费险
查看本订单退款记录

申请退款
货物状态*
未收到货
退款原因*
拍错/多拍/不喜欢
退款金额*
¥10.55
不可修改，最多¥10.55，含发货邮费¥0.00，其中包含部分红包
补充描述和凭证
补充描述，有助于商家更好的处理售后问题
提交

4 单击【我要退款（无需退货）】后打开【申请退款】界面。单击【货物状态】，选择【未收到货】。选择【退款原因】后，单击【提交】按钮等待商家处理。

5 如果在收到商品后发现有质量问题或不喜欢，则可在淘宝主界面上单击【我的淘宝】→【待收货】，打开【待收货】界面。单击店铺名称进入店铺，单击界面右下角的【联系客服】，在打开的对话界面中说明退货原因。如果卖家同意退货，则会发给您退货地址。

搜索订单
全部
待付款
待发货
待收货
待评价
百味零食企业店
卖家已发货
综合什锦果蔬脆片蔬菜干水...
¥11.90
超值12种果蔬250克
10月19日 16:27前发货
7天价保
10.18 0点后-10.25 0
服务中
运费险
退换货可自动理赔
已出单
保险服务
专享定制化购物保障
查看详情
运输中
预计10.20送达
总价¥11.90，优惠¥8.15 实付款¥3.75
更多
延长收货
查看物流
确认收货
你可能还喜欢
800g*2
上妆即定妆

推荐
宝贝
新品
百味零食企业店
+ 订阅
直播福利 秒杀大放送
今天 14:00开播
店铺热搜
查看全部
孕妇零食
果干
蜜饯
零食
低脂零食
干果
鱼片
金秋浓情惠
全部宝贝
店铺动态
宝贝分类
联系客服

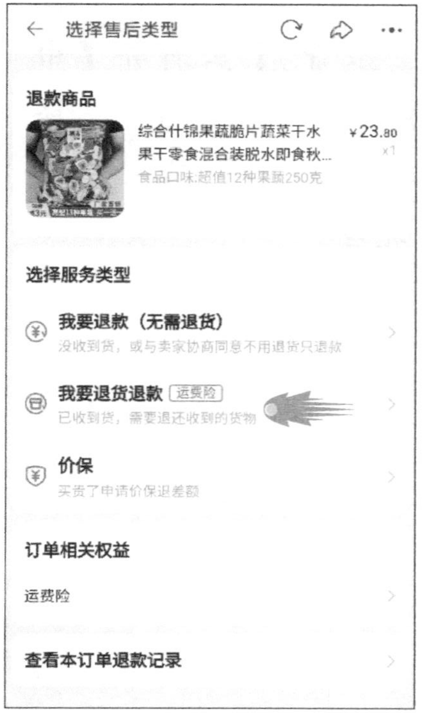
选择售后类型
退款商品
综合什锦果蔬脆片蔬菜干水果干零食混合装脱水即食秋...
¥23.80
x1
食品口味:超值12种果蔬250克
选择服务类型
我要退款（无需退货）
没收到货，或与卖家协商同意不用退货只退款
我要退货退款 运费险
已收到货，需要退还收到的货物
价保
买贵了申请价保退差额
订单相关权益
运费险
查看本订单退款记录

申请退货退款
退款原因*
质量问题
退款金额*
¥10.55
修改
可修改，最多¥10.55，含发货邮费
¥0.00，其中包含部分红包
选择退货方式
取件 同意退货后9-13点
补充描述和凭证
补充描述，有助于商家更好的处理售后问题
0/200
提交

6 在【待收货】界面上单击【保险服务】右侧的【查看详情】→【退款】，打开【选择售后类型】界面，单击【我要退货退款】后打开【申请退货退款】界面，选择【退款原因】和【选择退货方式】（可选择上门取件或自行邮寄），单击【提交】按钮，在商家签收退还的商品后即可退款。

7.4 闲鱼交易闲置物品

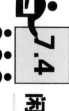

随着生活水平的提高，大家总在不断地为家里添置衣服、电器、家具等物品，随之而来的是越来越多的闲置物品。对于这些留着占地方、扔了又可惜的闲置物品，很多人选择把它们放到闲鱼上售卖，既能补偿“钱包”，又不会造成浪费。

如果您有出售 / 购买闲置物品的意愿，则可来闲鱼逛逛。虽然在淘宝的主界面上有闲鱼入口，但还是建议您下载【闲鱼】应用。因为购买闲置商品与购买新品不同，除了看商品介绍，更重要的是与卖家沟通，了解商品的详细情况。在淘宝的闲鱼入口虽然可以购买和出售商品，但是无法实现买家与卖家聊天，也无法管理和下架商品。

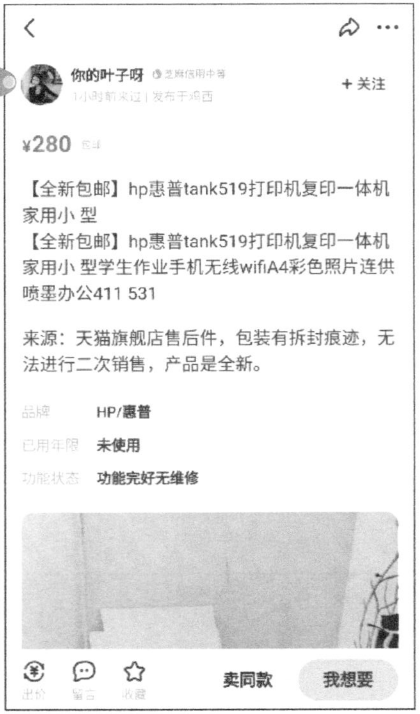
你的叶子呀
+ 关注
¥280
【全新包邮】hp惠普tank519打印机复印一体机家用小 型
【全新包邮】hp惠普tank519打印机复印一体机家用小 型学生作业手机无线wifiA4彩色照片连供喷墨办公411 531
来源：天猫旗舰店售后件，包装有拆封痕迹，无法进行二次销售，产品是全新。
品牌 HP/惠普
已用年限 未使用
功能状态 功能完好无维修
卖同款
我想要

0 0 1
+ 关注
你的叶子呀
这家伙很神秘，没有写个人简介。
ID tb4304975100
浙江杭州 · 女生 · 南京大学
详情
宝贝 1
【全新包邮】hp惠普 tank519打印机复印一体
¥280

1 在闲鱼上买东西和在其他网店买东西有着很大的不同。很多人逛闲鱼都是抱着捡漏的心态，不想从专做二手生意的人那里购买翻新或仿冒的商品。因此，在看中一件商品后，可以单击卖家的头像，通过查看卖家发布的商品数量和历史发布商品大致判断商品来源。一般而言，发布商品较少的卖家为个人。

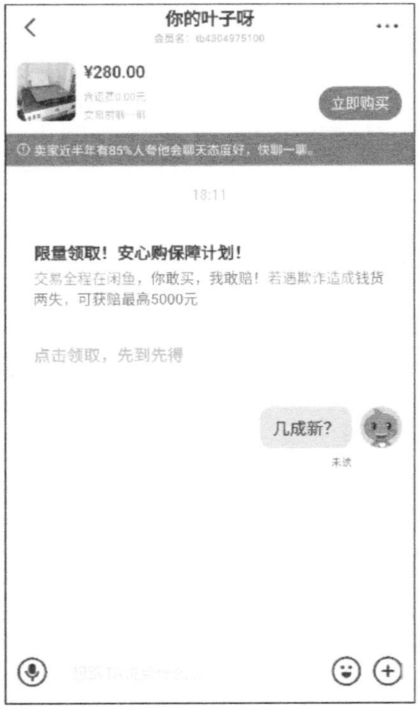
你的叶子呀
¥280.00
立即购买
卖家近半年有85%人夸他会聊天态度好，快聊一聊。
18:11
限量领取！安心购保障计划！
交易全程在闲鱼，你敢买，我敢赔！若遇欺诈造成钱货两失，可获赔最高5000元
点击领取，先到先得
几成新？

发会玩帖子
分享我的趣味生活
一键转卖
立即转卖换钱
省心卖
高价回收寄卖
发闲置
30s发布宝贝

2 选中商品后，单击【我想要】按钮，即可开始向卖家询问关心的问题。如果卖家不在线，则可单击商品详情页左下角的【留言】，给卖家发消息。

3 如果您想出售闲置商品，则可单击闲鱼首页下方的“卖”图标，单击【发闲置】→【拍照】，为出售的商品拍几张不同角度的照片，单击【下一步】按钮后，为照片添加贴纸和标签。

取消
存草稿
发布
买家都关心品牌型号、入手渠道、转手原因...
分类/品牌/款式/等
分类 耳机 手机耳机 蓝牙耳机
品牌 外置通用 Beats Sonple/苹果
款式 耳塞式 头戴式 挂耳式 脑后式
成色 全新 几乎全新 轻微使用痕迹
功能状态 功能完好无维修 维修过，可正常使用
价格 ¥0.00

4 继续输入商品描述和价格等信息后，单击界面右上角的【发布】按钮，在进行身份认证后，商品就可成功上架了。

提 示

商品可以从品牌、入手渠道、转手原因等方面描述，信息越详细越容易出手哦！

5 在闲鱼的主界面上单击【我的】→【我发布的】就能看到出售中的商品。在【我发布的】界面上单击【编辑】可以修改商品信息。如果您不想出售商品了，则可单击商品图片下方的【更多】，在弹出的菜单中单击【下架】→【确定】即可将商品下架。

昵称未设置
0 收藏
28 历史浏览
0 关注
0 粉丝
我的交易
我发布的 1
我卖出的 0
我买到的 0
我可转卖的
个人信息待完善
去完善
我的会玩
我的圈子
我的帖子
创作者中心
创作学院
游戏权益
闲鱼币
闲鱼消消乐
我的

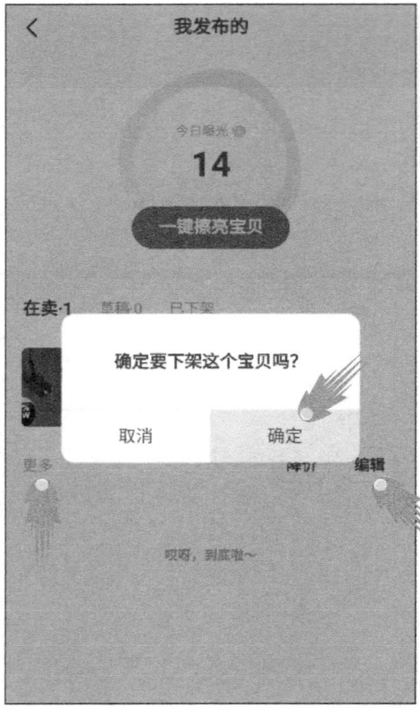
我发布的
14
一键擦亮宝贝
在卖·1
确定要下架这个宝贝吗?
取消
确定
更多
编辑
哎呀，到底啦~

第8章

08

京东，物流超快

京东属于 B2C 模式的网络购物平台，可以把这种运营模式理解成企业自己开商场，直接将商品销售给顾客。京东销售的商品分为自营商品和非自营商品：自营商品是平台先从品牌商处购买商品，然后在自己的商场里销售，再通过自有物流团队运送到顾客手中；非自营商品是第三方商家通过平台销售的商品，相当于商场将部分柜台出租给其他商家经营。

与其他电商平台相比，京东最大的优势是物流。很多自营商品能够做到当天下单，当天或第二天送达。之所以能这么快，是因为京东在全国各地建立了很多仓储中心。买家下单后，会从距离最近的仓储中心发货，节省了物流运输时间。

8.1 注册一个账号，开启京东之旅

与之前介绍的网购流程类似，在开启京东之旅之前要注册账号，并创建收货地址。为了方便中老年人购物，可以把京东上的字体设置得大一些，也可以使用字体更大、购物流程更便捷的长辈版模式。

1 打开【京东】应用，单击主界面下方的【立即登录】按钮，在打开的界面上单击【新用户注册】。

首页
美妆
工业品
内衣配饰
生鲜
分类
惊艳你的视界
图书低价随行
立即抢购
京东超市
京东电器
京东服饰
免费水果
京东到家
生活·缴费
领京豆
领券
领金贴
PLUS会员
新人专享
百元补贴
领
登录开启品质生活
立即登录

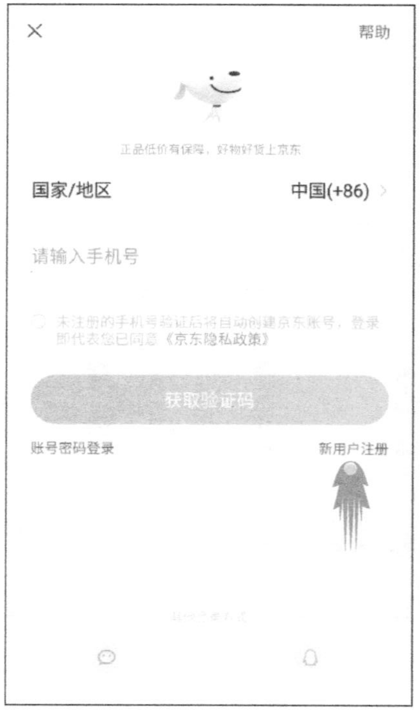
帮助
国家/地区
中国(+86)
请输入手机号
获取验证码
账号密码登录
新用户注册

2 同意注册协议及隐私政策后输入手机号和短信验证码。在设置登录密码后，单击【完成】按钮即可完成账号注册。

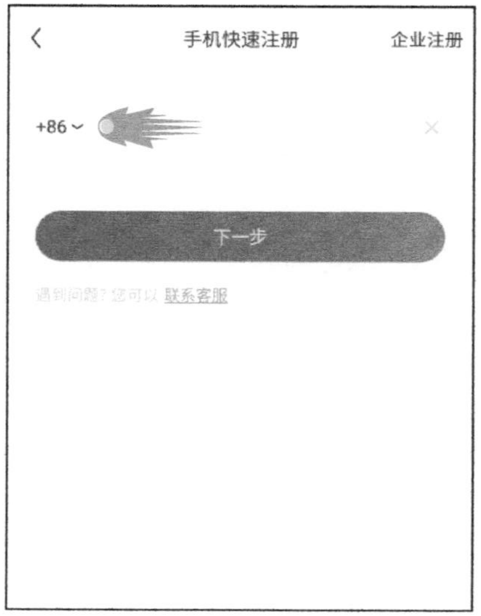
手机快速注册
企业注册
+86
下一步
联系客服

新用户注册
请设置登录密码
请设置为8-20位字符
完成
跳过
联系客服

③ 单击京东主界面下方的【我的】，继续单击右上角的 ⚙ 图标，打开【账户设置】界面。单击【地址管理】→【新建收货地址】，打开【新建收货地址】界面。输入收货人姓名、手机号码、所在地区和详细地址后，单击【保存】按钮。若打开【设置默认地址】开关，则可将此地址设为默认收货地址。

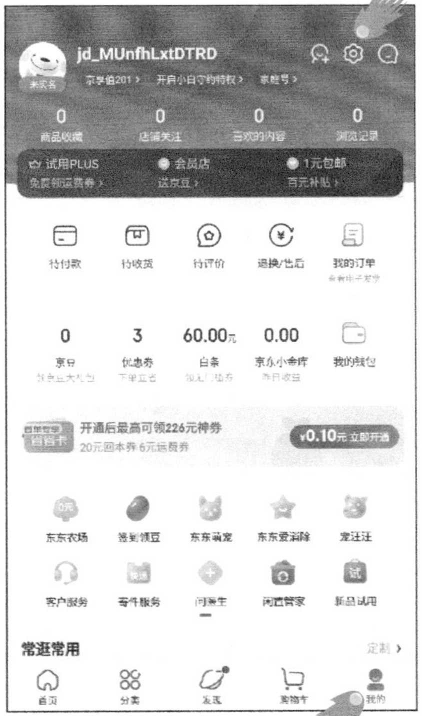
jd_MUnfhLxtDTRD
商品收藏
店铺关注
喜欢的内容
浏览记录
试用PLUS
会员店
1元包邮
待付款
待收货
待评价
退换/售后
我的订单
京豆
优惠券
白条
京东小金库
我的钱包
开通后最高可领226元神券
常逛常用
首页
分类
发现
购物车
我的

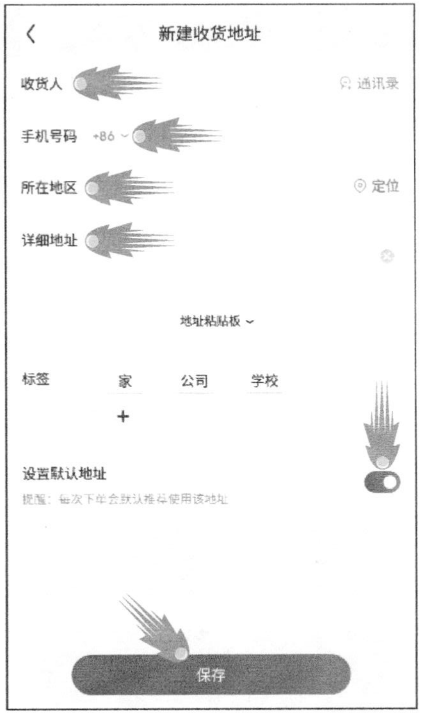
新建收货地址
收货人
通讯录
手机号码
+86
所在地区
定位
详细地址
地址粘贴板
标签
家
公司
学校
设置默认地址
保存

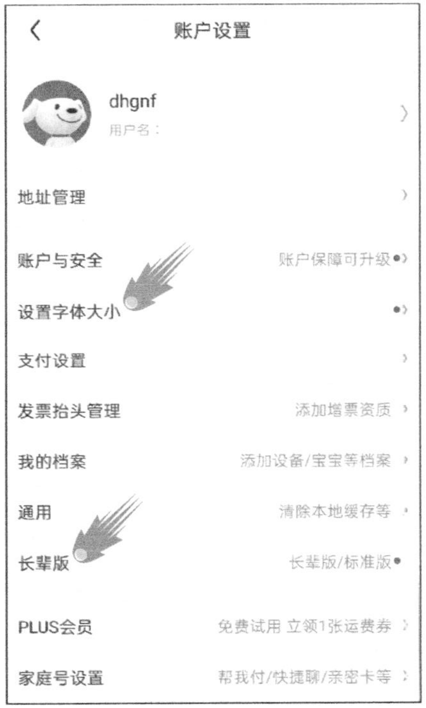
账户设置
dhgnf
用户名：
地址管理
账户与安全
账户保障可升级
设置字体大小
支付设置
发票抬头管理
添加增票资质
我的档案
添加设备/宝宝等档案
通用
清除本地缓存等
长辈版
长辈版/标准版
PLUS会员
免费试用 立领1张运费券
家庭号设置
帮我付/快捷聊/亲密卡等

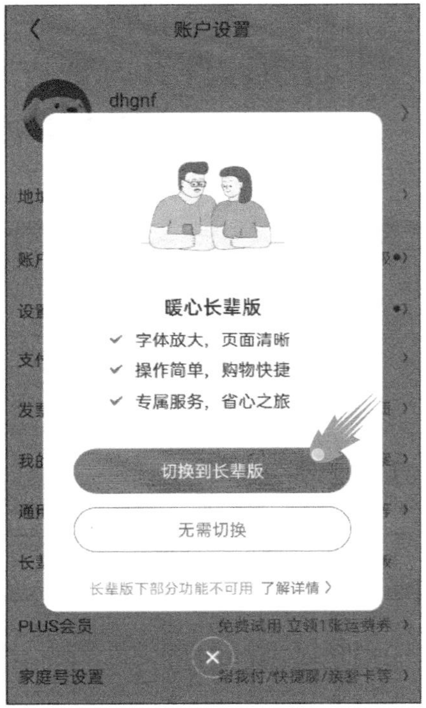
账户设置
暖心长辈版
字体放大，页面清晰
操作简单，购物快捷
专属服务，省心之旅
切换到长辈版
无需切换
长辈版下部分功能不可用 了解详情

④ 在【账户设置】界面上单击【设置字体大小】，打开【设置字体大小】界面，通过单击【标准】或【大号】按钮可切换文字大小。在【账户设置】界面上单击【长辈版】，可通过弹出的菜单切换到长辈版。

8.2 买什么，搜什么，京东自营和第三方店铺不要混淆

京东主营手机、数码和电脑等商品。购买这类价格较高的商品时，很多人宁愿多花钱，也要购买有正品保障、售后服务完善的自营商品。

1 与淘宝一样，我们可以在京东主界面上方的搜索栏中直接搜索想买的商品。若是不知道该搜什么，则可单击搜索栏右上方的【分类】，按照商品类别挑选。

2 在商品列表中，商品价格下方带有【自营】标签的是京东自营商品，带有【京东精选】标签的是同类商品中销量和好评度高的自营商品，没以上两种标签的是非自营商品。

3 如果只想购买自营商品，则选中商品列表上方的【京东物流】，就能过滤掉大部分非自营商品。

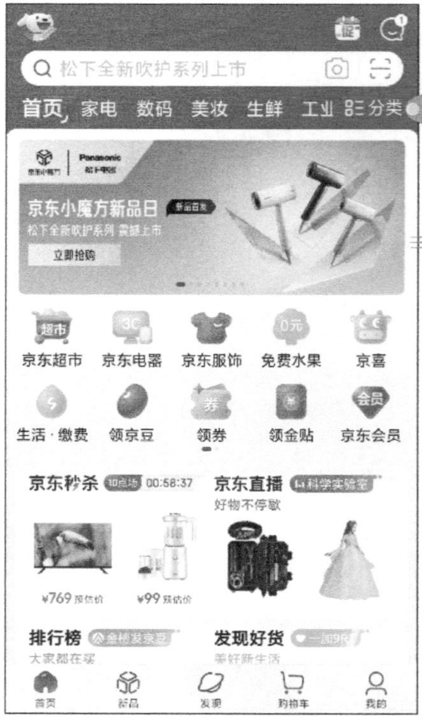
松下全新吹护系列上市
首页 家电 数码 美妆 生鲜 工业 分类
京东小魔方新品日
立即抢购
京东超市 京东电器 京东服饰 免费水果 京喜
生活·缴费 领京豆 领券 领金贴 京东会员
京东秒杀 00:58:37
京东直播
好物不停歇
¥769
¥99
排行榜
大家都在买
发现好货
首页 新品 发现 购物车 我的

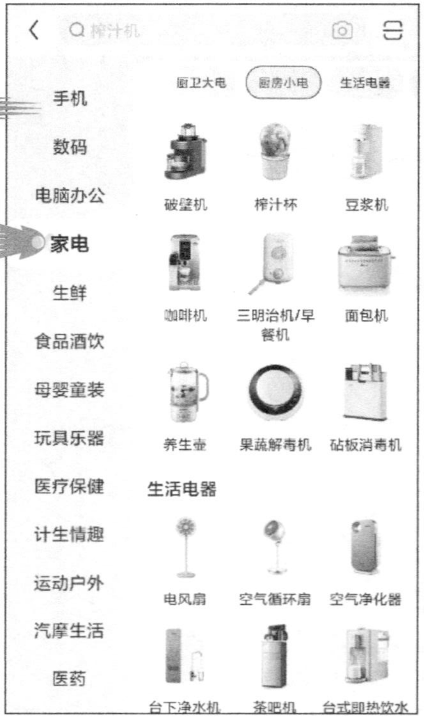
榨汁机
厨卫大电 厨房小电 生活电器
手机
数码
电脑办公
家电
生鲜
食品酒饮
母婴童装
玩具乐器
医疗保健
计生情趣
运动户外
汽摩生活
医药
破壁机 榨汁杯 豆浆机
咖啡机 三明治机/早餐机 面包机
养生壶 果蔬解毒机 砧板消毒机
生活电器
电风扇 空气循环扇 空气净化器
台下净水机 茶吧机 台式即热饮水

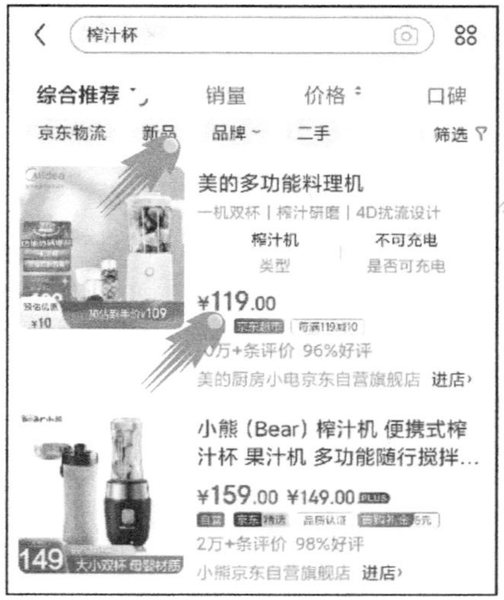
榨汁杯
综合推荐 销量 价格 口碑
京东物流 新品 品牌 二手 筛选
美的多功能料理机
一机双杯 | 榨汁研磨 | 4D扰流设计
榨汁机 类型
不可充电 是否可充电
¥119.00
10万+条评价 96%好评
美的厨房小电京东自营旗舰店 进店
小熊（Bear）榨汁机 便携式榨汁杯 果汁机 多功能随行搅拌...
¥159.00 ¥149.00
2万+条评价 98%好评
小熊京东自营旗舰店 进店
149

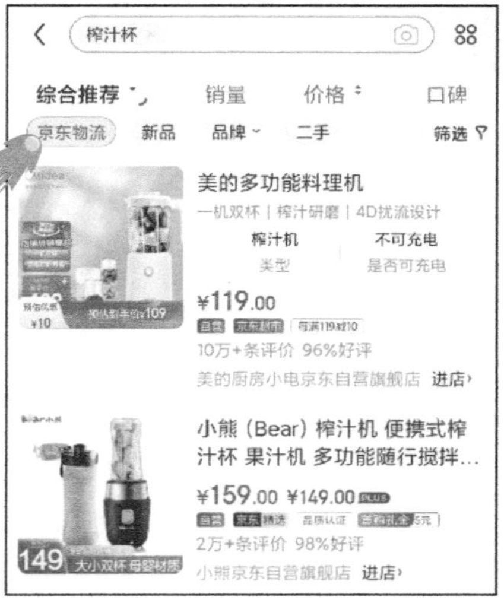
榨汁杯
综合推荐 销量 价格 口碑
京东物流 新品 品牌 二手 筛选
美的多功能料理机
一机双杯 | 榨汁研磨 | 4D扰流设计
榨汁机 类型
不可充电 是否可充电
¥119.00
自营
10万+条评价 96%好评
美的厨房小电京东自营旗舰店 进店
小熊（Bear）榨汁机 便携式榨汁杯 果汁机 多功能随行搅拌...
¥159.00 ¥149.00
自营
2万+条评价 98%好评
小熊京东自营旗舰店 进店
149

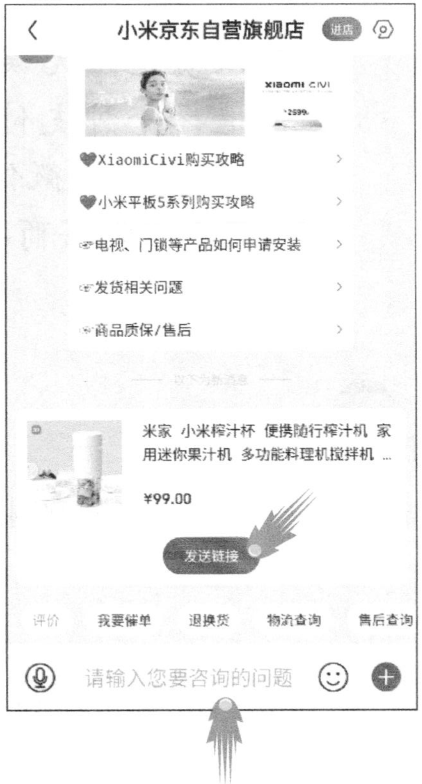

④ 在商品列表中单击商店后，会打开商品详情页，单击界面左下角的【店铺】，可看到这家店铺销售的其他商品。单击【加入购物车】按钮可先将商品添加至购物车，待考虑清楚后再决定是否购买。如果您对商品有疑问，则可单击【在线顾问】→【发送链接】，直接咨询客服。

⑤ 单击【立即购买】按钮，就能看到订单的详细信息，包括价格、快递费、配送时间等。如果您不方便在系统给出的配送时间段接收快递，则可以单击【配送】，根据需求自行选择送货时间。

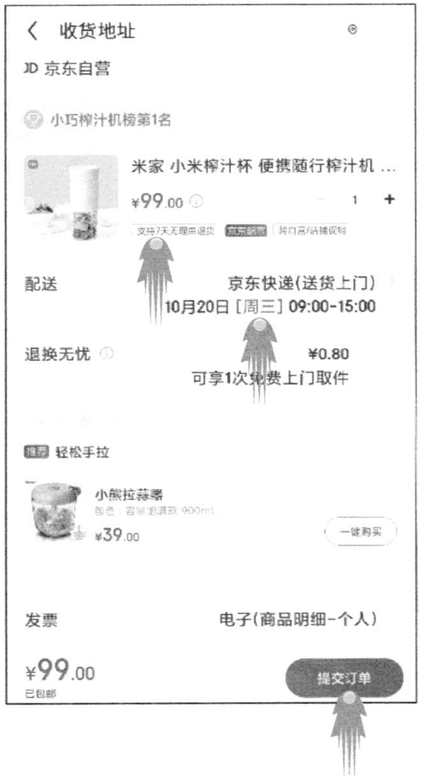

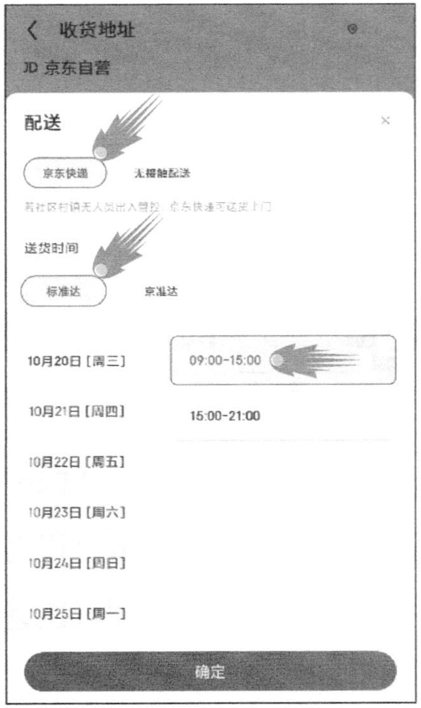

6 确认收货地址无误后单击【提交订单】按钮，选择一种支付方式，如选择【微信支付】，则单击【微信支付】按钮，输入支付密码后即可购买商品。

京东收银台
订单中心
¥99.00
京东支付
单单免费做公益
白条
一键激活并支付，限12期内免服务费
本单立减40元
使用新卡支付
首次添加中国银行信用卡
满10.01减10元
全部付款方式
绑卡最高可减20.00元
微信支付
云闪付
微信好友代付
微信支付¥99.00

提示
京东提供【微信好友代付】服务，在【京东收银台】界面上单击【微信好友支付】按钮，即可把订单发送给微信好友，微信好友付款后可成功购买商品。

提示
部分银行卡在首次付款时可以减免一定的金额。

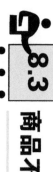

8.3 商品不满意，上门退换货

除生鲜产品、计算机软件等数字化商品、个人定制产品和报纸期刊外，京东的其余商品都支持七天无理由退货。需要注意的是，如果商品经过水洗、退货时缺少配件或商标标识、手机/显卡等电子产品在拆开包装后使用了一段时间，则在退货前需要与客服沟通，否则寄回商品时很有可能被拒收。另外，如果购买的是电视、家具等大件商品，则在签收前最好拆开包装检查商品是否损坏。为以防万一，拆开包装的过程最好用手机录像，以此作为退换货的证据。

jd_MUnfhLxtDTRD
待付款
待收货
待评价
退换/售后
我的订单
0
9
60.00
0.00
京豆
优惠券
白条
京东小金库
我的钱包

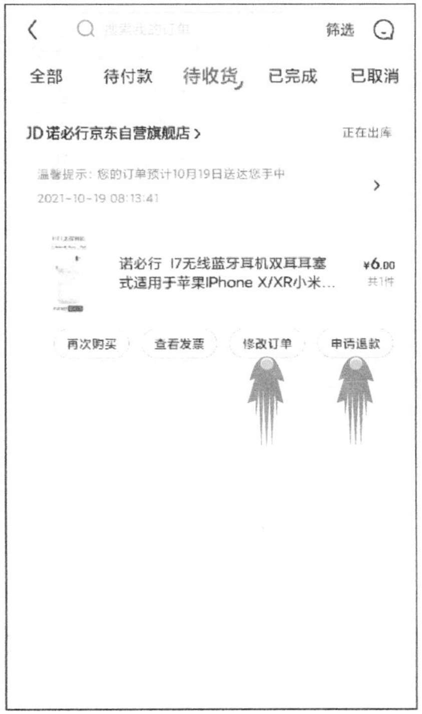
全部
待付款
待收货
已完成
已取消
JD 诺必行京东自营旗舰店 >
正在出库
2021-10-19 08:13:41
诺必行 I7无线蓝牙耳机双耳耳塞式适用于苹果iPhone X/XR小米…
¥6.00
再次购买
查看发票
修改订单
申请退款

① 在京东主界面上单击【我的】，在打开的界面上单击【待收货】，如果商品还没发货，则可直接单击【申请退款】按钮，打开【申请退款】界面。

提示

如果要修改订单信息，如产品型号、收货地址等，则可单击【修改订单】按钮。

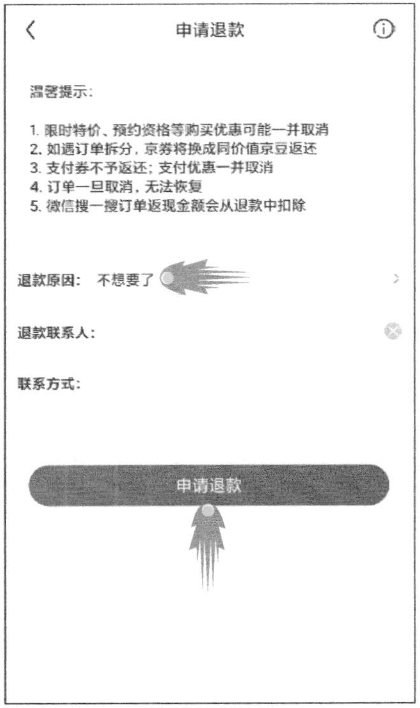
申请退款
温馨提示：
1. 限时特价、预约资格等购买优惠可能一并取消
2. 如遇订单拆分，京券将换成同价值京豆返还
3. 支付券不予返还；支付优惠一并取消
4. 订单一旦取消，无法恢复
5. 微信搜一搜订单返现金额会从退款中扣除
退款原因： 不想要了
退款联系人：
联系方式：
申请退款

提示

使用微信支付的货款会在 1 个工作日的处理周期后返还；使用银行卡支付的货款需要 1 ~ 15 日的处理周期。

② 选择【退款原因】，单击【申请退款】按钮，在客服审核通过后，支付的货款会原路返还。

3 如果商品已经签收，则可在京东主界面上单击【我的】→【我的订单】，在打开的界面上查看所有订单信息，找到需要退货的订单，单击【退换 / 售后】按钮。

4 继续单击【申请售后】，打开【选择售后类型】界面，单击【退货】，打开【退货】界面。在选择退货原因和商品是否拆封后，单击界面最下方的【提交】按钮。

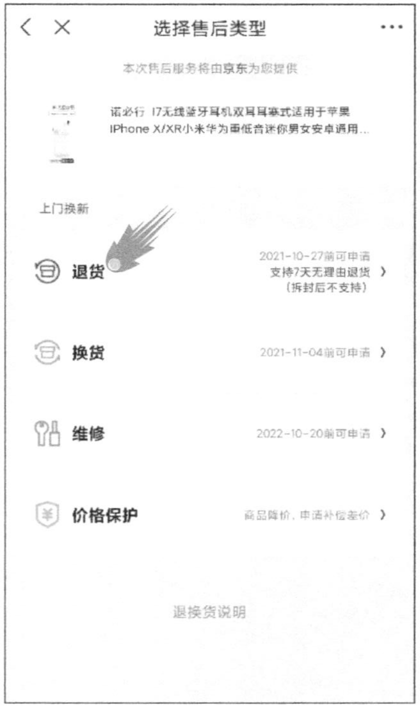

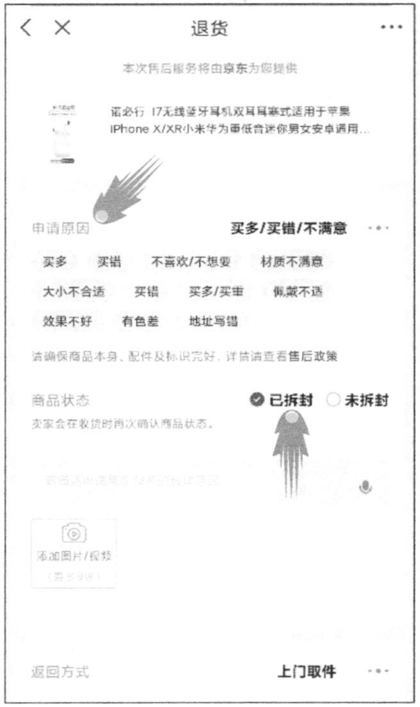

提 示

自营商品在退货时由京东快递上门取件，若因为商品原因退货或购买了退货险，则买家不需要支付邮费；若因买家原因退货，则买家需要支付寄回商品的邮费。

8.4 京东到家，一小时送达

随着“懒人经济”的发展，各大电商和物流公司都在发展同城即时配送业务。京东到家就是京东旗下的本地零售业务。简单来说，我们只要坐在家里，打开京东到家就能看到附近的超市和商店有哪些特价商品。如果不想出门，则可在京东到家中下单，不一会儿，快递就把商品送上门了。这种类似“跑腿”的服务，特别适合工作繁忙的上班族和不方便购买重物的中老年人。

① 我们既可以下载【京东到家】应用，也可以在【京东】应用的主界面找到京东到家的入口，两者的使用体验完全一致。在京东到家的首页，通过界面上方的商品分类列表可一级一级地找到想买的商品。例如，单击【生鲜果蔬】，可打开展示生鲜果蔬的商品界面。

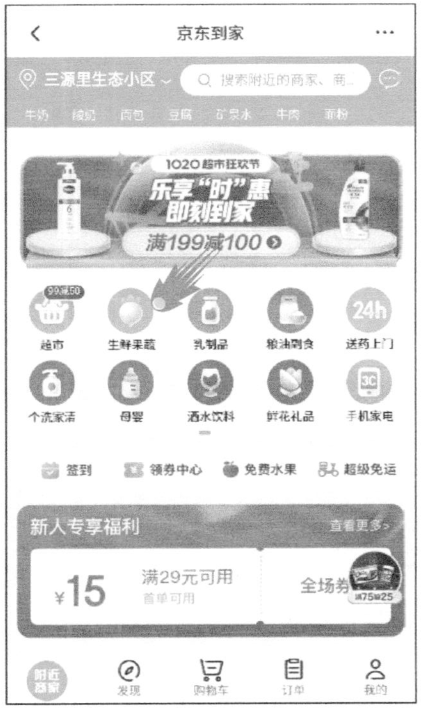
京东到家
三源里生态小区
1020超市狂欢节
乐享“时”惠 即刻到家
满199减100
超市
生鲜果蔬
乳制品
粮油调味
送药上门
个流家活
母婴
酒水饮料
鲜花礼品
手机家电
签到
领券中心
免费水果
超级免运
新人专享福利
查看更多
¥15
满29元可用
首单可用
全场券
发现
购物车
订单
我的

京东到家
生鲜果蔬
牛肉卷
精选
猪肉
牛羊肉
禽肉
蛋品
新鲜蔬菜
应季水果
海鲜水产
速食熟食
火锅热卖
全部
牛羊片/卷
鲜牛羊肉
冻牛羊肉
牛排
牛腩
牛腱牛尾
内脏肉馅
金亥精修牛腩块400g*1袋
¥25.9
牛腩(冷冻)约500g
¥34.87
家乐福-北京四元桥
每日优鲜北京亮马桥店

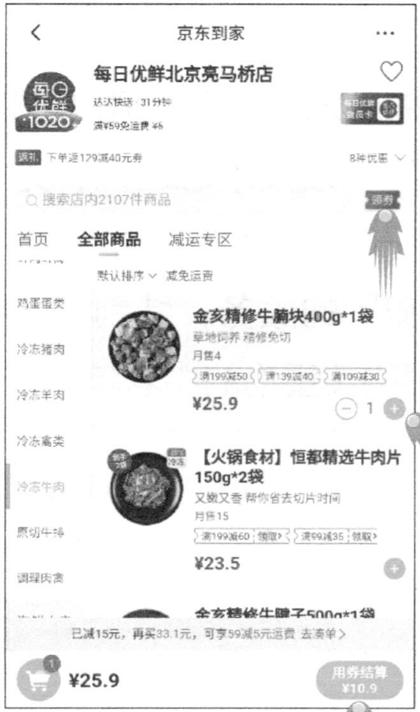
京东到家
每日优鲜北京亮马桥店
搜索店内2107件商品
首页
全部商品
减运专区
金亥精修牛腩块400g*1袋
¥25.9
【火锅食材】恒都精选牛肉片150g*2袋
¥23.5
¥25.9
用券结算
¥10.9

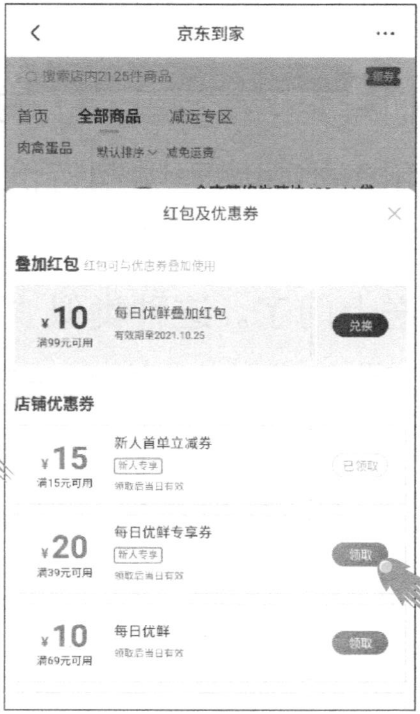
京东到家
红包及优惠券
叠加红包
¥10
每日优鲜叠加红包
兑换
店铺优惠券
¥15
新人首单立减券
已领取
¥20
每日优鲜专享券
领取
¥10
每日优鲜
领取

2 单击商品进入店铺，继续单击 ⊕ 按钮，可把选中的商品放入购物车。结算前别忘了单击界面右上角的【领券】图标，领取红包和优惠券。有些优惠券可以叠加使用，若搭配合理，则可节省很多开销。

京东到家
三源里生态小区
送达时间
立即送达 16:57-17:37
每日优鲜北京亮马桥店
金亥精修牛腩块400g*1袋
¥25.9 × 1
¥25.9
共1件 / 0.4kg
包装费
¥1.2
运费
¥5
共节省¥17 ¥17.1
提交订单

京东到家
三源里生态小区
附近商家
查看更多
京客隆
山姆会员商店(...
家乐福-北京创...
大牌热卖
买菜做饭
限时抢购
晚间菜场
50元券限量抢
会员享免运

3 单击【用券结算】按钮就能看到【送达时间】【运费】和总金额。单击【提交订单】按钮后在线支付，就可以等待快递员送货上门了。

4 空闲时您可以单击【附近商家】右侧的【查看更多】，看看周围的商家和超市是否有正在打折促销的商品，精打细算，优惠多多。

第9章

09 拼多多，价格超低

作为移动购物平台的后起之秀，拼多多既有传统的团购模式，又有时下新潮的社交营销属性。与淘宝和京东不同，拼多多主要采取 M2C 模式。这种模式砍掉了生产、销售过程中的多个中间环节，直接将商品从工厂或产地卖到消费者手中，因此可以大幅降低商品价格。

从消费者的角度来讲，大多数买家并不在乎平台是如何运营的，能不能获得真正的优惠才是他们最关心的问题。事实证明，拼多多凭借“前店后厂”模式，给买家留下了价格低廉的印象，迎合了相当一部分买家群体的消费需求。本章将开启拼多多的购物之旅。

9.1 关联微信账号，开启拼多多之旅

下面将以注册账号和添加收货地址为起点，开启拼多多的购物之旅。

① 第一次运行【拼多多】应用，会直接进入登录界面，单击【微信登录】→【同意】，就可以通过登录微信账号来登录拼多多了。

拼多多
微信登录
已在手机QQ/浏览器中购买过?
请使用其它方式登录

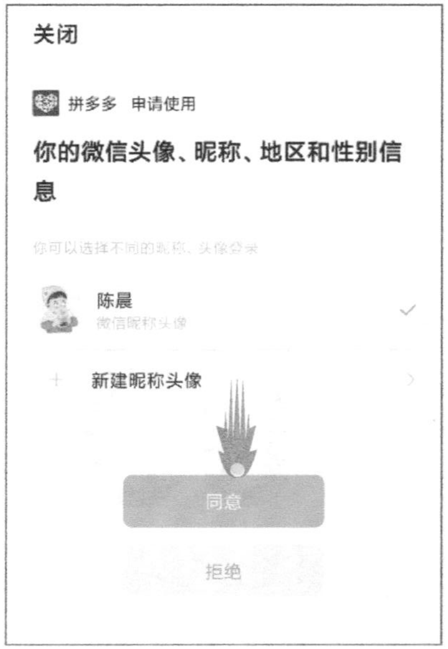
关闭
拼多多 申请使用
你的微信头像、昵称、地区和性别信息
陈晨
新建昵称头像
同意
拒绝

② 单击主界面下方的【个人中心】→【收货地址】→【添加收货地址】，输入收货人的姓名、手机号、地区后，单击【定位】按钮获取详细地址，最后单击【保存】按钮。

陈晨
我的拼小圈
我的步数
拼单返现
省钱月卡 先领券 再下单
领124元通用券
我的订单
查看全部
待付款
待分享
待发货
待收货
评价
多多钱包
立即开通
优惠券
商品收藏
店铺关注
历史浏览
退款售后
多多果园
多多爱消除
多多牧场
守卫现金
火车票
收货地址
官方客服
设置
首页
多多赚钱
分类
聊天
个人中心

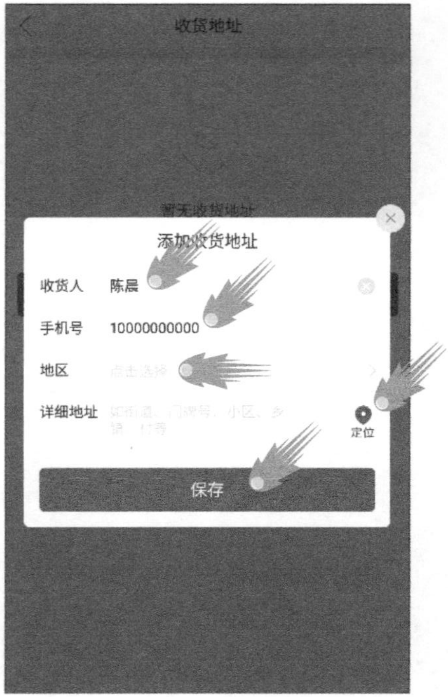
收货地址
添加收货地址
收货人
陈晨
手机号
10000000000
地区
详细地址
定位
保存

❸ 网络购物有一个弊端，那就是只能看，不能试，特别是在买衣服时，邮寄到手之前不知道尺码是否合适。为了解决这个问题，拼多多提供了【先用后付】服务。在开通这项服务后，买家可以 0 元下单，若在收到商品后满意，则可付款；若不满意，则可直接退回。开通这项服务的方法是在【个人中心】界面上单击【设置】→【先用后付设置】。

陈晨
我的拼小圈 >
我的步数
拼单返现
省钱月卡 先领券 再下单
领124元通用券 >
我的订单
查看全部
待付款
待分享
待发货
待收货
评价
多多钱包
立即开通
优惠券
商品收藏
店铺关注
历史浏览
退款售后
多多果园
免费领商品
天天领现金
多多牧场
守卫现金
火车票
收货地址
设置
首页
分类
聊天
个人中心

设置
绑定手机号
完善我的资料
账号与安全
免密支付设置
先用后付设置
最高领取￥2000信用额度
免拼设置
还剩1次免拼机会
拼小圈设置
消息接收设置
直播、照片、视频设置
常见问题
意见反馈
免费入驻拼多多

❹ 单击【立即领取】按钮，只要微信的支付分大于 500 分，则单击【确认】按钮即可开启【先用后付】服务。

拼多多先用后付
领取先用后付专属资格，立享0元下单权益
0元下单不花钱
支付时选择先用后付，下单不花钱
收货满意再付款
收到商品满意后，确认收货再付款
退款无忧有保障
对商品不满意，退款成功后不用付款
立即领取
相逢是缘 使用先用后付0元下单

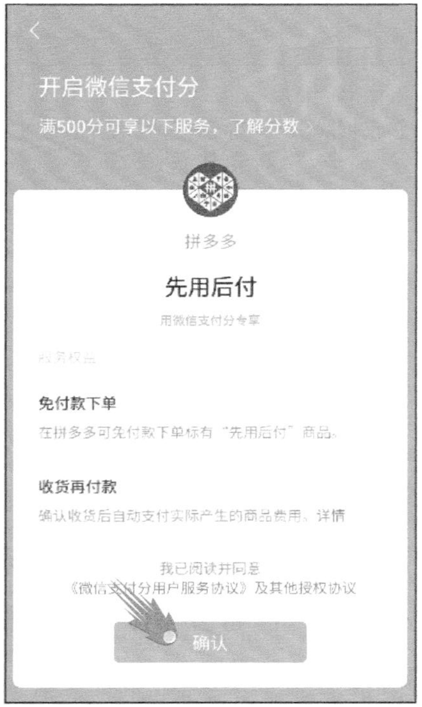
开启微信支付分
满500分可享以下服务，了解分数 >
拼多多
先用后付
用微信支付分专享
免付款下单
在拼多多可先付款下单标有"先用后付"商品。
收货再付款
确认收货后自动支付实际产生的商品费用。详情
我已阅读并同意
及其他授权协议
确认

提 示

开通【先用后付】服务后，在挑选商品时带有【先用后付】标签的商品都可通过先用后付的方式支付。

5 很多手机购物应用都提供了免密支付功能，拼多多也不例外。所谓的免密支付就是支付货款时不用输入支付密码。开通免密支付功能的方法是在【个人中心】界面上单击【设置】→【免密支付设置】，打开【免密支付设置】界面，单击【微信免密支付】【支付宝免密支付】右侧的【立即开通】按钮。

设置
绑定手机号
完善我的资料
账号与安全
免密支付设置
先用后付设置
最高领取￥2000信用额度
免拼设置
还剩1次免拼机会
拼小圈设置
消息接收设置
直播、照片、视频设置
常见问题
意见反馈
免费入驻拼多多

免密支付设置
开通免密支付
单笔支付100元以内无需验证密码
安全有保障
可无忧退货
抢购更迅速
支付更便捷
微信免密支付
立即开通
支付宝免密支付
立即开通

6 打开【开通免密支付】界面，单击【开通免密支付】按钮，输入支付密码即可开通免密支付服务。

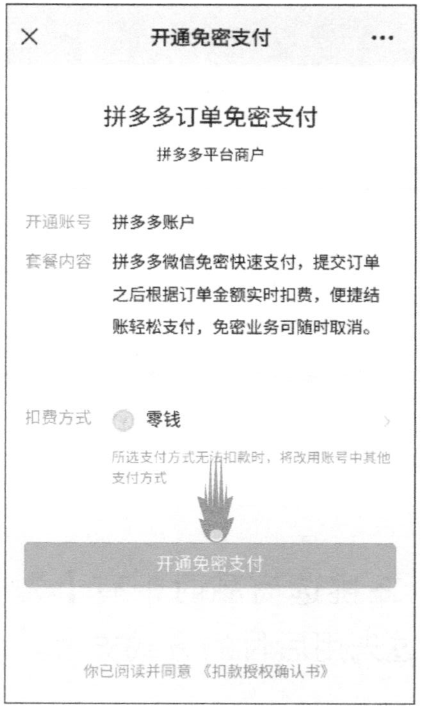
开通免密支付
拼多多订单免密支付
拼多多平台商户
开通账号
拼多多账户
套餐内容
拼多多微信免密快速支付，提交订单之后根据订单金额实时扣费，便捷结账轻松支付，免密业务可随时取消。
扣费方式
零钱
开通免密支付
你已阅读并同意《扣款授权确认书》

开通成功
微信安全支付
开通成功
完成

提示

开启免密支付后，在拼多多上支付100元以内的货款时，不需要输入支付密码。每天免密支付的次数上限是10次。

免密支付设置
开通免密支付
单笔支付100元以内无需验证密码
安全有保障
可无忧退货
抢购更迅速
支付更便捷
微信免密支付
已开通
支付宝免密支付
立即开通

免密支付设置
已开通微信免密支付
关闭微信免密支付

7 关闭免密支付功能的方法是在【个人中心】界面上单击【设置】→【免密支付设置】，打开【免密支付设置】界面，选择想取消的免密支付，如微信免密支付，单击界面下方的【关闭微信免密支付】即可关闭。

9.2 买什么，搜什么

拼多多的购物流程和淘宝、京东没有区别，所以，本节主要介绍在拼多多中选购商品时的小技巧。

1 在淘宝、京东和拼多多的搜索栏中都有一个照相机图标。如果您在线下的商场或超市看中一件商品，则只要单击搜索栏中的照相机图标扫描商品条码，就能知道网店的销售价格。即便您想买的商品没有条码，只要扫描一下商品，也能识别出这是什么商品，并且显示出同类商品的列表。

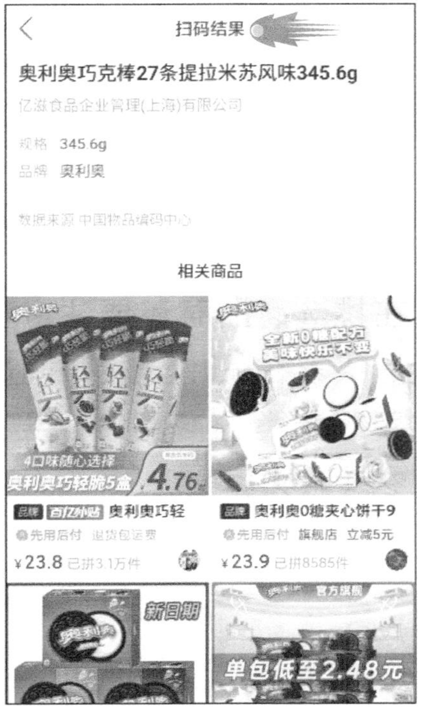
扫码结果
奥利奥巧克棒27条提拉米苏风味345.6g
规格 345.6g
品牌 奥利奥
相关商品
奥利奥巧轻脆5盒 4.76
奥利奥巧轻
¥23.8
奥利奥0糖夹心饼干9
¥23.9
新回期
单包低至2.48元

2 假设您在网店挑选一件衣服时想货比三家，则可在商品详情页中单击衣服图片，并将其最大化显示，继续长按最大化的图片，在出现选项后单击【保存图片】。单击搜索栏上的照相机图标，通过相册选择保存的图片，就会出现同款服装的列表，从而直观地比较出哪家店铺更加便宜。

2/35
保存图片
一键保存全部图片(35张)
发送给微信好友
取消

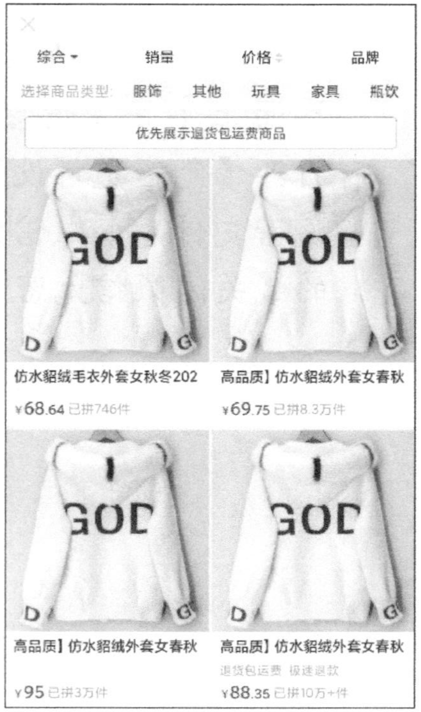
综合
销量
价格
品牌
选择商品类型
服饰
其他
玩具
家具
瓶饮
优先展示退货包运费商品
仿水貂绒毛衣外套女秋冬202
¥68.64 已拼746件
高品质】仿水貂绒外套女春秋
¥69.75 已拼8.3万件
高品质】仿水貂绒外套女春秋
¥95 已拼3万件
高品质】仿水貂绒外套女春秋
退货包运费 极速退款
¥88.35 已拼10万+件

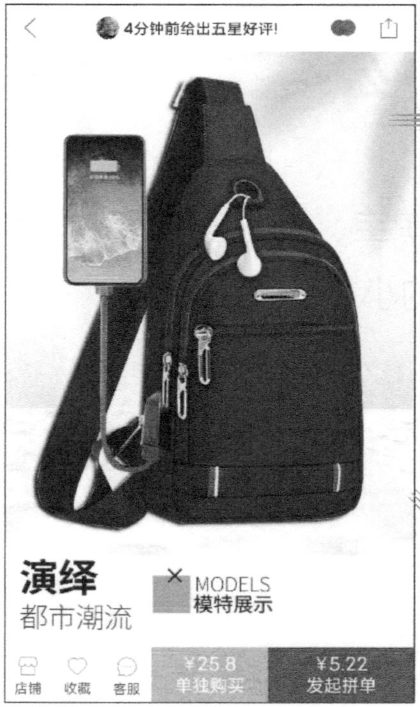
4分钟前给出五星好评!
演绎
都市潮流
MODELS
模特展示
店铺
收藏
客服
¥25.8
单独购买
¥5.22
发起拼单

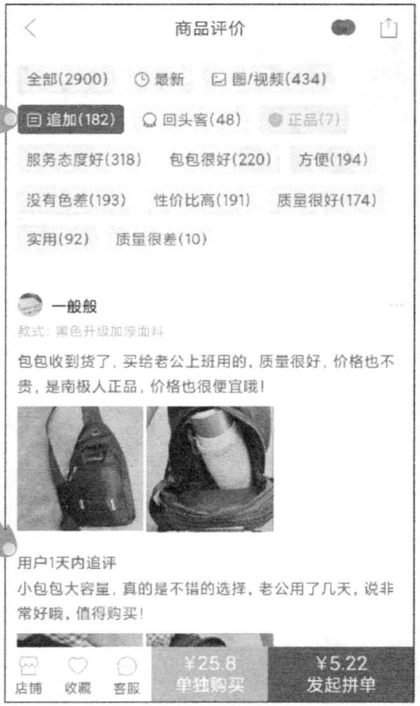
商品评价
全部(2900)
最新
图/视频(434)
追加(182)
回头客(48)
正品(7)
服务态度好(318)
包包很好(220)
方便(194)
没有色差(193)
性价比高(191)
质量很好(174)
实用(92)
质量很差(10)
一般般
包包收到货了，买给老公上班用的，质量很好，价格也不贵，是南极人正品，价格也很便宜哦！
用户1天内追评
小包包大容量，真的是不错的选择，老公用了几天，说非常好哦，值得购买！
店铺
收藏
客服
¥25.8
单独购买
¥5.22
发起拼单

提 示

在挑选商品时还要注意查看其他买家的评价，特别是买家在使用一段时间后的追加评价。另外，在购买服装类的商品时，买家秀往往比卖家秀更真实，参考意义更大。

③ 在拼多多上购买商品时，可选择单独购买或发起拼单。单独购买商品的价格较高，发起拼单则要等待另一位买家购买同一件商品。其实拼多多中有一个免拼设置，在注册账号后会获得一次免拼机会，之后每确认收货 2 次也能获得一次免拼机会。免拼设置的方法是单击【个人中心】→【设置】→【免拼设置】，在【免拼设置】界面的最下方单击【自动免拼】，开启此功能。

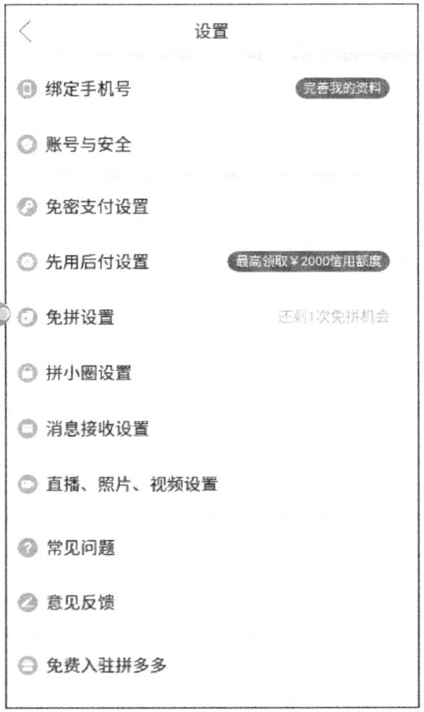
设置
绑定手机号
完善我的资料
账号与安全
免密支付设置
先用后付设置
最高领取￥2000信用额度
免拼设置
还剩1次免拼机会
拼小圈设置
消息接收设置
直播、照片、视频设置
常见问题
意见反馈
免费入驻拼多多

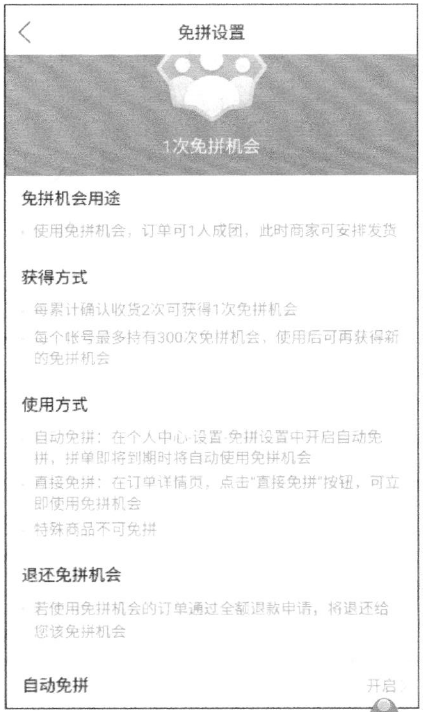
免拼设置
1次免拼机会
免拼机会用途
使用免拼机会，订单可1人成团，此时商家可安排发货
获得方式
每累计确认收货2次可获得1次免拼机会
每个账号最多持有300次免拼机会，使用后可再获得新的免拼机会
使用方式
自动免拼：在个人中心-设置-免拼设置中开启自动免拼，拼单即将到期时将自动使用免拼机会
直接免拼：在订单详情页，点击"直接免拼"按钮，可立即使用免拼机会
特殊商品不可免拼
退还免拼机会
若使用免拼机会的订单通过全额退款申请，将退还给您该免拼机会
自动免拼
开启

④ 获得免拼机会后，可通过【直接免拼】按钮购买商品：单击【个人中心】→【待分享】，继续单击需要免拼的订单后，单击界面下方的【直接免拼】按钮，在弹出的界面上单击【确定】按钮，卖家就会直接给您发货了。

陈晨
我的拼小圈 >
我的步数
拼单返现
省钱月卡 先领券 再下单
领124元通用券 >
我的订单
查看全部
待付款
待分享
待发货
待收货
评价
还差1人，剩23:58:49
邀请好友
多多钱包
购物立减25.40元，14天内有效
优惠券
商品收藏
店铺关注
历史浏览
退款售后
多多果园
免费领商品
天天领现金
多多爱消除
多多牧场
首页
多多视频
分类
聊天
个人中心

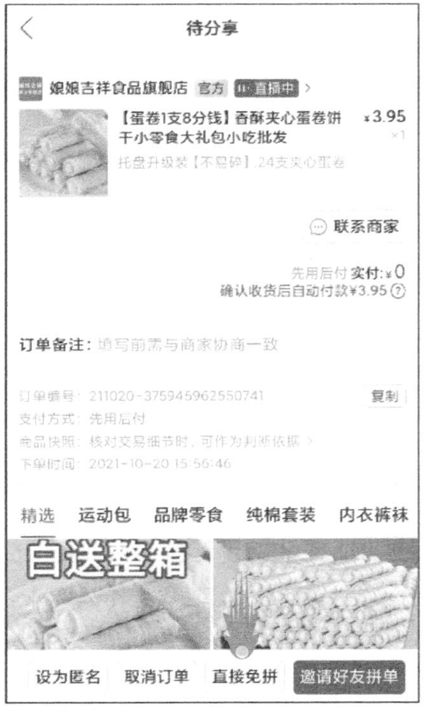
待分享
娘娘吉祥食品旗舰店 官方 直播中 >
【蛋卷1支8分钱】香酥夹心蛋卷饼干小零食大礼包小吃批发
￥3.95
托盘升级装【不易碎】24支夹心蛋卷
联系商家
先用后付 实付:￥0
确认收货后自动付款￥3.95
订单备注：填写前需与商家协商一致
订单编号：211020-375945962550741
复制
支付方式：先用后付
商品快照：核对交易细节时，可作为判断依据 >
下单时间：2021-10-20 15:56:46
精选
运动包
品牌零食
纯棉套装
内衣裤袜
自送整箱
设为匿名
取消订单
直接免拼
邀请好友拼单

陈晨
我的拼小圈
我的步数
拼单返现
省钱月卡 先领券 再下单
领124元通用券
我的订单
查看全部
待付款
待分享
待发货
待收货
评价
还差1人，剩23:58:49
邀请好友
多多钱包
购物立减25.40元，14天内有效
优惠券
商品收藏
店铺关注
历史浏览
退款售后
多多果园
免费领商品
天天领现金
多多爱消除
多多牧场
个人中心

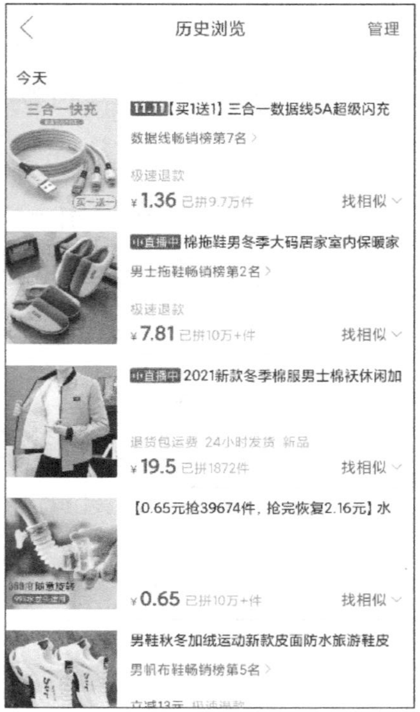
历史浏览
管理
今天
三合一快充
11.11【买1送1】三合一数据线5A超级闪充
数据线畅销榜第7名
极速退款
¥1.36 已拼9.7万件
找相似
棉拖鞋男冬季大码居家室内保暖家
男士拖鞋畅销榜第2名
极速退款
¥7.81 已拼10万+件
找相似
2021新款冬季棉服男士棉袄休闲加
退货包运费 24小时发货 新品
¥19.5 已拼1872件
找相似
【0.65元抢39674件，抢完恢复2.16元】水
¥0.65 已拼10万+件
找相似
男鞋秋冬加绒运动新款皮面防水旅游鞋皮
男帆布鞋畅销榜第5名

5 在网络购物时有时会犹豫不决，若忘记收藏，则浏览一圈其他商品后再想购买之前的商品，就会无从查找。在遇到这种情况时，只要单击【个人中心】→【历史浏览】，即可看到浏览过的所有商品记录。

提示

等待拼单的时间是 24 小时。如果 24 小时内没有拼单成功，则卖家不发货，货款会根据支付方式原路退回。

9.3 拼小圈，看看别人买什么

每个手机购物平台都有推荐、问答、评价等内容，这些内容都是由陌生的买家提供的，再加上好评返现功能也会让部分买家给出违心评价，因此，很多人越来越不信任传统的买家好评和晒图。

拼小圈属于拼多多中的社交功能，类似于微信中的朋友圈。在开通这项功能后，拼小圈会向您的通讯录好友发出申请，待通讯录好友成为拼小圈好友后，即可看到双方购买的商品与评价。相对于陌生人的好评，这些来自亲朋好友的评价要真实可信得多。

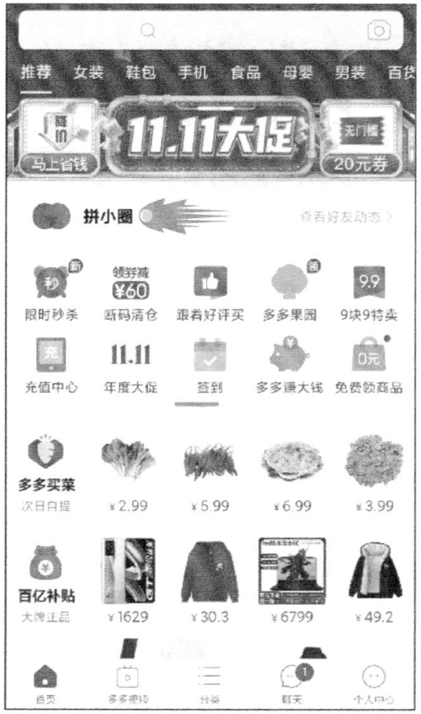

推荐 女装 鞋包 手机 食品 母婴 男装 百货
11.11大促
马上省钱
20元券
拼小圈
查看好友动态 >
限时秒杀 断码清仓 跟着好评买 多多果园 9块9特卖
充值中心 年度大促 签到 多多赚大钱 免费领商品
多多买菜
次日自提
¥2.99 ¥5.99 ¥6.99 ¥3.99
百亿补贴
大牌正品
¥1629 ¥30.3 ¥6799 ¥49.2
首页 多多视频 分类 聊天 个人中心

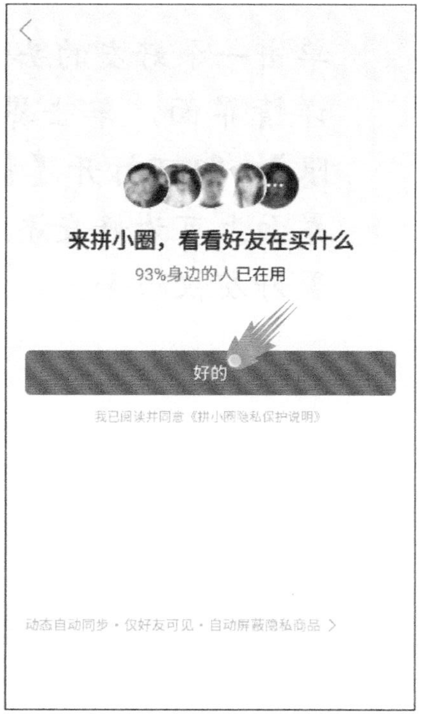

来拼小圈，看看好友在买什么
93%身边的人已在用
好的
我已阅读并同意《拼小圈隐私保护说明》
动态自动同步・仅好友可见・自动屏蔽隐私商品 >

① 在拼多多主界面上单击【拼小圈】，继续单击【好的】按钮即可开通拼小圈。

提 示

通过拼小圈功能，可与好友分享购买的商品，对朋友分享的商品进行评价、点赞，并能为好友的购物决策提供参考。

② 在开通拼小圈后，单击拼多多主界面上的【拼小圈】，就能看到好友购买的商品、对商品的评价、分享的视频等内容。单击【拼小圈】界面右上角的图标，在打开的【我的好友】界面上可以添加好友或查看好友列表。

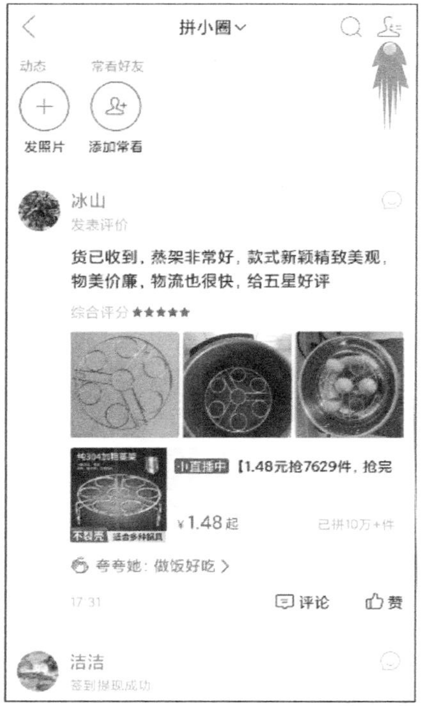

拼小圈
动态 常看好友
发照片 添加常看
冰山
发表评价
货已收到，蒸架非常好，款式新颖精致美观，物美价廉，物流也很快，给五星好评
综合评分 ★★★★★
小直播中 【1.48元抢7629件，抢完
¥1.48起
已拼10万+件
夸夸她：做饭好吃 >
评论 赞
洁洁

我的好友
添加通讯录好友
去查看
扫一扫加好友
附近的人
查看更多
随意 玫瑰 蓝天白云
100米以内 200米以内 300米以内
添加 添加 添加
我发出的好友申请
我收到的好友申请
3条未处理
我的好友
冰山
笨笨

备注与权限
冰山
勋章与兴趣
556枚勋章
与你相关
一起玩过果园 一起玩过农场
设为常看好友
和她聊聊
她的夸夸墙
夸夸她：
养花种草
很善良
自己写一个
个性问答
暂无个性问答，选个问题问问她吧
她的动态
筛选
冰山
发表评价
货已收到，蒸架非常好，款式新颖精致美观，物美价廉，物流也很快，给五星好评
综合评分

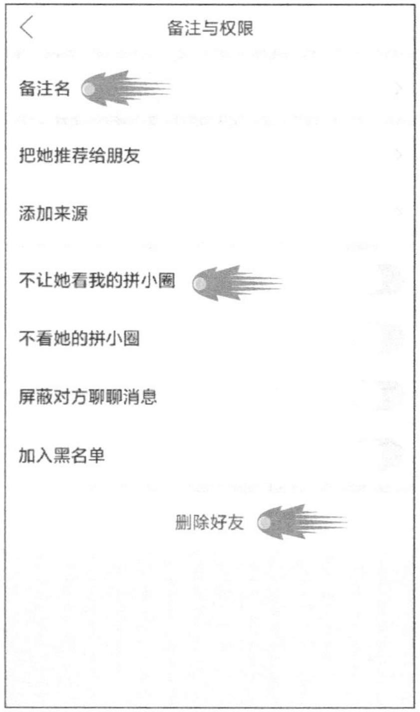
备注与权限
备注名
把她推荐给朋友
添加来源
不让她看我的拼小圈
不看她的拼小圈
屏蔽对方聊聊消息
加入黑名单
删除好友

3 单击一个好友的头像，就会进入这个好友的详情界面，单击界面右上角的【备注与权限】，即可打开【备注与权限】界面。在该界面上可为好友添加备注名、删除好友或设置好友权限等。

4 关闭拼小圈的方法是单击【个人中心】→【设置】→【拼小圈设置】，在打开的【拼小圈设置】界面上单击【关闭拼小圈】按钮即可。

设置
绑定手机号
完善我的资料
账号与安全
免密支付设置
先用后付设置
最高领取¥2000信用额度
免拼设置
还剩1次免拼机会
拼小圈设置
消息接收设置
直播、照片、视频设置
常见问题
意见反馈
免费入驻拼多多

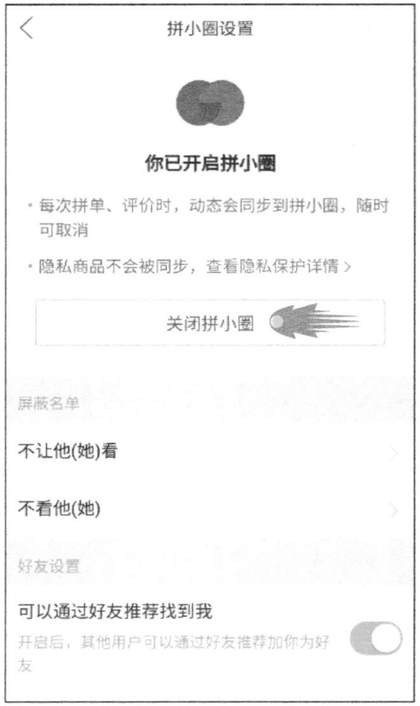
拼小圈设置
你已开启拼小圈
每次拼单、评价时，动态会同步到拼小圈，随时可取消
隐私商品不会被同步，查看隐私保护详情 >
关闭拼小圈
屏蔽名单
不让他(她)看
不看他(她)
好友设置
可以通过好友推荐找到我
开启后，其他用户可以通过好友推荐加你为好友

第 10 章

10

美团，吃喝玩乐超划算

街上川流不息的外卖小哥和街边一排排的共享单车，都在时刻提醒着我们：手机和移动互联网正在悄然改变我们的生活。

美团是一款团购类的生活服务平台。相比于同类应用，美团具有两大特点：一是功能全，从家居装修到宠物美容，所提供的服务范围几乎涵盖衣食住行、吃喝玩乐的方方面面；二是优惠活动多，不管是线上的优惠券，还是线下的减免活动，都能给消费者带来更多优惠。

10.1 注册一个账号，开启美团之旅

在【应用商店】中可找到【美团】和【美团极简版】两款应用。本节首先介绍注册美团账号和添加收货地址的流程，然后分析美团和美团极简版的不同之处。

1 打开【美团】应用，单击首页下方的【马上登录】按钮，输入您的手机号，勾选下方的【我已阅读并同意……】，继续单击【获取短信验证码】按钮。在输入收到的验证码后，美团账号就注册完成了。

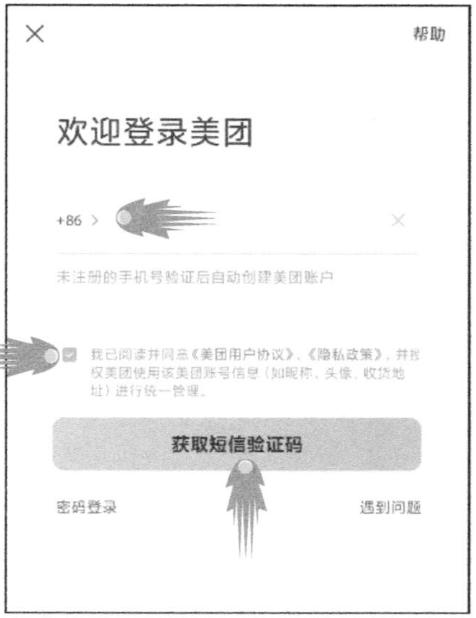
帮助
欢迎登录美团
+86 >
未注册的手机号验证后自动创建美团账户
获取短信验证码
密码登录
遇到问题

帮助
输入验证码
验证码已发送至 +86 182 4131 3478
49 秒后重新获取验证码

2 可将美团账号和微信账号绑定在一起，下次登录美团时就不用短信验证码了。在美团首页上单击【我的】→【设置】→【账号与安全】。

设置 客服
YTS995395497
走路赚钱
购物车
收藏
足迹
红包卡券
我的订单
全部订单
待付款
待收货
待使用
待评价
退款/售后
我的钱包
进入钱包
1万
借钱
17.68元
未领取
3.8万
联名信用卡
10元
数字人民币
我的游戏
打牌领现金
天天领现金
天天贪吃蛇
看视频赚钱
推荐工具
首页
电说
消息
我的

设置
个人信息
账号与安全
长辈版
未开启
支付设置
消息通知设置
通用
诊断工具
关于美团
退出账号

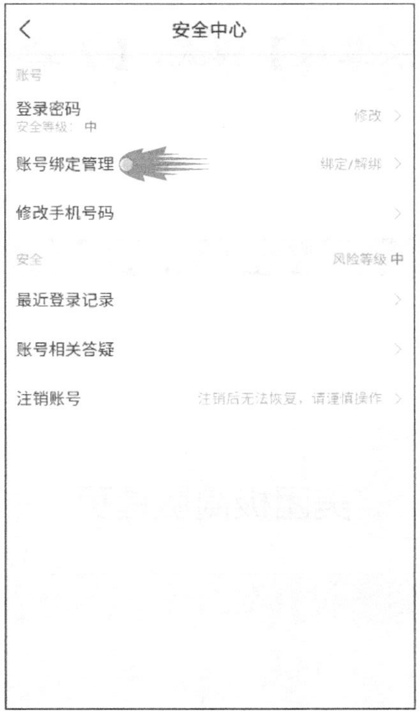
安全中心
账号
登录密码
安全等级：中
修改
账号绑定管理
绑定/解绑
修改手机号码
安全
风险等级 中
最近登录记录
账号相关答疑
注销账号
注销后无法恢复，请谨慎操作

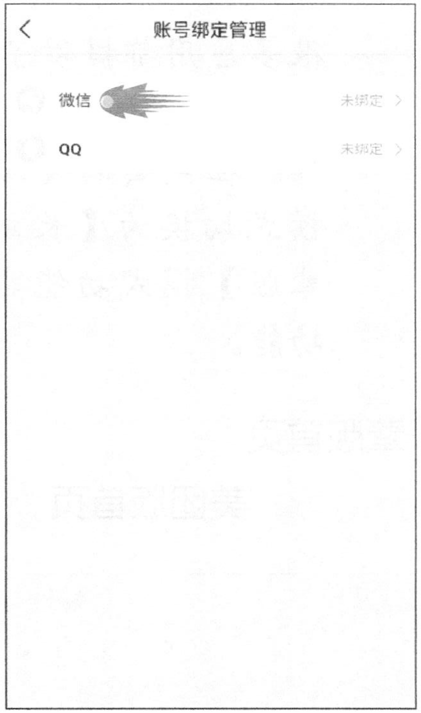
账号绑定管理
微信
未绑定
QQ
未绑定

3 打开【安全中心】界面，单击【账号绑定管理】，打开【账号绑定管理】界面。单击【微信】完成设置后，可直接利用微信账号登录【美团】应用。

4 在美团的【设置】界面上单击【个人信息】→【收货地址】→【新增收货地址】，在【新建收货地址】界面上输入收货地址、门牌号、联系人和手机号后，单击【保存】按钮即可完成添加收货地址的流程。

关闭
我的收货地址
还没有添加收货地址
新增收货地址

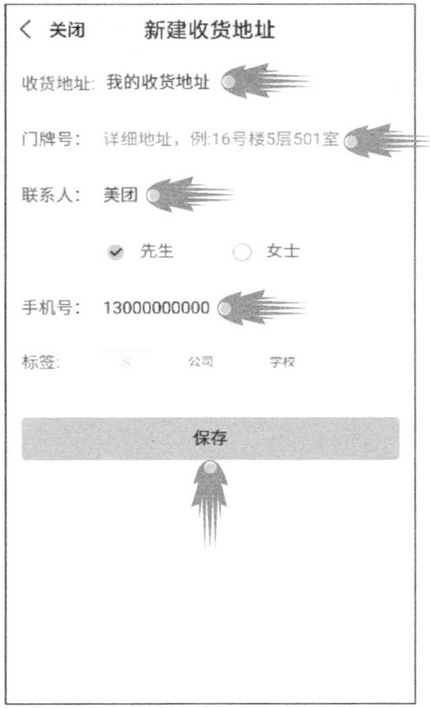
关闭
新建收货地址
收货地址：我的收货地址
门牌号：详细地址，例:16号楼5层501室
联系人：美团
先生
女士
手机号：13000000000
标签：
公司
学校
保存

⑤ 很多应用都提供了【长辈版】模式，【长辈版】模式字体较大，界面较为简单，易操作。在美团的【设置】界面也可以将显示模式切换为【长辈版】模式。美团的【长辈版】模式功能非常少，只有叫外卖一项功能。

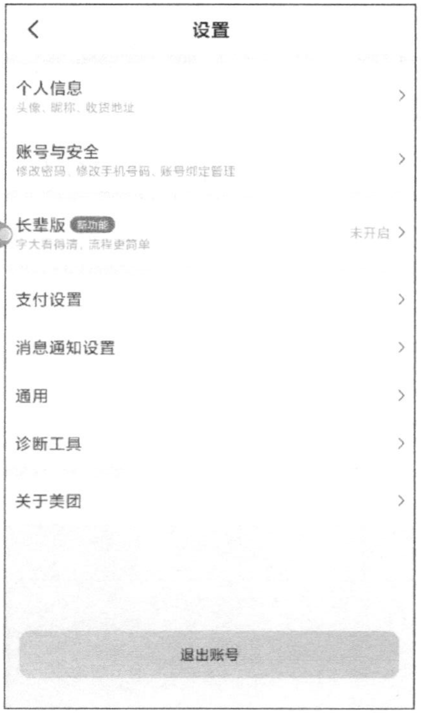
设置
个人信息
账号与安全
长辈版
未开启
支付设置
消息通知设置
通用
诊断工具
关于美团
退出账号

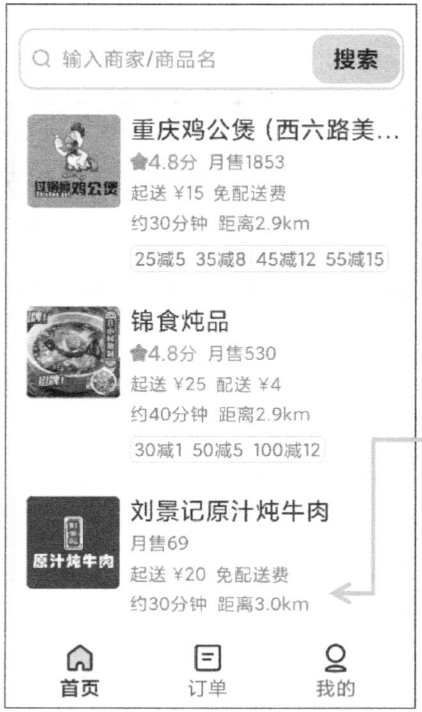
输入商家/商品名
搜索
重庆鸡公煲（西六路美…
4.8分 月售1853
起送 ¥15 免配送费
约30分钟 距离2.9km
25减5 35减8 45减12 55减15
锦食炖品
4.8分 月售530
起送 ¥25 配送 ¥4
约40分钟 距离2.9km
30减1 50减5 100减12
刘景记原汁炖牛肉
月售69
起送 ¥20 免配送费
约30分钟 距离3.0km
首页
订单
我的

长辈版首页

美团版首页

北京
扫一扫
付款码
骑车
公交
外卖
美食
酒店/民宿
休闲/玩乐
电影/演出
跑腿
景点/门票
民宿/公寓
买药
火车票/机票
美团优选
免费领水果
天天领现金
手机充值
按摩/足疗
美团优选
¥6.1
¥7.7
¥6.6
¥9
¥7.5
¥2.33
¥9
美团
电商
消息
我的

美团极简版首页

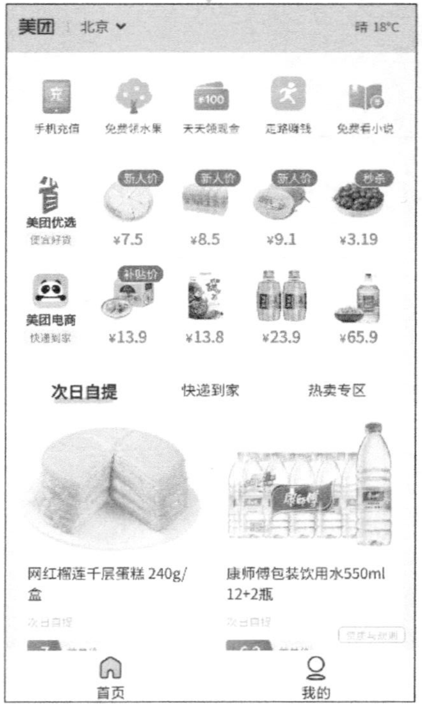
美团
北京
晴 18°C
手机充值
免费领水果
天天领现金
走路赚钱
免费看小说
美团优选
¥7.5
¥8.5
¥9.1
¥3.19
美团电商
¥13.9
¥13.8
¥23.9
¥65.9
次日自提
快递到家
热卖专区
网红榴莲千层蛋糕 240g/盒
康师傅包装饮用水550ml 12+2瓶
首页
我的

⑥ 相对于长辈版来说，美团极简版的功能要多一些，但也只有美团优选和美团电商两个主要版块，并且无法叫外卖。

提示

美团极简版对功能进行了删减，保留了涉及生活用品采购方面的相关业务，功能简单，操作方便，不足之处是功能不全。

10.2 美团外卖，足不出户尽享美食

对于很多工作忙碌的人来说，属于自己的休息时间不多，自然不想在做饭、刷碗上花费过多时间。因此，越来越多的人习惯在手机上叫外卖，每天靠叫外卖解决一日三餐的人不在少数，这一点从满街的外卖骑手就可见一斑。如果您也想体验一下叫外卖的便利，现在就让我们一起开始吧！

① 在美团首页上单击【外卖】图标，通过【外卖】界面查看附近有哪些提供外卖服务的商家。若不知道想吃什么，则可单击【美食】图标，即可仔细挑选美食。

② 如果您已经很饿了，想快点吃上饭，则可单击商家列表上方的【综合排序】，选取【速度优先】就会显示出配送速度最快的商家；单击商家列表上方的【全部筛选】，拖动滑块可进行人均价筛选，从而排除价格太贵的商家。

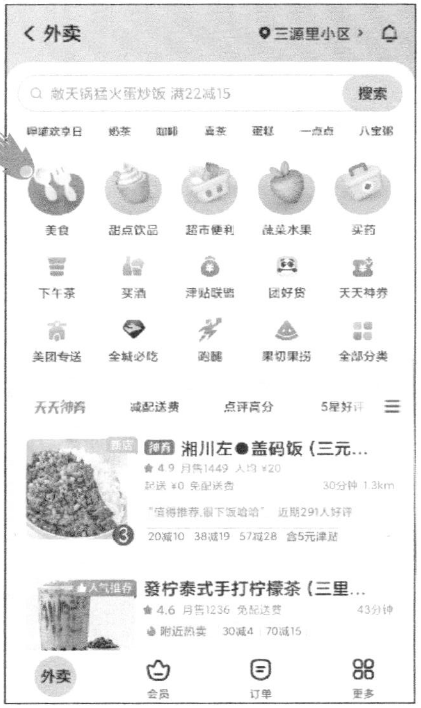
外卖
三源里小区
搜索
美食
甜点饮品
超市便利
蔬菜水果
买药
下午茶
买酒
津贴联盟
团好货
天天神券
美团专送
全城必吃
跑腿
果切果捞
全部分类
湘川左●盖码饭（三元...
發柠泰式手打柠檬茶（三里...
外卖
会员
订单
更多

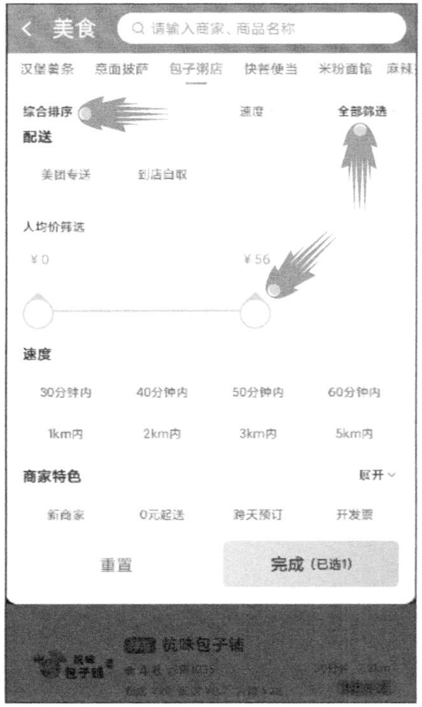
美食
请输入商家、商品名称
汉堡薯条
意面披萨
包子粥店
快餐便当
米粉面馆
综合排序
速度
全部筛选
配送
美团专送
到店自取
人均价筛选
¥0
¥56
速度
30分钟内
40分钟内
50分钟内
60分钟内
1km内
2km内
3km内
5km内
商家特色
展开
新商家
0元起送
跨天预订
开发票
重置
完成（已选1）
优味包子铺

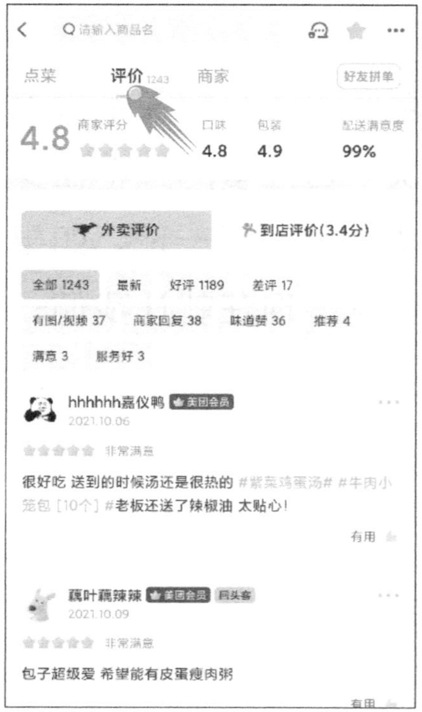
点菜
评价
商家
好友拼单
4.8
商家评分
口味
4.8
包装
4.9
配送满意度
99%
外卖评价
到店评价(3.4分)
全部 1243
最新
好评 1189
差评 17
有图/视频 37
商家回复 38
味道赞 36
推荐 4
满意 3
服务好 3
hhhhhh嘉仪鸭
很好吃 送到的时候汤还是很热的 #紫菜鸡蛋汤# #牛肉小笼包［10个］#老板还送了辣椒油 太贴心！
藕叶藕辣辣
包子超级爱 希望能有皮蛋瘦肉粥

设置
客服
YTS995195497
走路赚钱
购物车
收藏
足迹
红包卡券
我的订单
全部订单
待付款
待收货
待使用
待评价
退款/售后
我的钱包
进入钱包
1万
借钱
17.68元
未领取
3.8万
联名信用卡
10元
数字人民币
我的游戏
打捞领现金
天天领现金
天天贪吃蛇
看视频赚钱
每日拍
推荐工具
首页
电商
消息
我的

3 进入某一商家后，可单击【评价】查看买家用餐后的感受。如果您觉得这家外卖很好吃，则可单击界面右上方的☆图标收藏商家。

提示

在美团首页上单击【我的】→【收藏】即可查看收藏的商家；单击【足迹】即可查看浏览过的商家。

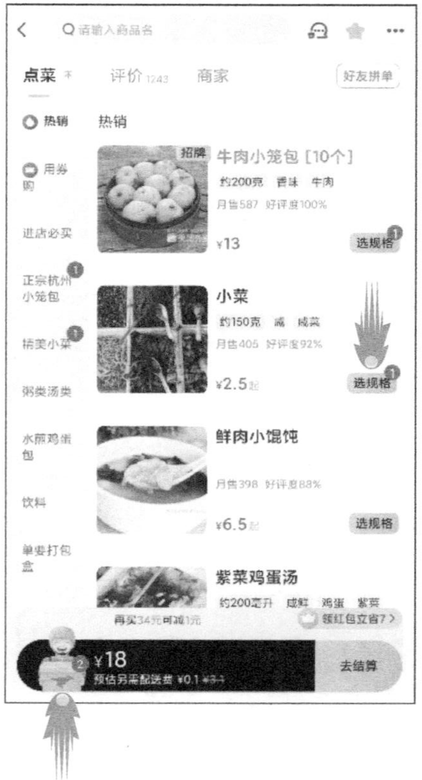
点菜
评价
商家
好友拼单
热销
牛肉小笼包［10个］
¥13
选规格
小菜
¥2.5
鲜肉小馄饨
¥6.5
紫菜鸡蛋汤
¥18
去结算

装入口袋1
清空购物车
牛肉小笼包［10个］
¥13
小菜
¥5
装入口袋2
¥19
去结算

4 返回【点菜】界面，单击+图标或【选规格】按钮，就能将外卖加入购物车。单击界面左下方的外卖员图标可以看到已添加到购物车中的外卖。单击-图标可将外卖清出购物车。

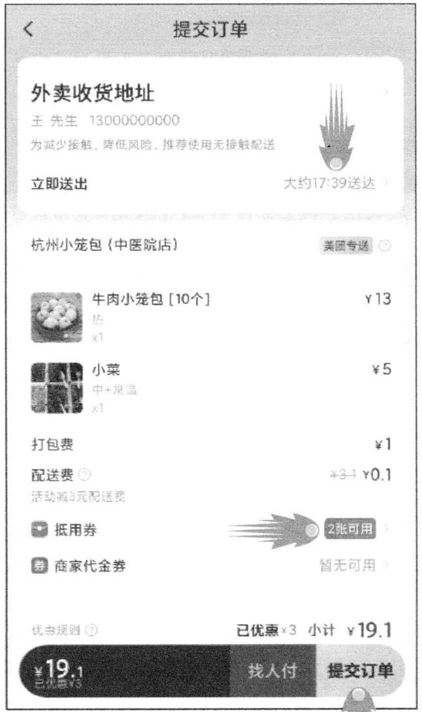
提交订单
外卖收货地址
王 先生 13000000000
立即送出
大约17:39送达
杭州小笼包（中医院店）
美团专送
牛肉小笼包［10个］
¥13
小菜
¥5
打包费
¥1
配送费
¥0.1
抵用券
2张可用
商家代金券
暂无可用
已优惠×3 小计 ¥19.1
¥19.1
找人付
提交订单

美团红包
兑换
可使用红包 1张
通用红包（限美团App使用）
有效期至2021.10.23
¥8
满9可用
不可使用红包 4张
遇到问题？
天天神券
¥7
满40可用
本单不可用原因
商品现价+打包费-所有优惠金额需满40元（不含配送费）
天天神券
¥5
本单不可用原因
商品现价+打包费需满30元（不含配送费）
天天神券
¥4
红包优惠¥8
确认

5 单击【去结算】按钮，打开【提交订单】界面，在界面上方的收货地址栏中可以显示大约送达时间。如果界面上显示有可用的红包，则可单击【抵用券】或【商家代金券】，并勾选可使用的红包即可。

6 单击【提交订单】按钮后选择支付方式，如【微信支付】【支付宝支付】等，继续单击【确认支付】→【立即支付】完成付款。

7 在美团首页上单击【我的】→【待收货】，就能在地图上看到外卖员当前所在的位置了。

支付订单
¥11.10
美团支付
本订单优惠1.2元
微信支付
支付宝支付
确认支付

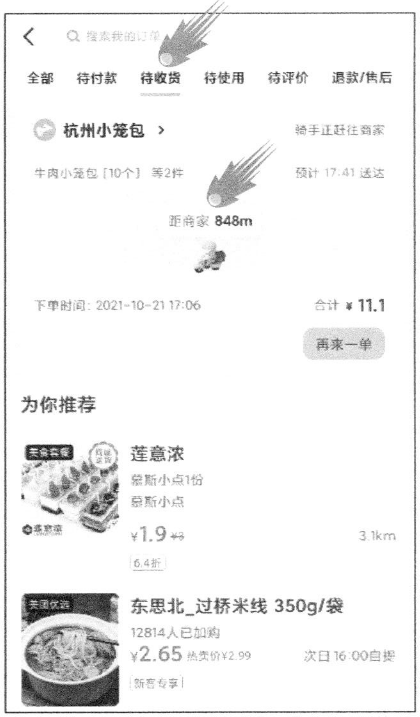
全部
待付款
待收货
待使用
待评价
退款/售后
杭州小笼包
骑手正赶往商家
距商家 848m
下单时间：2021-10-21 17:06
合计 ¥11.1
再来一单
为你推荐
莲意浓
东思北_过桥米线 350g/袋

10.3 周边美食，店铺评分一目了然

美团中的美食版块是一种同城的O2O餐饮服务，即顾客可在手机上选择餐饮店和菜品，线上支付后到线下实体店就餐。这种模式的好处是即便坐在家中也能知道周围有哪些餐饮店，餐饮店有哪些特色菜品，以及其他消费者用餐后的评价，从而解决了选择餐饮店和菜品的难题。更重要的是，在美团下单还能获得更多折扣优惠，比直接去餐饮店便宜得多。

① 在美团首页上单击【美食】→【附近美食】就能看到周围有哪些餐饮店、与每家餐饮店的距离和餐饮店的人均单价等信息。还可单击搜索栏右侧的图标，在地图上更加直观地查看周围的餐饮店。

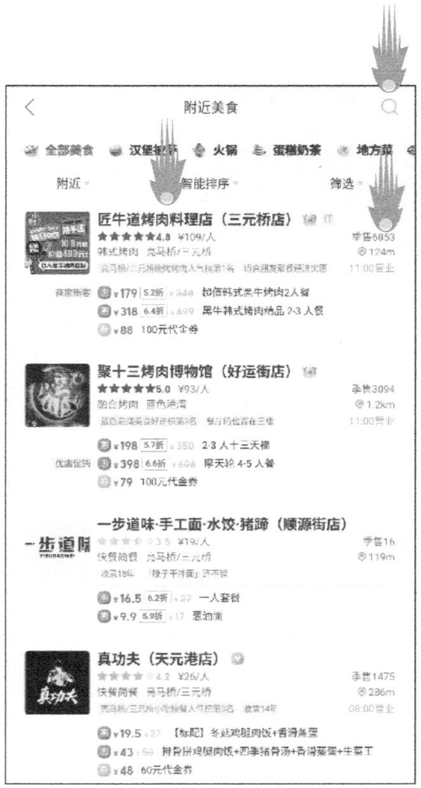
附近美食
全部美食
汉堡披萨
火锅
蛋糕奶茶
地方菜
附近
智能排序
筛选
匠牛道烤肉料理店（三元桥店）
一步道味·手工面·水饺·猪蹄（顺源街店）
真功夫（天元港店）

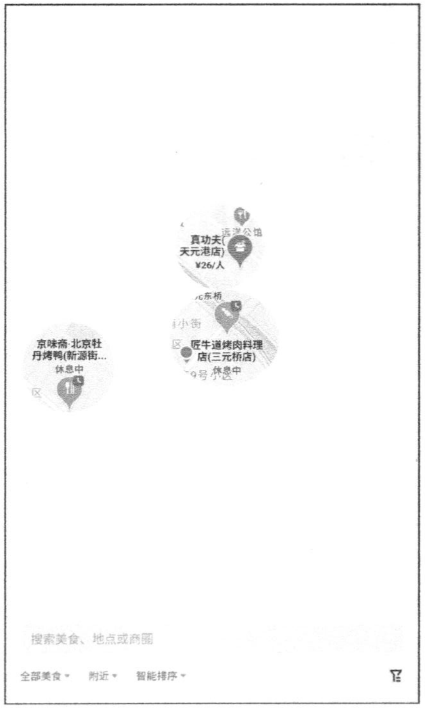
搜索美食、地点或商圈
全部美食
附近
智能排序

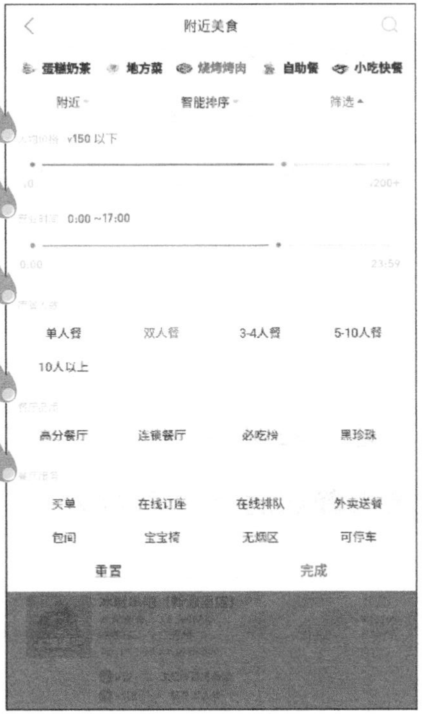
附近美食
蛋糕奶茶
地方菜
烧烤烤肉
自助餐
小吃快餐
附近
智能排序
筛选
¥150 以下
0:00～17:00
单人餐
双人餐
3-4人餐
5-10人餐
10人以上
高分餐厅
连锁餐厅
必吃榜
黑珍珠
买单
在线订座
在线排队
外卖送餐
包间
宝宝椅
无烟区
可停车
重置
完成

2 挑选餐饮店与订外卖的操作类似，可在餐饮店列表上方筛选美食种类，并对人均价格、营业时间、用餐人数、餐厅品质、餐厅服务等进行设置，以便挑选出符合您就餐需求的餐饮店。

3 进入一家餐饮店的信息界面，在界面上方可以看到餐饮店的详细地址和联系电话等信息。如果您从来没去过这家餐饮店，则可单击餐饮店的地址，继续单击【到这去】按钮，电子地图就会帮您规划出行路线。如果餐饮店提供【订座】服务，则可单击界面上的【订座】按钮提前预约座位。

匠牛道烤肉料理店（三元桥店）
4.8 ¥109/人
1637人评
休息中 11:00-22:00
朝阳区曙光街中国旅贸大厦
订座 (已订1502)
超值券
套餐
买单
菜品
评价
100 元代金券
¥88
抢购
到店套餐 (5)
超值韩式黑牛烤肉2人餐
¥171
黑牛韩式烤肉精品 2-3 人餐
¥310
盐烤大虾

我的位置
匠牛道烤肉料理店（三元桥店）
打车
驾车
公交
骑车
步行
匠牛道烤肉料理店（三元桥店）
1分钟 135米
去骑车
步行导航

4 单击【菜品】，可看到这家餐饮店有哪些招牌菜。单击【查看更多】，可看到所有的菜品列表。单击【评价】，可看到其他消费者对就餐环境和菜品的点评。

匠牛道烤肉料理店（三元桥店）
超值券 套餐 买单 菜品 评价
推荐菜
查看更多
商家招牌（20）
和牛三拼
横膈膜
大众点评·网友推荐（102）
黑牛六拼
牛肋条
南瓜糖
海鲜葱饼
牛肉拌饭
黑牛牛舌
拌菠菜
图册菜单
共 19 张
商家新鲜事
每日0点
10.8元抢
价值499元！

匠牛道烤肉料理店（三元桥店）
超值券 套餐 买单 菜品 评价
吃货种草
七月鹅来七月风
chef_李
评价 (1637)
更多评价
4.8
口味 4.8
服务 4.9
性价比 4.8
环境 4.9
大荔枝

提示

美团根据餐饮店的口味、服务、性价比和环境等方面给出综合评分，分数越高说明餐饮店的品质越好。

5 为了吸引顾客，美团中的大部分餐饮店都会提供几种价格特别优惠的特价菜或套餐，单击【套餐】就能找到这些特价菜。

6 单击一个套餐，可以看到这个套餐包含哪些菜品。在这个界面上需要特别留意最下方【购买须知】中的有效期和使用时间。

超值券 套餐 买单 菜品 评价
到店套餐 (5)
超值韩式黑牛烤肉2人餐
¥171
抢购
黑牛韩式烤肉精品 2-3 人餐
¥310
盐烤大虾
¥6
和牛招牌朋友聚会 4-5 人餐
¥530
买单
推荐菜

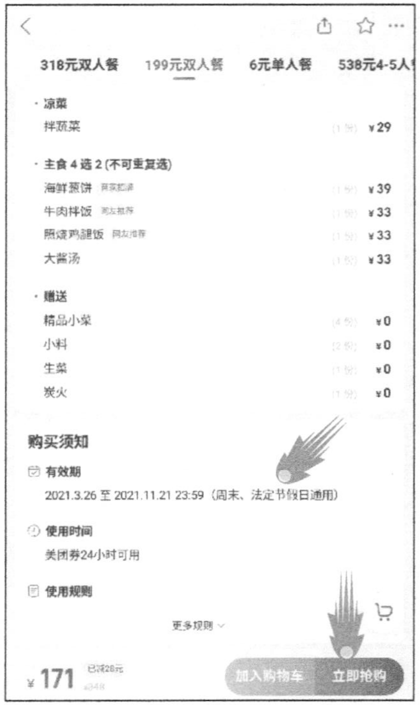
318元双人餐
199元双人餐
6元单人餐
凉菜
拌菠菜 ¥29
主食 4 选 2（不可重复选）
海鲜葱饼 ¥39
牛肉拌饭 ¥33
照烧鸡腿饭 ¥33
大酱汤 ¥33
赠送
精品小菜 ¥0
小料 ¥0
生菜 ¥0
炭火 ¥0
购买须知
有效期
2021.3.26 至 2021.11.21 23:59（周末、法定节假日通用）
使用时间
美团券24小时可用
使用规则
¥171
加入购物车
立即抢购

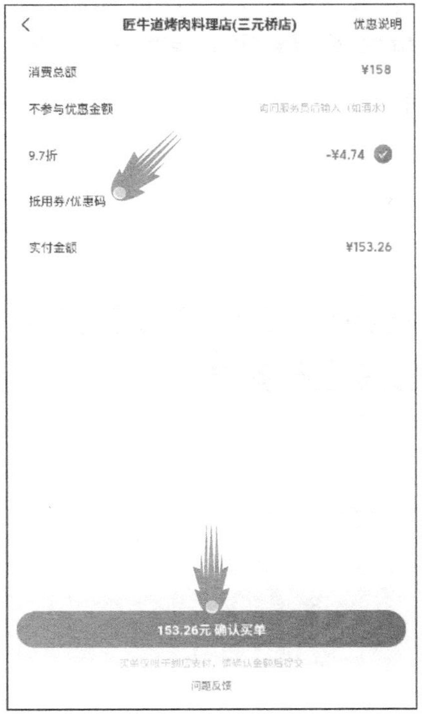
匠牛道烤肉料理店(三元桥店)
优惠说明
消费总额
¥158
不参与优惠金额
9.7折
-¥4.74
抵用券/优惠码
实付金额
¥153.26
153.26元 确认买单
问题反馈

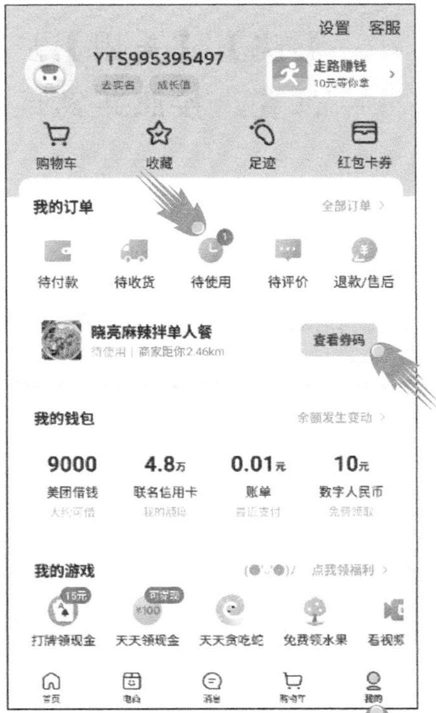
设置
客服
YTS995395497
走路赚钱
购物车
收藏
足迹
红包卡券
我的订单
全部订单
待付款
待收货
待使用
待评价
退款/售后
晓亮麻辣拌单人餐
查看券码
我的钱包
9000
美团借钱
4.8万
联名信用卡
0.01元
账单
10元
数字人民币
我的游戏
打牌领现金
天天领现金
天天贪吃蛇
免费领水果
看视频

7 单击【立即抢购】按钮，如果有红包/抵用券，则可以单击红包抵扣金额。单击【提交订单】后，选中一种支付方式，单击【确认买单】按钮就完成了在线订餐操作。

8 到达实体店后，在美团首页上单击【我的】→【待使用】→【查看券码】后，向柜台出示二维码，服务人员就会为您安排座位并上菜了。

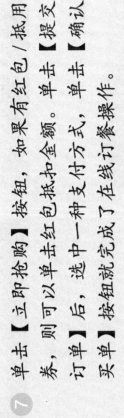

10.4 电影演出，新鲜上映价格低

现在很多人依赖手机的一个很重要原因是手机实在太方便了。就拿看电影来说，以前我们要跑到电影院后才知道有哪些新上映的电影。买完票后还要在电影院附近一直等待，直到开场。现在只要打开手机，选择影片、选座、买票，整个流程几分钟即可完成。

电影演出
电影/影院
演出/赛事
实时票房
脱口秀
影院券包
本月推荐
正在热映
全部69部
长津湖
沙丘
不速来客
购票
待映推荐
即将上映

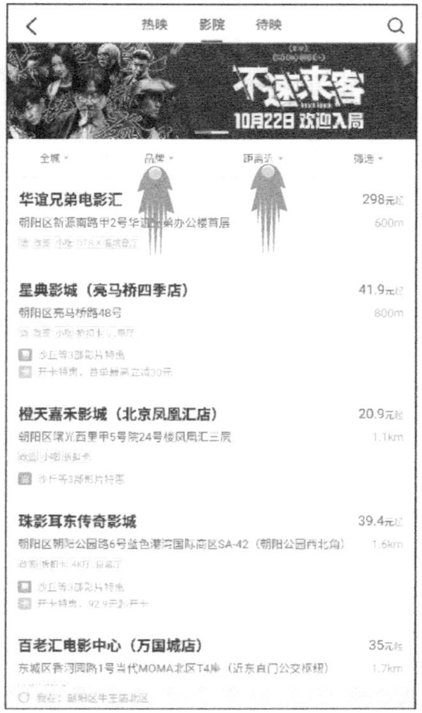
热映
影院
待映
不速来客
10月22日 欢迎入局
全城
品牌
距离近
筛选
华谊兄弟电影汇
298元起
星典影城（亮马桥四季店）
41.9元起
橙天嘉禾影城（北京凤凰汇店）
20.9元起
珠影耳东传奇影城
39.4元起
百老汇电影中心（万国城店）
35元起

1 在美团首页上单击【电影演出】→【电影/影院】，【美团】应用即可定位您目前所在的位置，按照距离远近显示附近的影院列表。

提 示

除按照距离远近显示影院列表外，还可将影院按照价格排序，以及按照品牌对影院进行筛选。

2 单击界面上方的【热映】，可查看影院正在上映的影片。单击一个影片，可看到影片介绍、视频剧照和网友评价等。

提 示

如果想约朋友一起看电影，则可单击界面右上角的⇧按钮，将影片分享给朋友。

热映
影院
待映
实时票房
今日大盘 3692.8万
长津湖
沙丘
不速来客
我和我的父辈
购票
皮皮鲁与鲁西西之罐头小人

长津湖
视频剧照
全部剧照
讨论
参与讨论
特惠购票

③ 选好影片后，单击界面下方的【特惠购票】按钮，并逐一选择影院、日期和场次等。单击【购票】按钮后会打开影院选座界面。

④ 单击界面上方的空白方块可选择座位，单击【确认选座】→【确认支付】按钮，电影票就购买完成了。

上映影院和购票
长津湖
The Battle at Lake Changjin
9.5
剧情,历史,战争
中国大陆 / 176分钟
2021-09-30大陆上映
今天10月22日
明天10月23日
后天10月24日
周一10月25日
华谊兄弟电影汇
¥298起
星典影城（亮马桥四季店）
¥41.9起
橙天嘉禾影城（北京凤凰汇店）
¥44.9起
珠影耳东传奇影城
¥39.4起
美嘉欢乐影城（三里屯店）

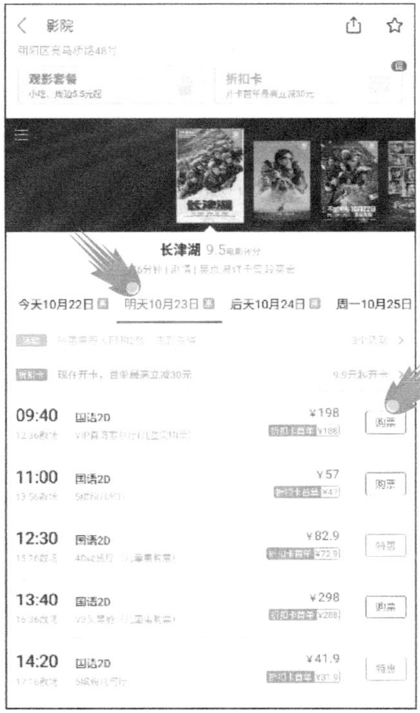
影院
观影套餐
折扣卡
长津湖 9.5
今天10月22日
明天10月23日
后天10月24日
周一10月25日
09:40 国语2D ¥198 购票
11:00 国语2D ¥57 购票
12:30 国语2D ¥82.9 特惠
13:40 国语2D ¥298 购票
14:20 国语2D ¥41.9 特惠

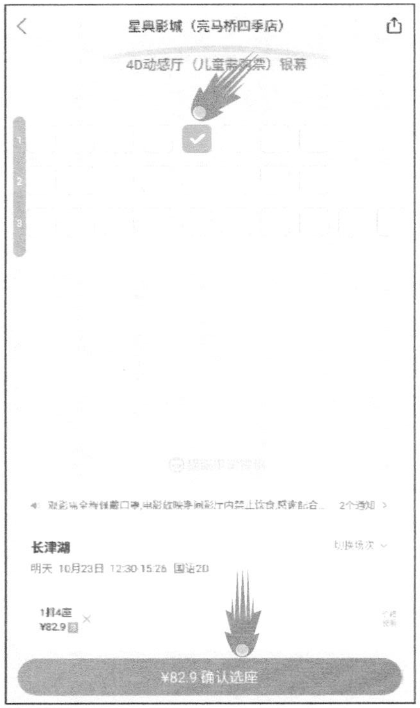
星典影城（亮马桥四季店）
4D动感厅（儿童需购票）银幕
长津湖
明天 10月23日 12:30 15:26 国语2D
1排4座
¥82.9
¥82.9 确认选座

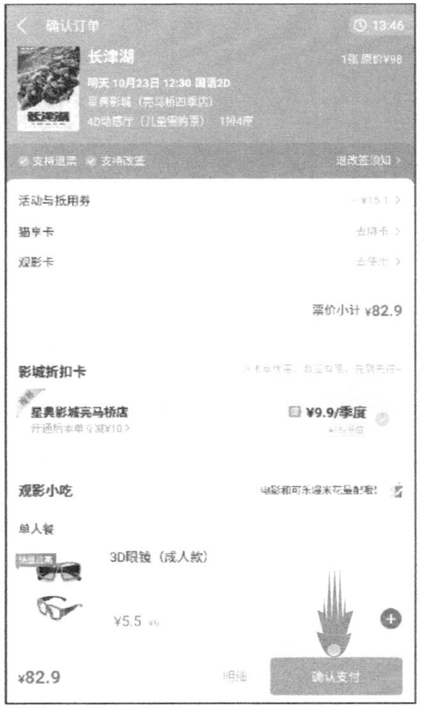
确认订单
13:46
长津湖
明天 10月23日 12:30 国语2D
星典影城（亮马桥四季店）
4D动感厅（儿童需购票）
支持退票
支持改签
活动与抵用券
猫享卡
观影卡
票价小计 ¥82.9
影城折扣卡
星典影城亮马桥店
¥9.9/季度
观影小吃
单人餐
3D眼镜（成人款）
¥5.5
¥82.9
明细
确认支付

提示

选座时，空白方块表示可选座位，红色方块表示不可选座位，即已有人选择该座位。建议选择中间的座位，观影视野较好。还可在【确认订单】界面上购买爆米花和饮料，通常比在影院购买更优惠。若您同时观影的人数为两人或两人以上，则在选择座位时，中间不能留空。

第 11 章

高德地图，哪儿都熟

以前外出旅游或出差时，总要购买一份当地地图才能安心，就怕找不到路。但在有了智能手机后，就再也没有这个顾虑了。电子地图的最大优点是交互性强，利用电子地图不但可以方便地查找目的地，而且能根据出行方式帮我们规划最佳路线。另外，在电子地图上还能显示附近的银行、商场、医院等服务设施，是日常出行和外出旅游的必备工具。

11.1 去哪儿搜哪儿，驾车、公交、地铁、步行任您选

地点搜索和路线导航是电子地图最基础的功能。只要输入目的地，不管您是乘坐公交、驾车，还是步行前往，电子地图都能帮您规划出最佳路线。在本节中，我们首先熟悉高德地图的界面和基本操作，然后学习利用高德地图进行导航的方法。

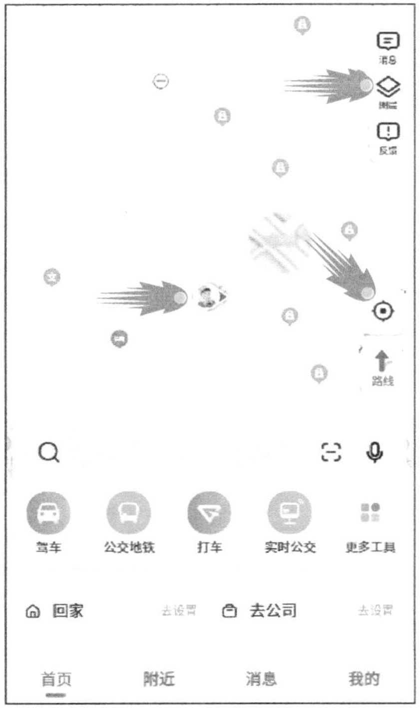

消息
图层
反馈
路线
驾车
公交地铁
打车
实时公交
更多工具
回家
去设置
去公司
去设置
首页
附近
消息
我的

全屏显示状态

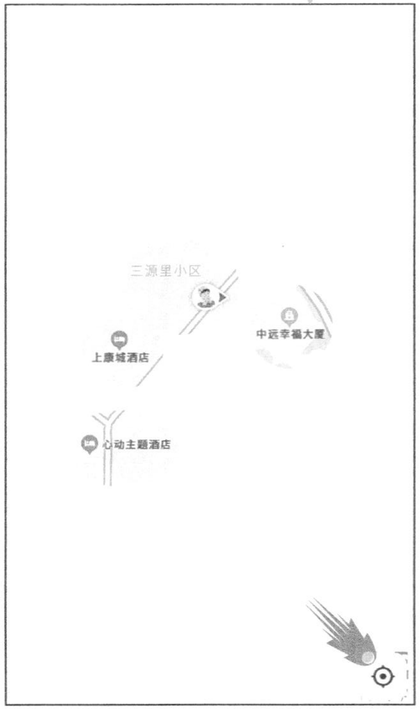

三源里小区
中远幸福大厦
上康城酒店
心动主题酒店

1 打开【高德地图】应用后，地图会自动定位您当前所处的位置，用手指拖动屏幕可以平移地图，用两指缩放屏幕可以缩小或放大地图。在地图的任意位置单击，就会切换到全屏显示状态，再在地图上单击即可退出全屏显示状态。

提示

移动地图后，单击界面右侧的⊙图标可以快速返回到您当前所处的位置。

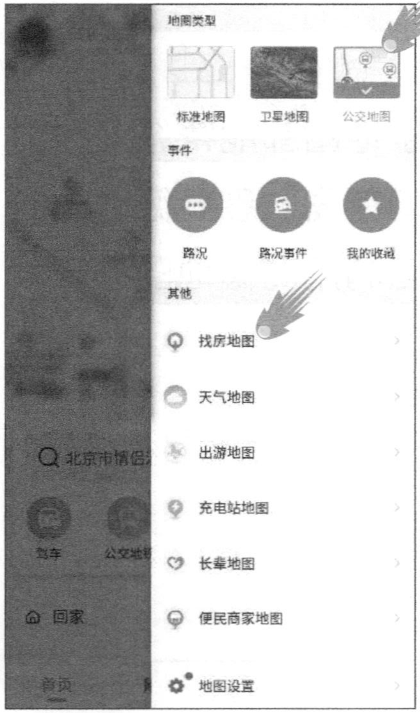

2 在外出之前，可以在高德地图上查看路况：红色线条表示该路段非常拥堵；黄色线条表示该路段行驶缓慢；绿色线条表示该路段畅通无阻。如果需要乘坐公共交通，则可单击高德地图首页右上角的【图层】→【公交地图】，地图上就会根据您当前所处位置，显示出周边的公交车和地铁的站点位置、地铁的运行线路和换乘站等信息。

3 高德地图提供了多种实用的地图类型。如果您在陌生的地方，想根据周围建筑的特征找路，则可单击高德地图首页右上角的【图层】→【卫星地图】，开启卫星地图。若想知道周边的房价情况，则可单击高德地图首页右上角的【图层】→【找房地图】开启找房地图。

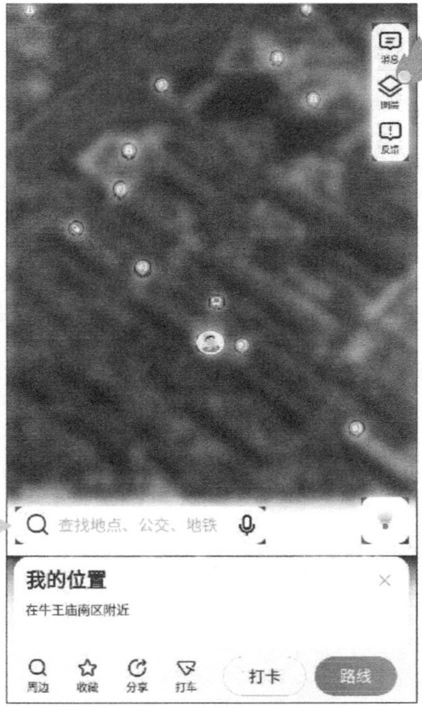

卫星地图

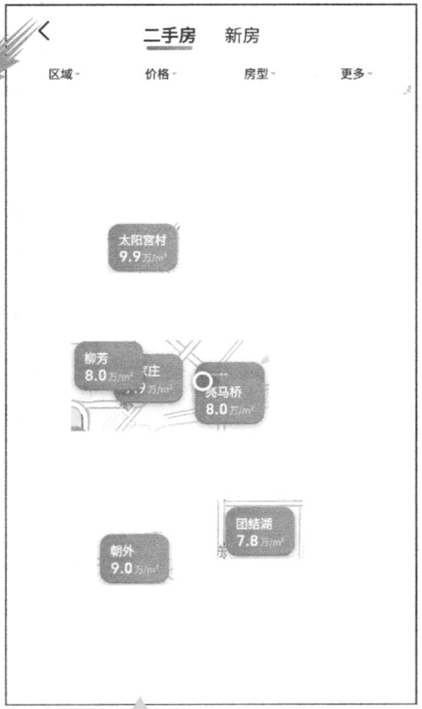

找房地图

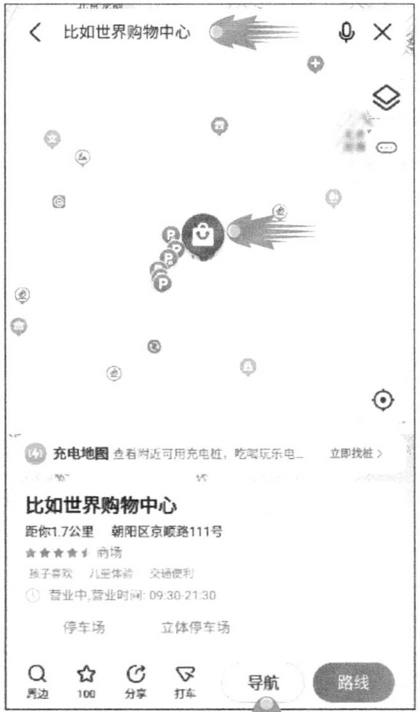
比如世界购物中心
充电地图 查看附近可用充电桩，吃喝玩乐电...
比如世界购物中心
距你1.7公里　朝阳区京顺路111号
停车场　立体停车场
周边　分享　打车
导航
路线

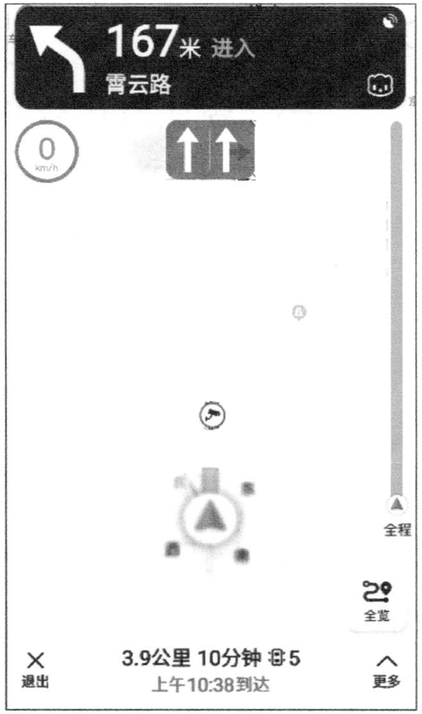
167米 进入
霄云路
全程
全览
退出
3.9公里 10分钟
上午10:38到达
更多

④ 在高德地图首页的搜索栏中输入地址，或者在地图上单击要去的地方，高德地图就会定位相应的位置。如果您要驾车出行，则单击界面下方的【导航】按钮，即可规划驾车线路。

⑤ 若您要乘坐公交出行，则单击界面下方的【路线】→【公交地铁】，即可显示出所有的公交路线。在选择一条适合的路线后即可按照地图上的指示出发了。

我的位置
比如世界购物中心
驾车　打车　公交地铁　骑行
现在出发　高德推荐　地铁优先　步行少　换乘少
33分钟　939米
403路
37分钟　1.3公里
536路
33分钟　1.9公里
10号线外环

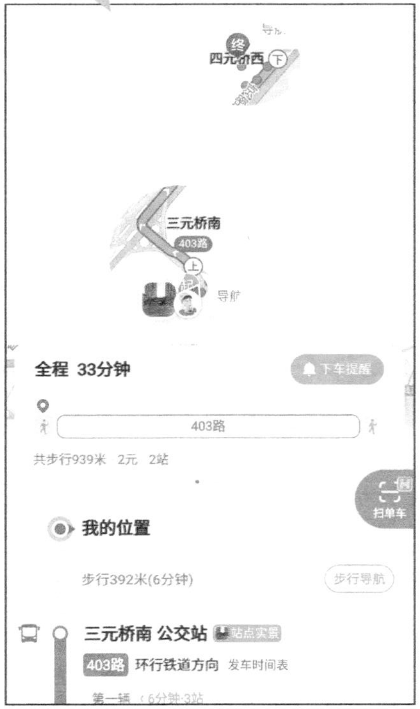
三元桥南
全程 33分钟
下车提醒
403路
共步行939米　2元　2站
我的位置
步行392米(6分钟)
步行导航
三元桥南 公交站
403路 环行铁道方向 发车时间表

提示

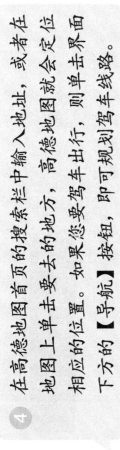

在进行路线导航之前，可按照自己的需求对导航进行设置：在高德地图首页单击【我的】→【设置】→【导航设置】，可设置导航路线是否躲避拥堵，是高速优先还是大路优先等；还可选择语言陪伴（如林志玲版、郭德纲版、马丽版）、播报模式（如详细播报、简洁播报、静音播报）等。

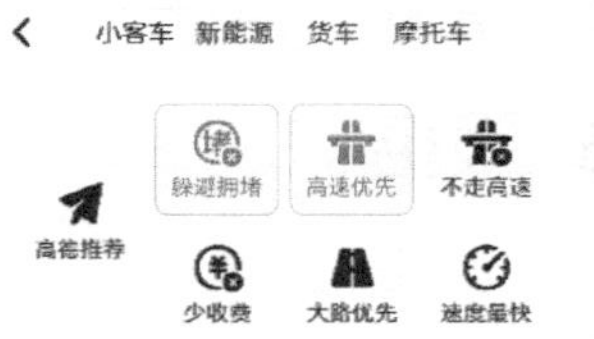
小客车　新能源　货车　摩托车
高德推荐
躲避拥堵
高速优先
不走高速
少收费
大路优先
速度最快

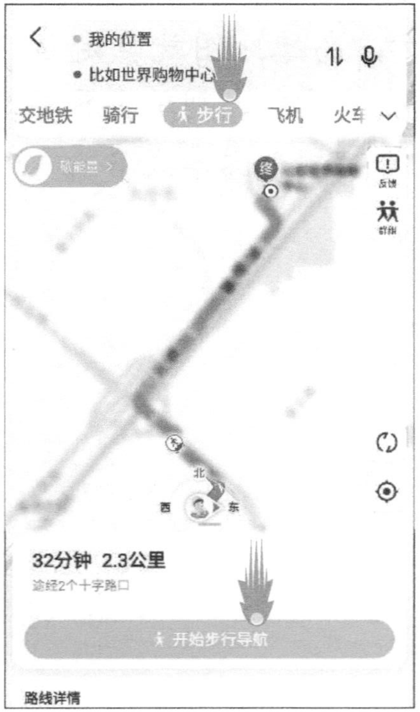
我的位置
比如世界购物中心
交地铁
骑行
步行
飞机
火车
32分钟 2.3公里
途经2个十字路口
开始步行导航
路线详情

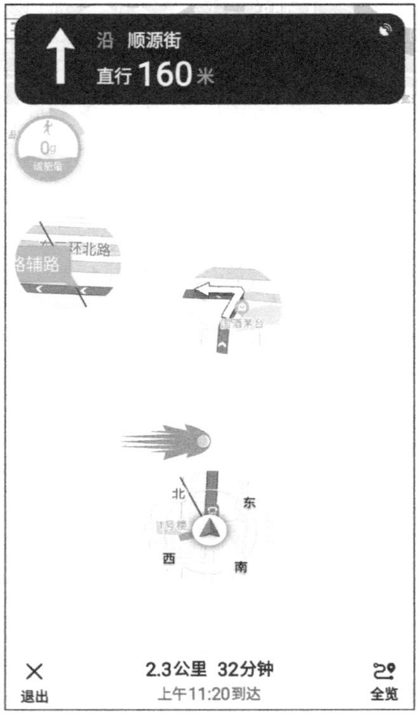
沿 顺源街
直行 160 米
2.3公里 32分钟
上午11:20到达
退出
全览

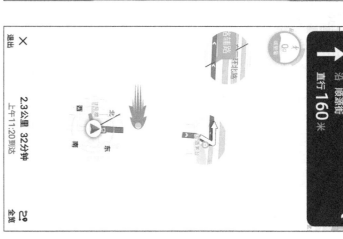

6 若距离目的地较近，则可单击【步行】→【开始步行导航】。根据地图上的路线出行，就能够抵达目的地啦！

提示

若距离目的地较远（跨越省、市等），则可单击【飞机】【火车】【客车】查看路线，并在高德地图上购买车票或飞机票。

11.2 周边，一键查

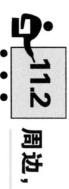

以前在不熟悉的地方寻找旅店、饭店、景点等只能四处打听，现在只要在电子地图上单击几下，就能对周边情况了然于胸。除查找位置外，电子地图还能为您的吃穿住行提供一站式服务。

1 当您需要查找周边的服务设施时，只要单击高德地图首页下方的【附近】，就会显示各种服务设施列表。单击列表中的【更多】，则可显示更精细的分类。

提示

在高德地图首页下方单击【我的】→⚙图标→【语音设置】→【语音助手】，打开【语音唤醒功能】开关，设置完成后，只要对着手机说【小德小德】即可唤醒应用，并通过语音方式操作电子地图。

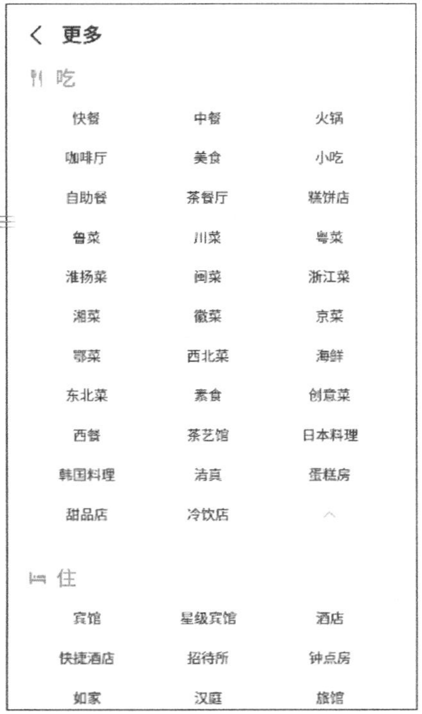

2 假设要找停车场，则单击【停车场】，就会在地图上显示附近停车场的位置和列表，还能看到停车场的车位是否充足、收费标准、与现有位置的距离等信息。选中一个停车场后，单击【路线】→【导航】，即可找到去停车场的路。

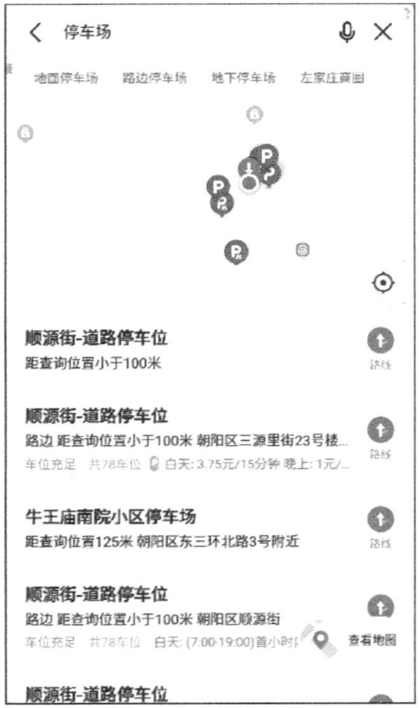

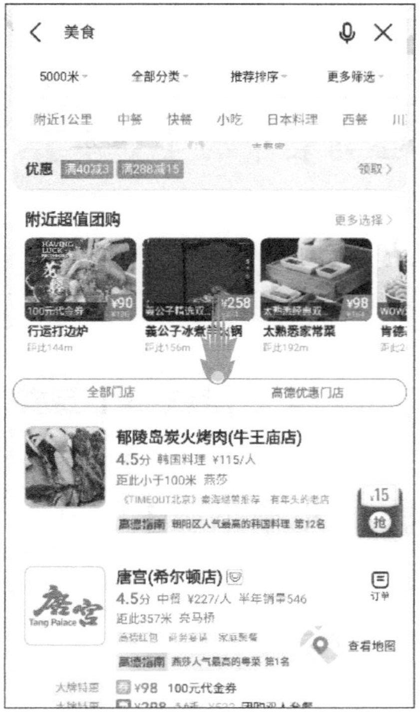
美食
附近超值团购
郁陵岛炭火烤肉(牛王庙店)
唐宫(希尔顿店)

高德指南
愚掌门鱼火锅(西坝河店)
朝阳区西坝河光熙门北里甲26号
100元代金券
超值四人餐
导航
路线

3 如果想去周边的餐馆，则可单击【附近】→【美食】，就会出现附近餐馆列表。单击一家餐馆，还能看到餐馆的简介、菜品、人均单价、用户评价等信息。在查看团购优惠及领取代金券后，可单击【路线】按钮，并根据实际需求选择步行、骑行、驾车、打车等出行方案。

4 单击【附近】→【去哪玩】，不仅能发现周边有哪些景点，还能预订景点门票。

牛王庙北区
推荐
附近
去哪玩
梨树沟休闲小镇
南锣鼓巷
德云社(三里屯店)
雍和宫
首页
附近
消息
我的

雍和宫
东城区雍和宫大街28号
门票+导游讲解服务
【成人】门票+讲解服务
导航
路线

提 示

与美食、银行、加油站等通用版块不同，每个景点的政策可能不尽相同，大家难免会有疑惑。此时可单击感兴趣的景点，在打开的景点界面上单击【客服】按钮，常见疑问均可得到解答。

11.3 实时公交实时查

在高德地图中可以查看公交站点和公交线路，使用【实时公交】功能还能看到公交车开到哪一站了、车上人多不多等实时信息，这样您就能不慌不忙、掐着时间出门等车了。经常乘坐公交车的朋友一定不能错过这个方便的功能。

1 在高德地图的首页上单击【实时公交】，就会显示出附近的公交、地铁线路列表。如果列表中没有需要的线路，则可通过界面上方的搜索栏搜索公交、地铁线路。

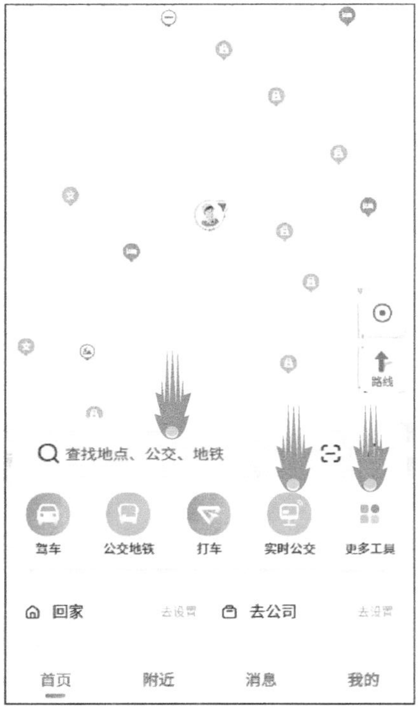
查找地点、公交、地铁
驾车
公交地铁
打车
实时公交
更多工具
回家
去公司
首页
附近
消息
我的

高德实时公交
反馈
关注路线
附近公交地铁
三元东桥西
403路
亮马桥(地铁站)
10号线内环
满载率50%
10号线外环
满载率30%
三元桥南
403路 419路 536路 604路
快速直达专线195路 快速直达专线196路

提示

如果您的高德地图首页上没有【实时公交】，则可单击【更多工具】，将【出行】工具中的【实时公交】添加到【我的工具】中。如果【出行】工具中没有【实时公交】，则说明您所在的城市没有开通这项功能。

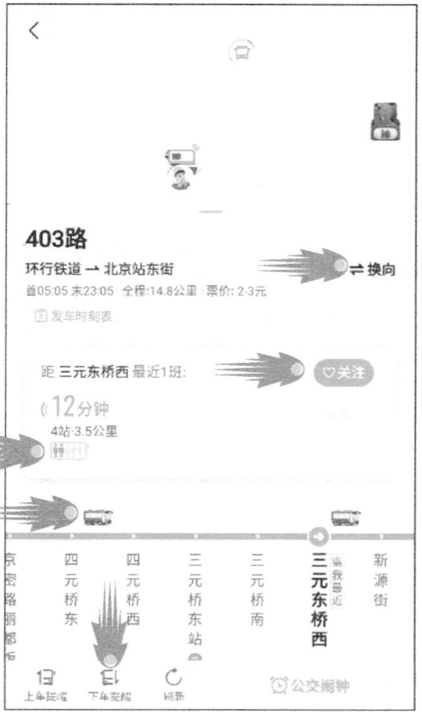
403路
环行铁道 → 北京站东街
首05:05 末23:05 全程:14.8公里 票价: 2-3元
⇌ 换向
距 三元东桥西 最近1班:
♡关注
12分钟
4站·3.5公里
公交闹钟

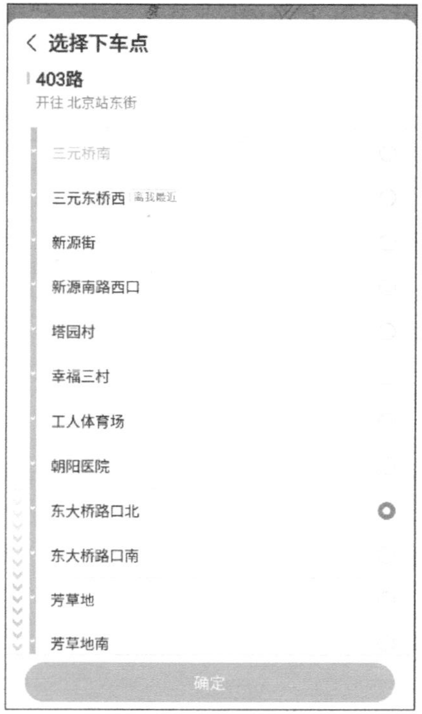
选择下车点
403路
开往 北京站东街
三元桥南
三元东桥西
新源街
新源南路西口
塔园村
幸福三村
工人体育场
朝阳医院
东大桥路口北
东大桥路口南
芳草地
芳草地南
确定

2 单击一条线路，就能看到整条线路上有多少辆公交车正在运营、距离最近的公交车多久到站、车上载客数量等信息。

3 很多人乘车时喜欢玩游戏或看视频。为了防止坐过站，上车后可单击界面左下角的【下车提醒】，并选择要下车的站点。

4 每天都要乘坐公交的上班族可单击【关注】按钮，并设置闹铃时间，以便提醒您查看公交车的到站信息，这样就不会错过每天都要乘坐的公交车了。

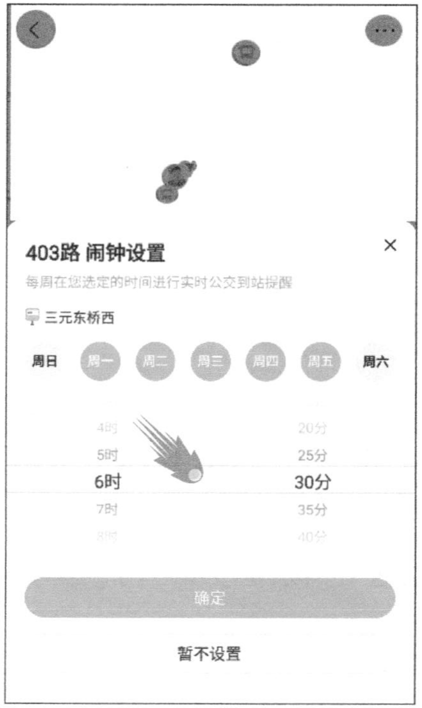
403路 闹钟设置
三元东桥西
周日
周一
周二
周三
周四
周五
周六
5时
6时
7时
25分
30分
35分
确定
暂不设置

提 示

等车时别忘了查看高德地图中公交车的运行方向，如果您要乘坐相反方向的公交车，则可以单击右上方的【换向】。

11.4 打车先比价，高德有低价

现在的网约车平台很多，用手机打车已成为很多人的习惯。高德地图也提供了打车功能，并且采取把近百家网约车平台组合的模式。因为平台众多，所以车型和价格差别很大。为了方便乘客选择，高德地图提供了比价叫车功能。简单来说，就是先选价格、后叫车，直接将价格太高的车型过滤掉，可节省不必要的花费。

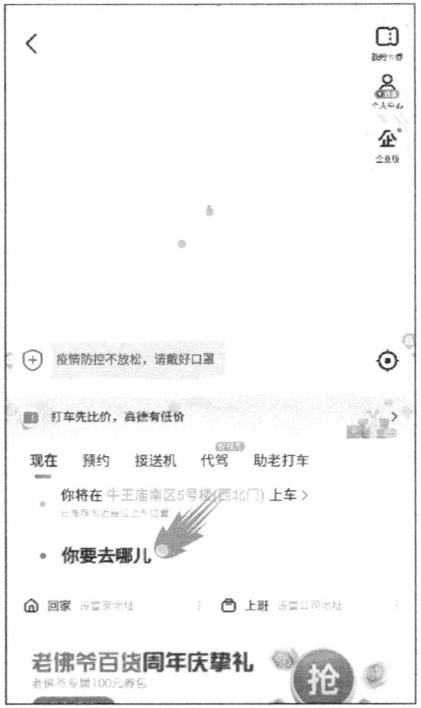
疫情防控不放松，请戴好口罩
打车先比价，高德有低价
现在
预约
接送机
代驾
助老打车
你要去哪儿
回家
上班
老佛爷百货周年庆挚礼
抢

勾选越多，叫车更快
预估价筛选
经济型
全选经济
北京的士
聚的新出租
神州专车
曹操出行
上滑查看更多已选车型
选乘车人
预估19-29元起，出租打表
同时呼叫

1 在高德地图首页上单击【打车】，并在【你要去哪儿】搜索栏中输入目的地，就会显示车型和价格列表。列表上方的滑块显示所有车型的价格区间，可拖动滑块选择可接受的价格区间，超过这个价格区间的车型将不会显示。单击界面下方的【同时呼叫】按钮，即可等待司机接单了。

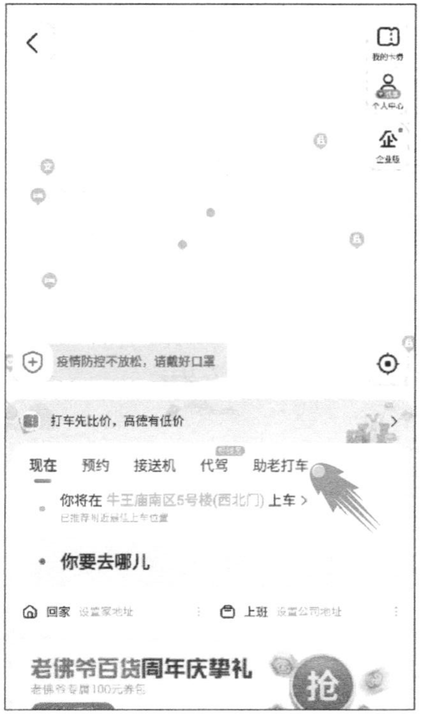
疫情防控不放松，请戴好口罩
打车先比价，高德有低价
现在
预约
接送机
代驾
助老打车
你将在 牛王庙南区5号楼(西北门) 上车 >
你要去哪儿
回家
上班
老佛爷百货周年庆挚礼
抢

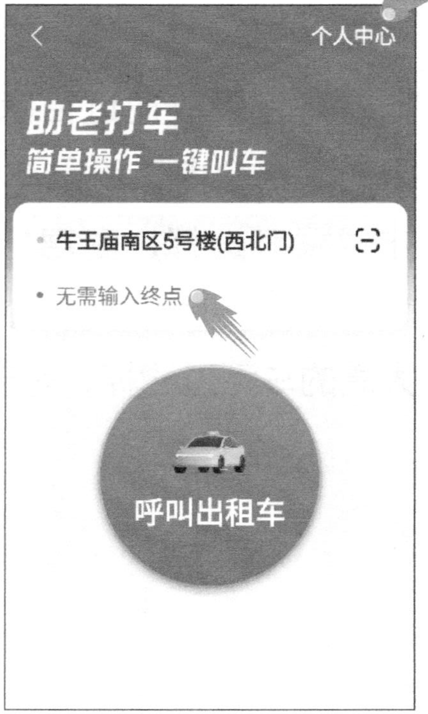
个人中心
助老打车
简单操作 一键叫车
牛王庙南区5号楼(西北门)
无需输入终点
呼叫出租车

② 老年人可通过【助老打车】模式叫车。这种模式不用输入终点，可在上车后直接告诉司机要去哪，到达后还可利用现金支付车费。

提 示

在使用【助老打车】模式时，可以添加紧急联系人。单击界面右上角的【个人中心】→【添加紧急联系人】，输入紧急联系人手机号和密码后，即可添加成功。

③ 高德地图还提供代叫车服务。在打车界面上单击【选乘车人】，打开【乘车人信息】界面。在输入乘车人的手机号和姓名后，单击【确认代叫】按钮。在乘车人到达目的地后，车费将由叫车人支付。

附近用车高峰，特价车功能暂不开放
预估价筛选 已选17个车型，预估应答率94%
车型筛选
¥19
¥29
¥49
同时呼叫打表出租车
经济型 16
全选经济
北京的士
预估 19 元
聚的新出租
预估 19 元
神州专车
预估 20 元
曹操出行
上滑查看更多已选车型
预估 20 元
现在
选乘车人
红包
预估19~29元起，出租打表
共17个车型(16个经济+1个出租)
同时呼叫

乘车人信息
手机号
通讯录
姓名（选填）
请选择司机联系对象 手机号码已加密
乘车人
叫车人
未成年人乘车需由监护人陪同
确认代叫

第 12 章

摄影和视频制作

手机摄像头从早期的几十万像素升级到现在的上亿像素，飞速发展的手机拍照技术将低端数码相机和家用数码摄像机挤出了市场，手机便于携带的特性也让摄影和摄像功能走进了生活的每一个角落。

为了帮您解决记录生活和创作过程中有可能遇到的各种问题，本章首先介绍如何在手机上美化照片和剪辑视频，通过二次创作让作品更出色；然后介绍如何将照片和视频保存到云相册，从而为您的手机留出更多的存储空间。

12.1 美图秀秀：美化照片、海报拼图

美图秀秀是一款广受欢迎的图片处理应用。与同类应用相比，美图秀秀的最大特点是图片处理功能非常丰富，从图片美化到海报拼图，从人像美容到证件照制作，几乎您能想到的图像处理功能，都能在美图秀秀中找到。

① 单击美图秀秀首页上的【图片美化】按钮，从本地选择一张要处理的照片。在界面下方的工具列表中单击【智能优化】，根据照片拍摄的内容选择一个场景，即可自动调整图片的色调和对比度，拖动滑块可以调整优化程度。在得到理想的效果后，单击 ✓ 图标完成美化处理。

中国潮色
立即体验>
图片美化
相机
人像美容
拼图
视频剪辑
视频美容
工具箱
海报模板
迪奥AI美妍
借钱
全部
热门素材
美图配方
美图热拍
首页
美志
消息
我

美食
静物
风景
去雾
人物
宠物
智能优化

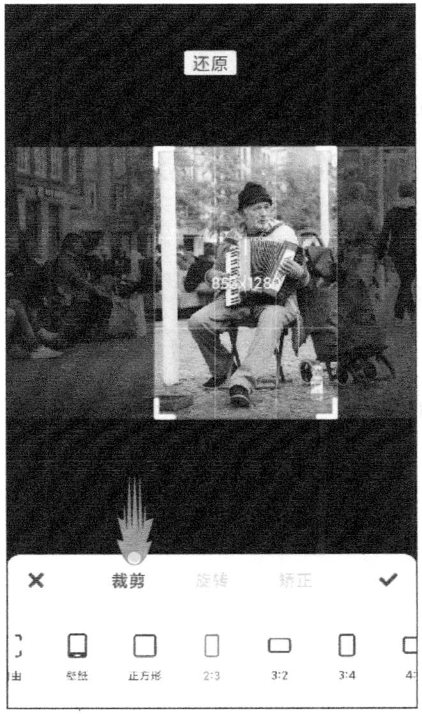
还原
裁剪
旋转
矫正
正方形
2:3
3:2
3:4

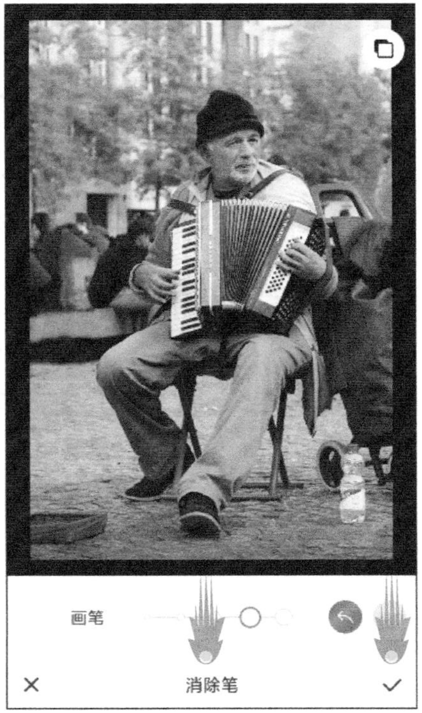
画笔
消除笔

② 在界面下方的工具列表中单击【编辑】→【裁剪】，可以裁掉照片上的多余部分，或者将横幅照片裁剪成竖幅照片。在界面下方的工具列表中单击【消除笔】，用手指在图片上涂抹，即可将照片中电线杆等杂物抹掉。完成美化操作后，单击✓图标。

③ 在界面下方的工具列表中单击【背景虚化】，可以自动将照片中的背景分离，并对背景进行模糊处理，拖动滑块可调节光斑大小。在界面下方的工具列表中单击【美图配方】，选取一个模板即可为照片添加一系列的调色滤镜，并且在照片上添加文字和贴纸。

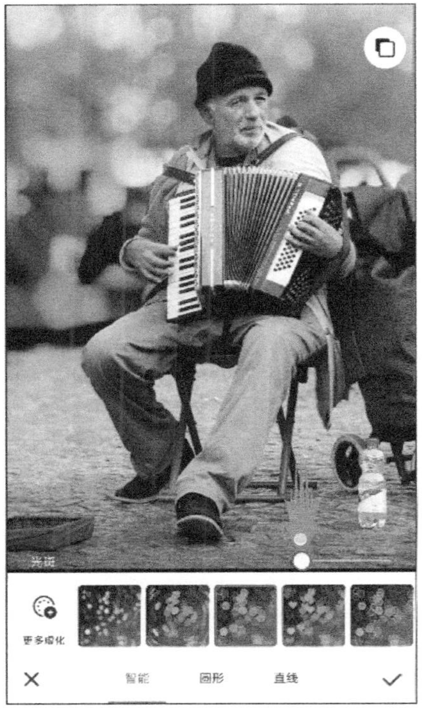
光斑
更多虚化
智能
圆形
直线

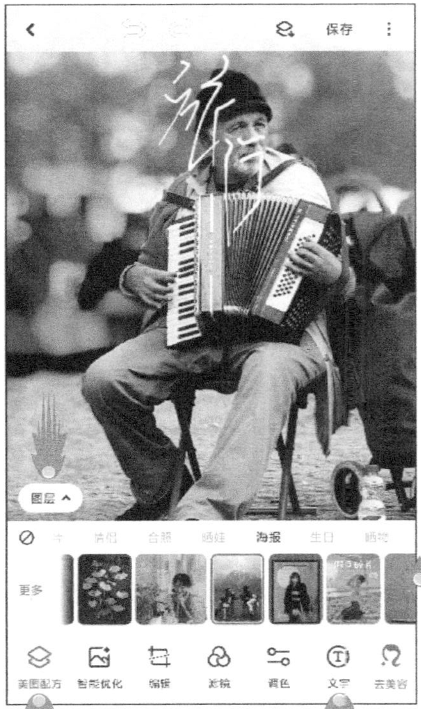
保存
图层
海报
更多
美图配方
智能优化
编辑
滤镜
调色
文字
去美容

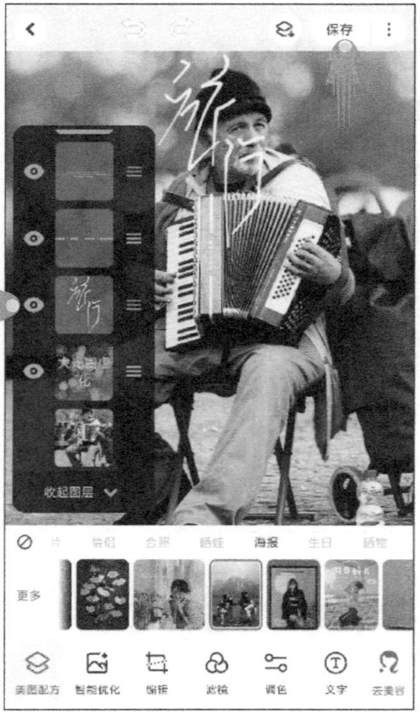
保存
收起图层
海报
更多
美图配方
智能优化
编辑
滤镜
调色
文字
去美容

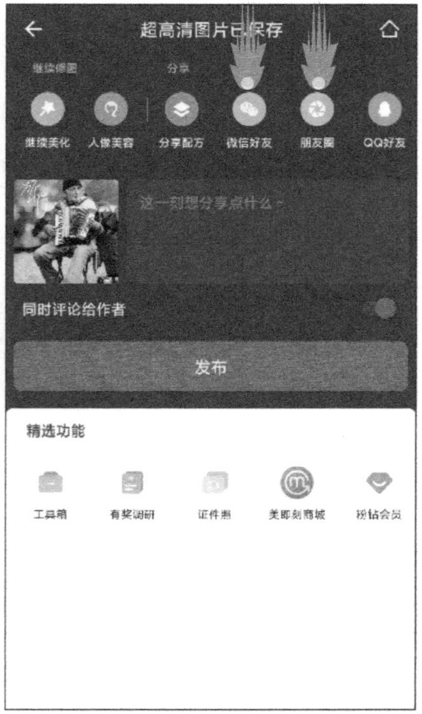
超高清图片已保存
继续美化
人像美容
分享配方
微信好友
朋友圈
QQ好友
这一刻想分享点什么~
同时评论给作者
发布
精选功能
工具箱
有奖调研
证件照
美图秀秀商城
粉钻会员

4 美图秀秀也具有图层功能。单击预览界面左下角的【图层】，并单击列表中的文字图层。在预览界面上可直接通过拖动、缩放文字来调整文字的位置和大小。

5 单击界面上方的【保存】按钮，即可将修改后的照片保存到手机中。可以把保存的照片发送给微信好友，或者分享到朋友圈。

6 外出游玩时会拍摄很多照片，可利用拼图的方式把多张照片拼贴到一起后发到朋友圈中，不但效果独特，还能避免一次只能发 9 张图的限制。利用美图秀秀拼图的方法是单击首页上的【拼图】按钮，在选取拼图所需的照片后，单击【开始拼图】按钮。

中国潮色
立即体验>
图片美化
相机
人像美容
拼图
视频剪辑
视频美容
工具箱
海报模板
全部
热门素材
美图配方
美图热拍
首页
美志
我

图片视频
全部
视频
请选择1 - 9个图片或视频
4
开始拼图

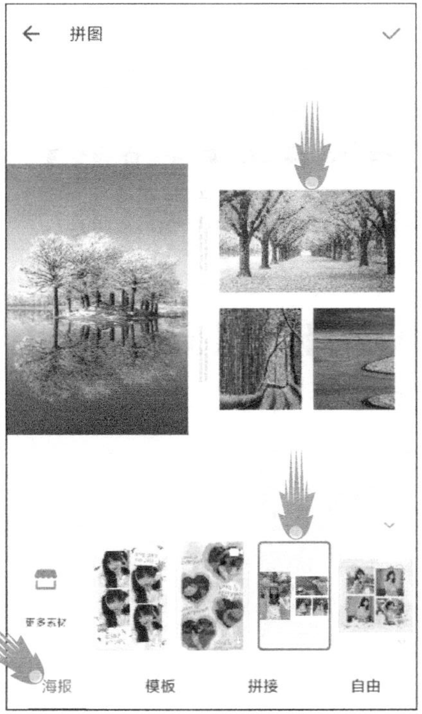
拼图
更多素材
海报
模板
拼接
自由

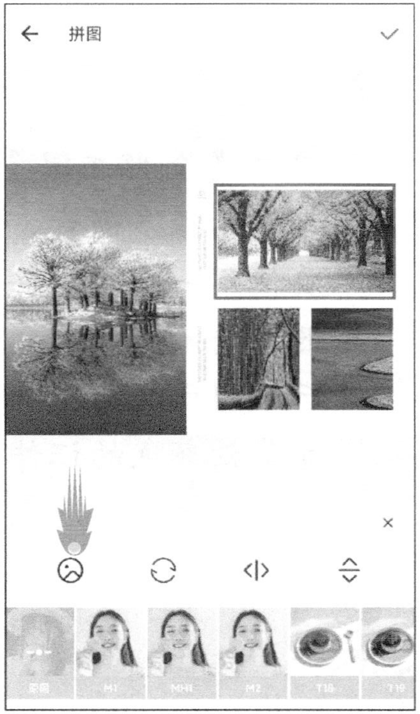
拼图

7 单击界面下方的【海报】，选取一个海报模板，即可看到拼图效果。单击拼图上的一张图片，可调整图片的大小、方向和显示范围。单击 ☹ 图标可以更换选中的图片。

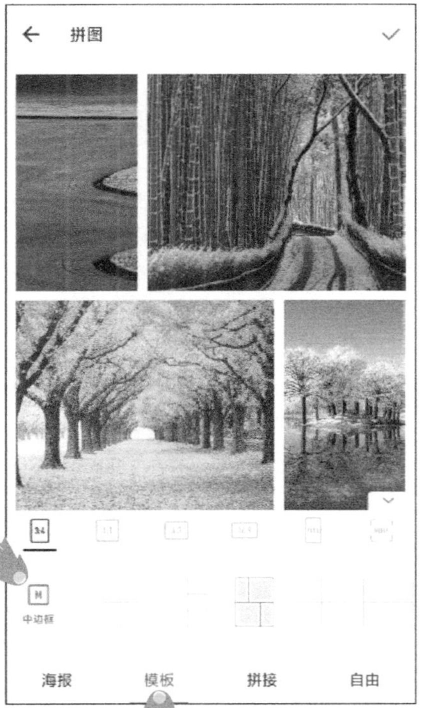
拼图
中边框
海报
模板
拼接
自由

全部工具
管理
在首页展示的小功能
工具箱
海报模板
最近使用
全部工具
美图服务
图片美化

8 单击界面下方的【模板】，可自定义拼图的宽高比和分割方式，单击左侧的【无边框】【小边框】【中边框】【大边框】可切换边框大小。

9 在找不到需要的工具时，可单击首页上的【全部】图标，此时所有的照片美化和视频剪辑工具都会以列表形式展现出来。

工具箱
新鲜功能
手动瘦脸
国风茶话会
去油光
出游Plog
实用工具
专业
证件照
老照片
修复
定制
照片书
动感照片
十二宫格
拼图
证件照
扫描
笑容
生成器
未来宝宝
预测

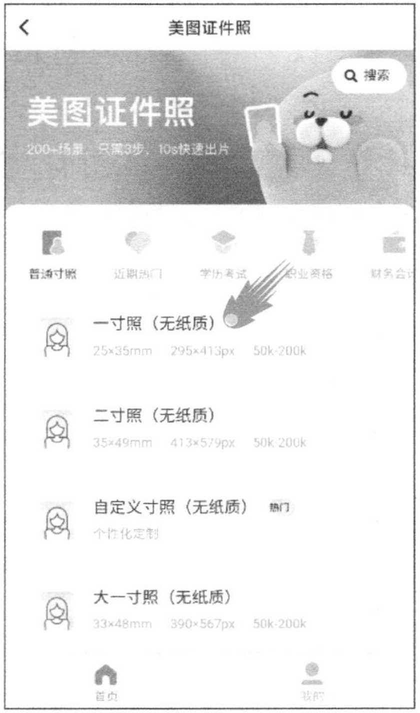
美图证件照
搜索
美图证件照
普通寸照
近期热门
学历考试
一寸照（无纸质）
25×35mm 295×413px 50k-200k
二寸照（无纸质）
35×49mm 413×579px 50k-200k
自定义寸照（无纸质） 热门
个性化定制
大一寸照（无纸质）
33×48mm 390×567px 50k-200k
首页

⑩ 单击【全部工具】界面上方的【工具箱】，可显示很多新奇、实用的功能。例如，您需要使用一寸的证件照，只要单击【专业证件照】→【一寸照（无纸质）】→【直接拍摄】后给自己拍张照片，就能得到标准尺寸和任意背景颜色的证件照。

12.2 剪映：剪辑视频、添加特效

剪映是一款手机视频编辑应用，除具有剪辑视频和制作电子相册等常规功能外，最大特点是提供了丰富的曲库和特效库，配合创作脚本和【剪同款】功能，可以非常方便地创作时下热门的短视频作品。

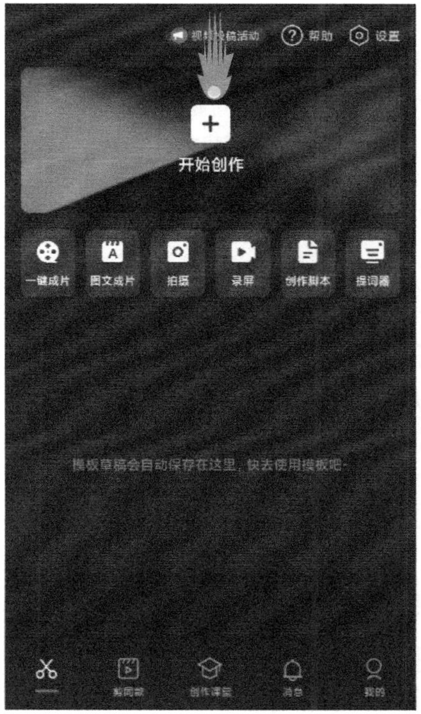
帮助
设置
开始创作
一键成片
图文成片
拍摄
录屏
创作脚本
提词器

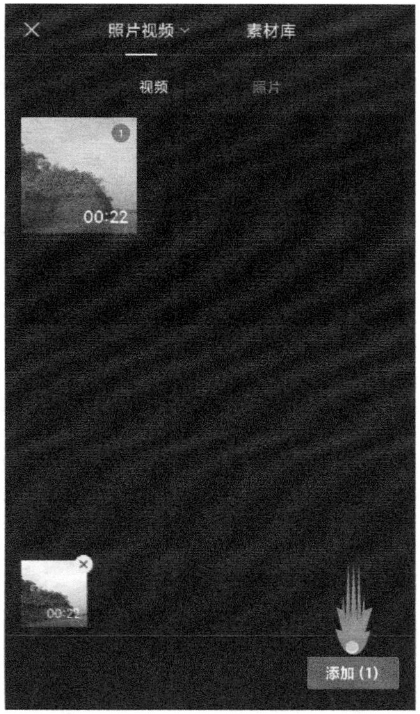
照片视频
素材库
视频
照片
00:22
添加 (1)

1. 在剪映的首页上单击【开始创作】按钮，选择要处理的视频，单击【添加】按钮。
2. 在编辑界面上单击视频的时间轴进入剪辑模式。左右拖动时间轴两侧的边框可将视频的多余部分裁剪。如果想分割视频，则可左右拖动时间轴，把想要分割的位置对齐白色指针，单击界面下方的【分割】，视频就被分割成两个片段。

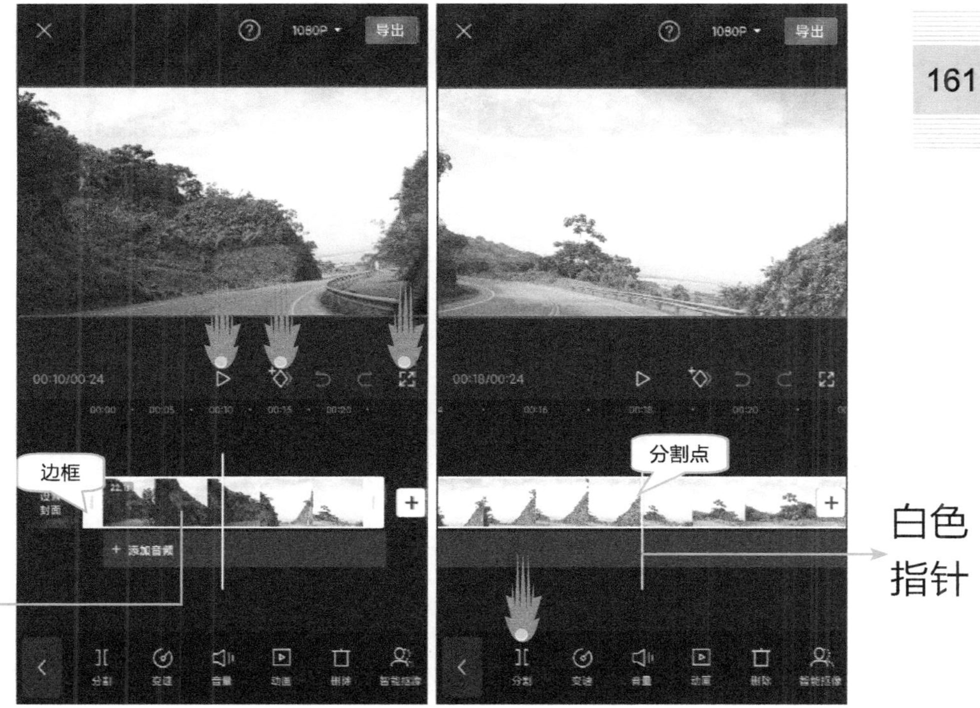
导出
1080P
边框
分割点
时间轴
白色
指针

提示

剪辑视频后，单击时间轴上方的▷图标可预览当前的视频效果；单击◇图标可在视频上添加关键帧，利用关键帧可制作画面缩放、旋转等动画；单击⛶图标可全屏显示视频。

1080P
导出
00:17/00:24
剪辑
音频
文字
贴纸
素材包
画中画
特效

1080P
导出
00:18/00:24
分割
变速
音量
动画
删除
智能抠像

3 单击两个片段之间的白色图标，可在两个片段之间添加转场效果。

4 选中一个片段，单击界面下方的【删除】可将选中的片段删除。单击时间轴右侧的＋图标，可将手机中的视频作为片段添加到当前编辑的视频中。单击界面下方的【变速】，可改变视频的播放速度。

1080P
导出
00:00/00:24
入场动画
出场动画
组合动画

1080P
导出
00:03/00:24
动画时长
无
渐显
轻微放大
放大
缩小

5 如果想使视频更加有趣，则可单击界面下方的【动画】，选择动画出现的位置和动画模板后，拖动【动画时长】滑块，就能调整动画的时间长度。

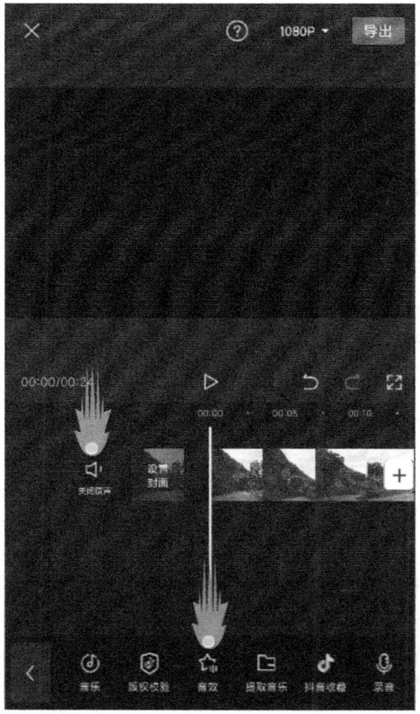
1080P
导出
关闭原声
设置封面
音乐
版权校验
音效
提取音乐
抖音收藏
录音

1080P
导出
00:07/00:35
新建文本
文字模板
识别字幕
识别歌词
添加贴纸

提示

为视频添加文字后，拖动文字两侧的边框可调整文字出现的位置和持续时间。选取一段文字，单击界面下方的【样式】，可修改文字的内容、字体和颜色。

8 剪辑完成后，单击界面上方的【1080P】，在弹出的菜单中可以设置视频的分辨率和帧率。单击【导出】按钮，视频就被保存到手机中了。

6 单击界面下方的【音效】，可为视频添加背景音乐，以及掌声、笑声等特效音频。

7 单击界面下方的【文字】→【新建文本】，可为视频添加标题和字幕。单击【文字模板】可创建带有贴纸的动画标题。如果为视频添加了音乐，则单击【识别歌词】，可根据歌词自动生成字幕。

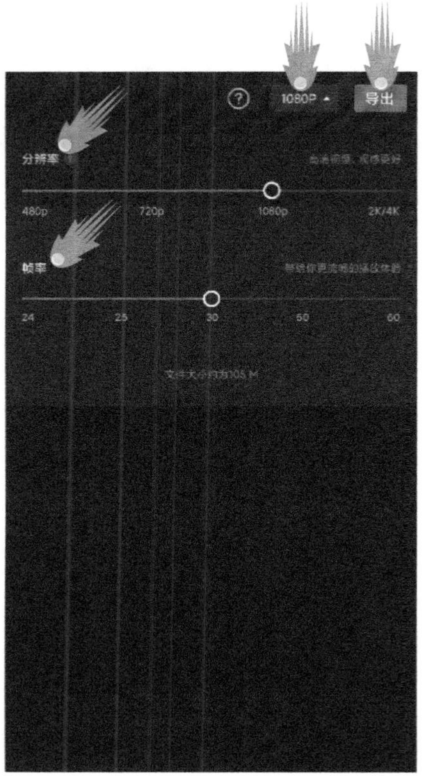
1080P
导出
分辨率
480p
720p
1080p
2K/4K
帧率
24
25
30
50
60

提示

如果剪辑的视频中包含声音，则单击时间轴左侧的【关闭原声】可让视频静音。

提示

分辨率越高，视频越清晰，所占空间就越大。

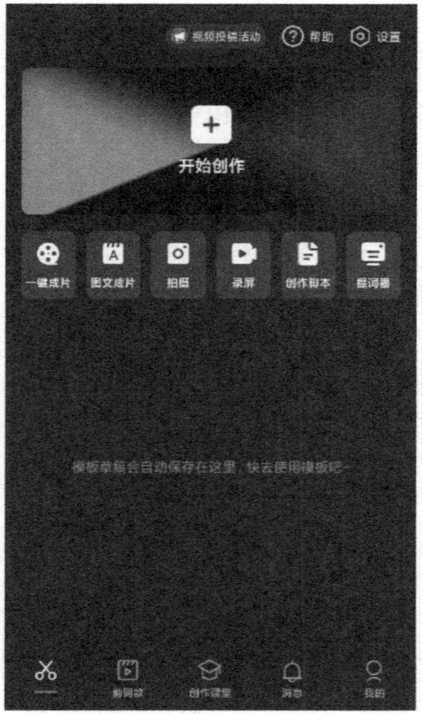
视频投稿活动
帮助
设置
开始创作
一键成片
图文成片
拍摄
录屏
创作脚本
提词器
剪同款
创作课堂
消息
我的

8868
1656
教你怎么剪
@兮兮音影
唯美星空许愿瓶特效丨#许愿 #许愿瓶 #星空许愿瓶 #唯美 #唯美溶图 #唯美浪漫 #唯美特效
同款
13
剪同款

⑨ 如果您想拍摄短视频，但缺少创意，则可在剪映首页单击【剪同款】，在出现的界面上可看到不同分类的视频模板。打开一个模板，单击界面右下角的【剪同款】按钮进行短视频的剪同款操作。

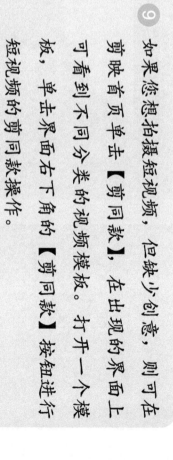

照片视频
全部
视频
照片
00:22
已导入
00:09
导入或拍摄 1 段素材
下一步
相册导入
直接拍摄

编辑
导出
00:01
00:11
编辑模板草稿
6.3s

⑩ 在打开的【照片视频】界面上选择素材，单击【下一步】按钮，就会生成与模板效果相似的短视频。单击界面右上角的【导出】按钮，即可将生成的短视频导出。

创作脚本
十一出游
vlog
美食
萌宠
你也能做的旅游美食攻略VLOG
手把手教你拍面食制作，简单易上手！
美食吃播VLOG怎么拍？跟着脚本学起来！
手把手教你拍家常美食教程

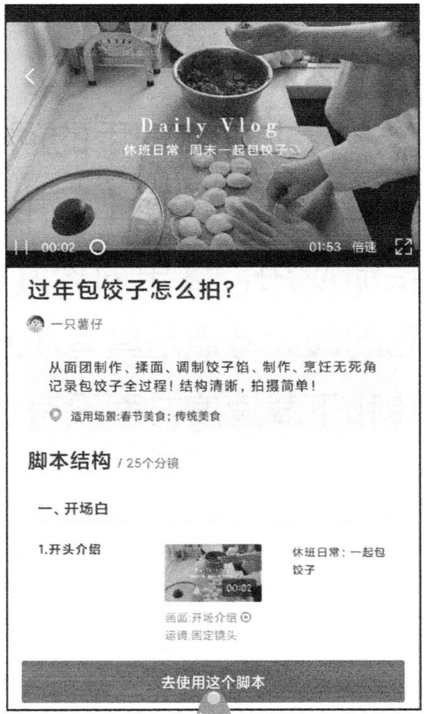
Daily Vlog
过年包饺子怎么拍？
一只薯仔
从面团制作、揉面、调制饺子馅、制作、烹饪无死角记录包饺子全过程！结构清晰，拍摄简单！
适用场景:春节美食; 传统美食
脚本结构 / 25个分镜
一、开场白
1.开头介绍
休班日常：一起包饺子
去使用这个脚本

⑪ 剪映提供的创作脚本功能相当于提前设定好拍摄内容和视频数量的剧本，适合想要创作短视频，但经验不足的新用户。在剪映首页上单击【创作脚本】，打开【创作脚本】界面。选择一个模板后，单击【去使用这个脚本】按钮，按照提示添加自己的视频和脚本标题即可生成视频。

图文成片
粘贴链接
自定义输入
快速了解
将图文内容转换成视频
只需2步

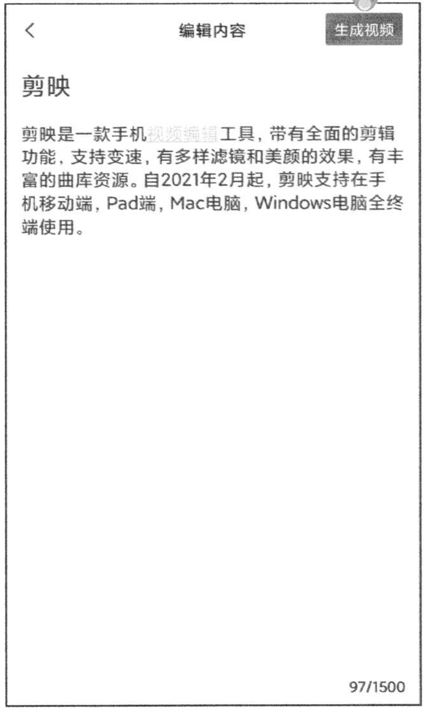
编辑内容
生成视频
剪映
剪映是一款手机视频编辑工具，带有全面的剪辑功能，支持变速，有多样滤镜和美颜的效果，有丰富的曲库资源。自2021年2月起，剪映支持在手机移动端，Pad端，Mac电脑，Windows电脑全终端使用。
97/1500

⑫ 剪映还提供了图文成片功能，即可根据文稿内容，添加与之匹配的视频、图片、字幕文本和配音。在剪映首页上单击【图文成片】→【粘贴链接】或【自定义输入】，粘贴文本后，单击【生成视频】按钮。

12.3 云相册：管理照片的好帮手

经常使用手机拍照的朋友总会遇到各类问题，比如，手机上的照片占用太多存储空间，但舍不得删除；手机自带的云备份功能不方便查看照片；相册的分类管理功能不完善，无法给好友发送大量照片……

以上这些棘手的问题只要下载云相册应用就能轻松解决。在【应用商店】里可找到很多种云相册应用，这里为您介绍的应用是【一刻相册】。它的最大特点是具有100GB的超大空间，且在上传和下载速度方面没有任何限制。

① 在第一次使用一刻相册时需要使用手机号码登录账号。登录完成后，在欢迎界面上单击【开始自动备份照片】按钮，即可在手机上出现新照片时，自动将其备份到网盘中。

跳过
无限空间
无限存储空间，保障影像安全
照片
正在加密备份中
4月18日 星期四
手机号码登录
微信登录
百度网盘登录
安全可信赖

100G
你已获得超大存储空间
开始自动备份照片
暂不备份

② 手机中的照片及备份到网盘中的照片都会显示在【照片】界面上。单击界面右上角的 图标，在出现的菜单中可以设置照片的来源、视图、类型等。

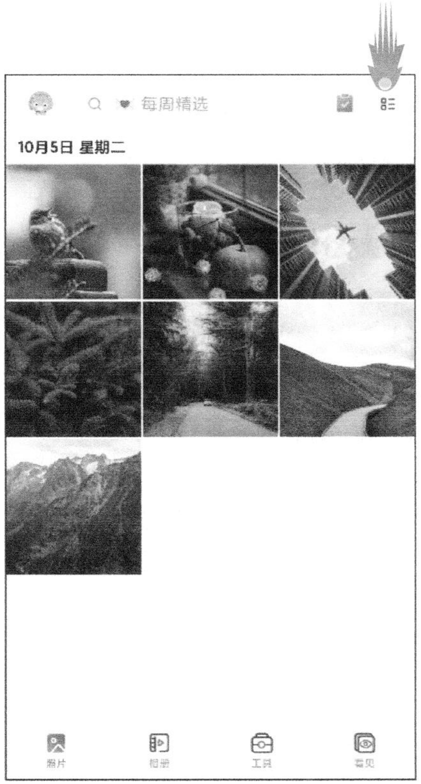
每周精选
10月5日 星期二

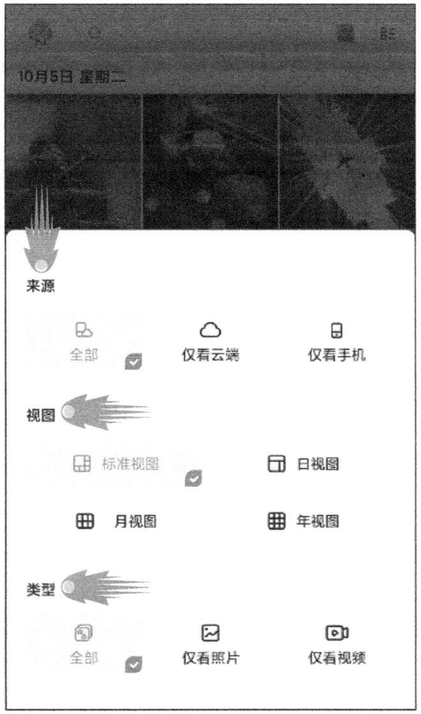
来源
全部
仅看云端
仅看手机
视图
标准视图
日视图
月视图
年视图
类型
全部
仅看照片
仅看视频

③ 若照片太多，则管理就成了问题。单击界面下方的【相册】，一刻相册可自动为云空间中的照片创建标签和分类。也可单击【创建相册】→【创建新相册】，在输入相册名称后，单击【从照片库添加】。

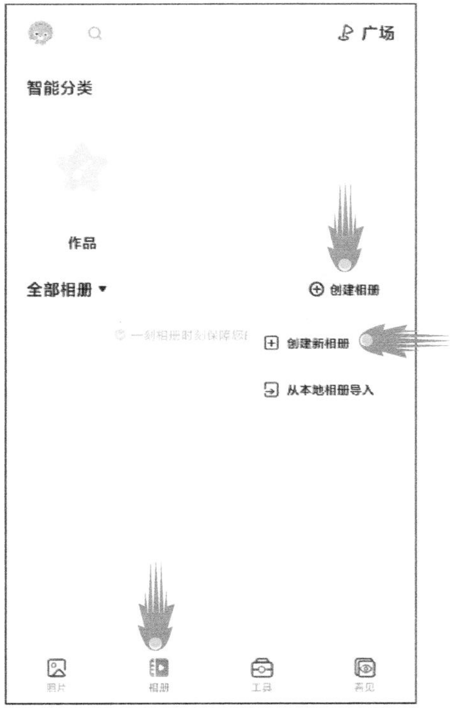
广场
智能分类
作品
全部相册
创建相册
创建新相册
从本地相册导入

创建相册
点击添加相册名称
相册主题
添加照片
从照片库添加
按人物添加
立即创建

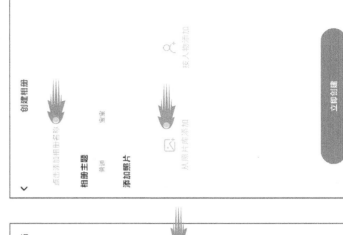

10月5日 星期二
推荐至广场

取消
已选中1项
全选
10月5日 星期二
下载
分享
删除
移出
添加到

④ 在相册中单击＋图标可为相册添加新照片。按住一张照片将其选中，界面下方就会出现【下载】【分享】【删除】【移出】【添加到】等图标。

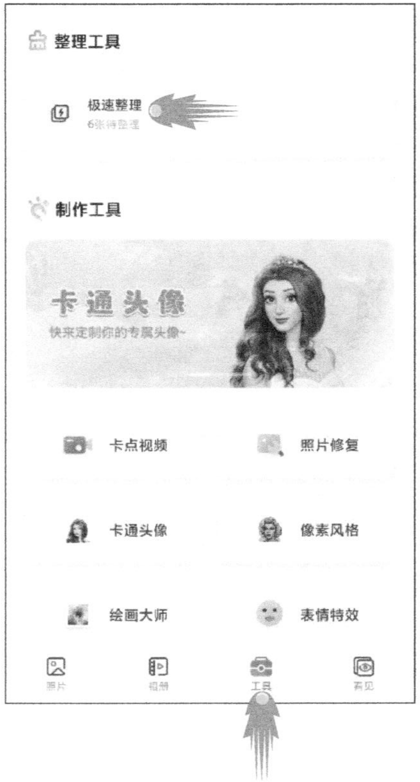
整理工具
极速整理
制作工具
卡通头像
快来定制你的专属头像~
卡点视频
照片修复
卡通头像
像素风格
绘画大师
表情特效
工具

18.2GB
已用手机空间
可释放手机空间：26 MB
清理已备份照片 26M
+7
一键清理

⑤ 一刻相册还提供非常实用的照片管理工具和图像处理工具。单击界面下方的【工具】→【极速整理】，在弹出的界面上单击【一键清理】按钮即可将备份照片删除，从而可节省手机中的存储空间。

yike
无限空间已使用：724M
无限空间
随心卡
享批量下载及更多特权
0元领取
备份已完成
任务中心
每日签到
已连签0天
回收站
应用设置
功能服务
一键换机
网盘导入
碰一碰

回收站
选择
10天后删除

❻ 所有被删除的照片都会在回收站中保存 10 天。如果您想找回不小心删除的照片，则单击主界面左上角的用户头像，在弹出的菜单中单击【回收站】，即可从回收站中将照片找回。

第13章 13

新鲜资讯新鲜听

大多数手机都提供了屏幕时间管理功能，在管理界面可以显示每天的使用时长，以及某个应用的使用时长。相信对于很多人来说，很多时长都用于观看影音视频和新闻资讯，这也从侧面反映出，手机正在成为人们休闲娱乐和获取资讯的重要工具。

就像手机离不开网络一样，手机和应用之间也是相互依存的。为了更好地挖掘手机的视听功能，本章将介绍现在有哪些热门的新闻阅读和观看影音视频的应用。

13.1 今日头条：看新鲜资讯

作为时下热门的聚合类新闻平台，今日头条的新闻资讯一部分转载自其他新闻媒体，另一部分由自己经营的自媒体平台——头条号提供。丰富的网络新闻资源和数量庞大的自媒体作者相结合，为用户提供源源不断的新闻资讯。在【应用商店】中搜索【今日头条】，可看到三个版本的应用：【今日头条】【今日头条极速版】和【今日头条大字版】。它们根据不同用户群体的需求，分别对功能和资讯内容进行调整。

今日头条首页

今日头条极速版首页

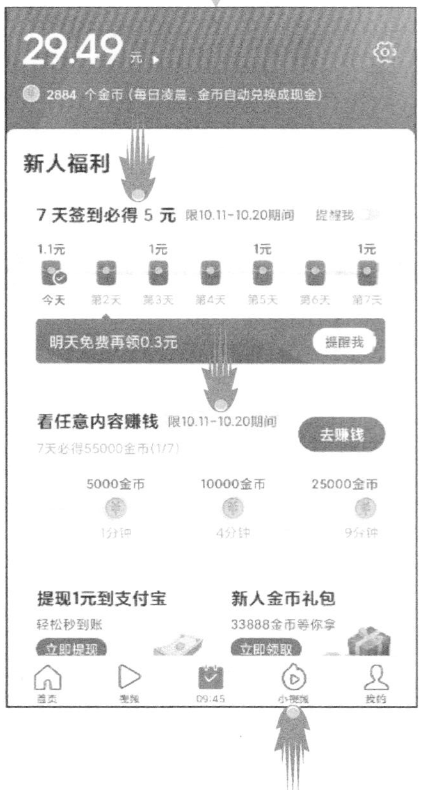

① 今日头条极速版加载和运行的速度最快，即便手机配置较低，也可轻松驾驭，主要面向新闻阅读者，收益主要来自签到和阅读内容。今日头条主要面向创作者，收益主要来自发布的文章和视频。

提示

今日头条中没有【小视频】板块，取而代之的是综合了影视剧、综艺节目等长视频内容的【放映厅】。

看新闻
推荐
搜索
清理手机
赚金币
学做菜
看小说
广场舞
全部
铁血：战士们没法过江，怎料小孩竟是高手，一招全军都过江，精彩
18:20
403万人在看

今日头条大字版首页

② 今日头条大字版主要面向中老年用户，除加大字体外，内容也是以小视频为主。因为大字版推出的时间较晚，所以推广的力度比较大。如果您想在看新闻的同时赚点零花钱，则今日头条大字版的收益会更多一些。

13.2 抖音、快手：看有趣视频

短短几年内，短视频便发展成互联网炙手可热的传播形式。提到用户最多的短视频应用，毫无疑问，应是抖音和快手。虽然对于只看不参与的短视频用户来说，抖音和快手在核心功能、版块设计和操作方式等方面几乎没有区别，但对于短视频的创作者而言，抖音和快手的区别较大：抖音比较注重用户的观看体验，算法更偏向于推荐拥有大量粉丝的播主；快手则更注重用户的参与机会，推荐内容相对分散，让普通用户的视频也能被看见。

下面以快手为例，看看短视频应用中都有哪些玩法！

1万人收藏
@小彤美食分享
#早餐 #美食 #舌尖上的美食
白色桔梗花（伴奏）
9.9w
1443
分享
首页
同城
消息
我

197.1w 粉丝
127 关注
＋关注
小彤美食分享
用户ID: 1211414659
美食领域创作者
爱官方　爱美食
在平台上认识更多的好朋友
美食天天分享　喜欢我就关注我吧 ...展开
男　天蝎座　山东 德州市
快手小店
共18件商品
作品 458
动态 0
刚刚看过
1380
1791

1 打开快手后，首先进入【精选】界面，向上滑动屏幕就会出现下一个视频。如果您非常喜欢某个视频，则在界面右侧单击播主的头像，就能看到播主的全部作品。

2 在【关注】界面可以显示您所关注播主的最新作品。【发现】界面会根据用户的偏好、点赞记录等数据，通过算法推荐用户可能感兴趣的视频。

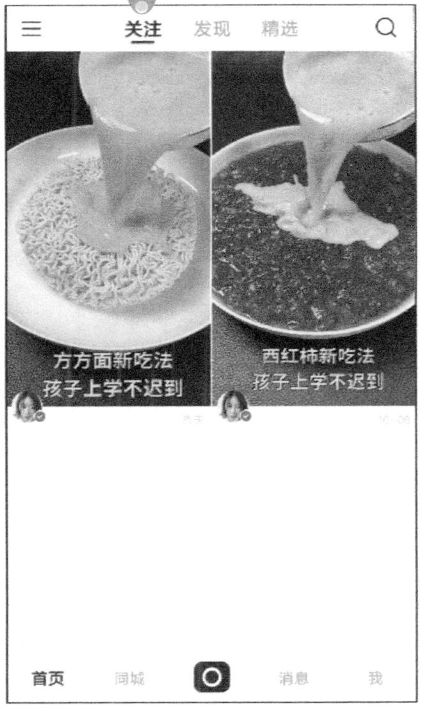
关注
发现
精选
方方面新吃法
孩子上学不迟到
西红柿新吃法
孩子上学不迟到
首页
同城
消息
我

关注
发现
精选
瑞士乡村
首页
同城
消息
我

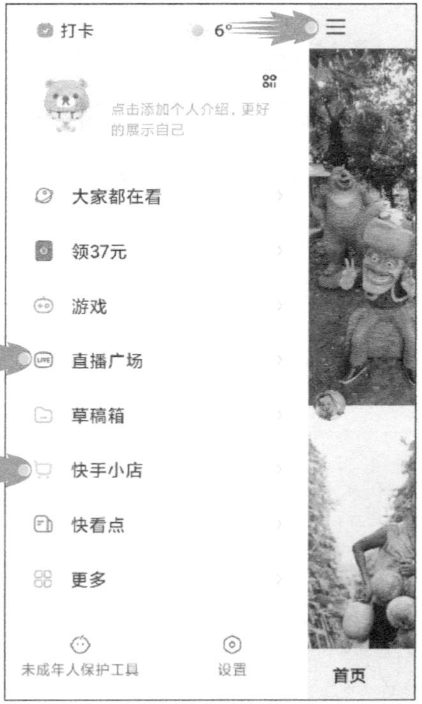
打卡
6°
点击添加个人介绍，更好的展示自己
大家都在看
领37元
游戏
直播广场
草稿箱
快手小店
快看点
更多
未成年人保护工具
设置
首页

快手小店
搜索
开店
我的订单
商家消息
浏览记录
退款售后
高价回收
信任卡
发现3亿+老铁都信任的主播 >
精选
女装
男装
内衣
饰品
¥10 假一赔九
¥24.9 券后价
仙姐家鞋
小姐姐...
首页

3 单击首页左上角的☰图标，并单击【直播广场】，可看到聊天、卖货、日常生活等直播内容。如果您在直播间购买了商品，则单击【快手小店】，可查看订单的详细信息。

4 若您也想创作自己的短视频，则单击界面下方的⊙图标，单击圆形按钮即可拍摄视频。拍摄完成后，需要对视频加工处理。单击【发布】按钮可将视频上传到快手。

翻转
倒计时
灵感
拍照
视频
文字
美化
音乐
相册

重新拍摄
一键出
美化
配乐
封面
文字
画质增
发布
下一步 >

13.3 咪咕音乐：听歌下载

利用手机听歌有两种方式：一种是直接在应用中在线收听；另一种是把歌曲下载到手机上，利用音乐播放器收听。很多人选择把喜爱的歌曲下载到手机上，这样就不用担心网络卡顿和耗费流量的问题了。音乐播放类的应用非常多，比较热门的有网易云音乐、QQ 音乐、酷我音乐、咪咕音乐等。本节将以咪咕音乐为例，介绍把歌曲下载到手机中的方法。

① 在第一次使用咪咕音乐时需要单击界面右上角的☰图标，在弹出的界面上单击界面下方的【登录】按钮，并利用手机号注册账号，或者利用微信账号直接登录，否则收藏歌单、下载歌曲等功能就无法使用，只能在线听歌。

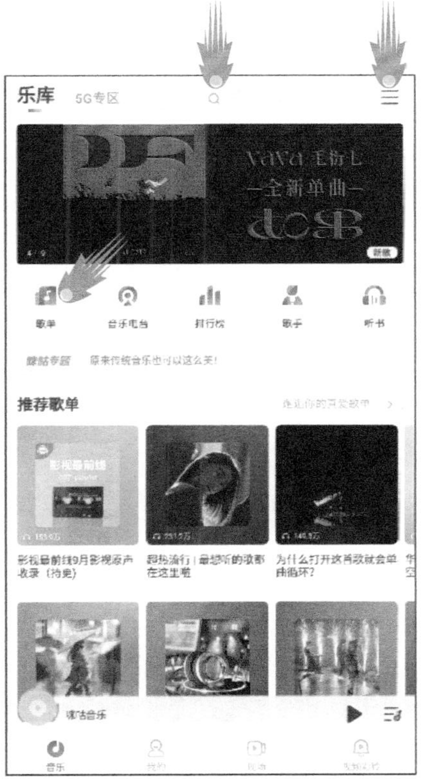
乐库
5G专区
歌单
音乐电台
排行榜
歌手
听书
推荐歌单

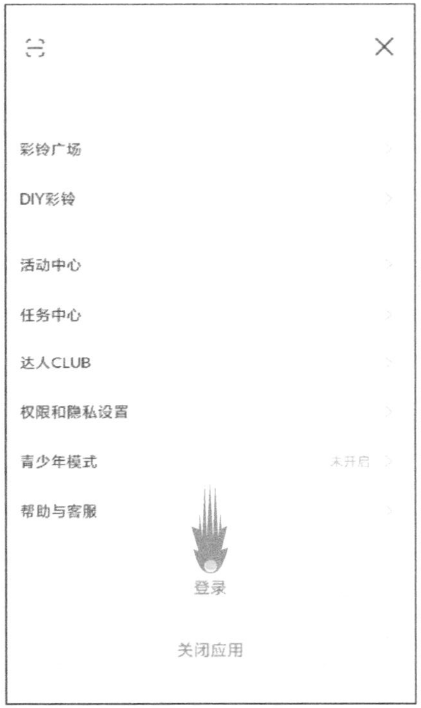
彩铃广场
DIY彩铃
活动中心
任务中心
达人CLUB
权限和隐私设置
青少年模式
帮助与客服
登录
关闭应用

② 在下载歌曲前要先找到自己喜欢的歌曲，可在界面上方的搜索栏中直接搜索歌曲名称，也可在首页单击【歌单】，在打开的【歌单广场】界面上单击感兴趣的歌曲分类标签。单击一个歌单的封面，如【网络热歌】，就能看到歌单包含的所有歌曲。

歌单广场
达人
90后
怀旧
网络热歌
经典老歌
驾车

歌单
网络热歌 | 你是我领略万物后的心动
播放全部 21
错位时空
丢了你
回到夏天
世间美好与你环环相扣
孤身
想起了你

③ 单击歌单列表上方的♡图标可收藏此歌单。单击⇩图标可将歌单列表中的歌曲下载到手机中。

④ 返回到咪咕音乐的首页，单击【我的】→【本地音乐】，就能看到下载的歌曲。

歌单
网络热歌 | 你是我领略万物后的心动
已收藏
下载
播放全部 21
错位时空
丢了你
回到夏天
世间美好与你环环相扣
孤身
想起了你

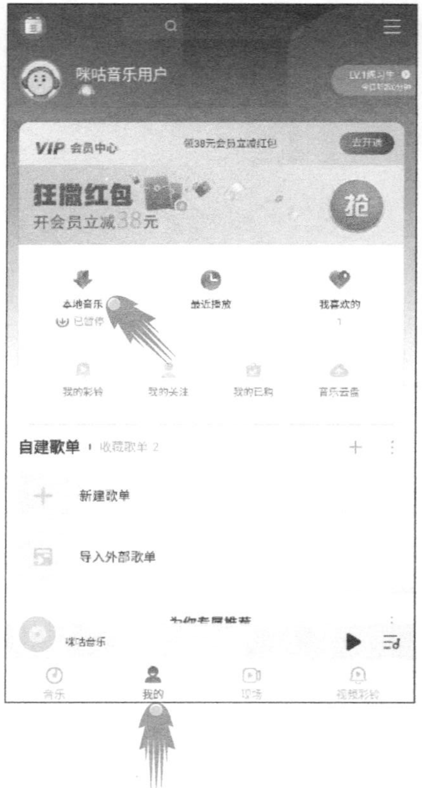
咪咕音乐用户
VIP 会员中心
狂撒红包
开会员立减38元
抢
本地音乐
最近播放
我喜欢的
自建歌单
新建歌单
导入外部歌单
我的

提 示

咪咕音乐中的部分歌曲需要付费才能下载。

13.4 腾讯：追剧看电影

如果您是一位热衷于影视作品的追剧达人，则一定不能错过优酷、爱奇艺和腾讯视频等平台。本节就以腾讯视频为例，为您介绍收看和下载影视剧的方法。

发现 S11 电视剧 电影 综艺 少儿 动漫
院线 免费 全部分类
生态电影周
10月10日-10月15日
腾讯视频独家展映
以影像之光凝聚生态力量
【生态电影周·独家展映】以影像之光凝聚生态力量
重磅热播
生态电影周
别闹我酒神2
1921·献礼建党百年
平均28岁，却改变了中国！

电影
最新 最热 好评 高分好评 知乎高分
全部 内地 美国 日本 中国香港 韩国 中国台湾
全部 院线 剧情 喜剧 动作 爱情 犯罪 冒险
全部 2021 2020 2019 2018 2017 2016 2015
全部 免费 会员
工夫（2021）
《1921》独家纪录...
记在心里的名字 感...
《破戒》：《一百...
《只是一次偶然的...
回声

1 先以观看电影为例，介绍如何在视频应用中查找想看的内容，以及观看视频时的一些技巧。在腾讯视频首页上方单击【电影】→【全部分类】，通过界面上方的标签可筛选出符合条件的电影。

提示

通过腾讯视频可收看电视剧、电影、综艺、少儿、动漫等多种类型的视频。

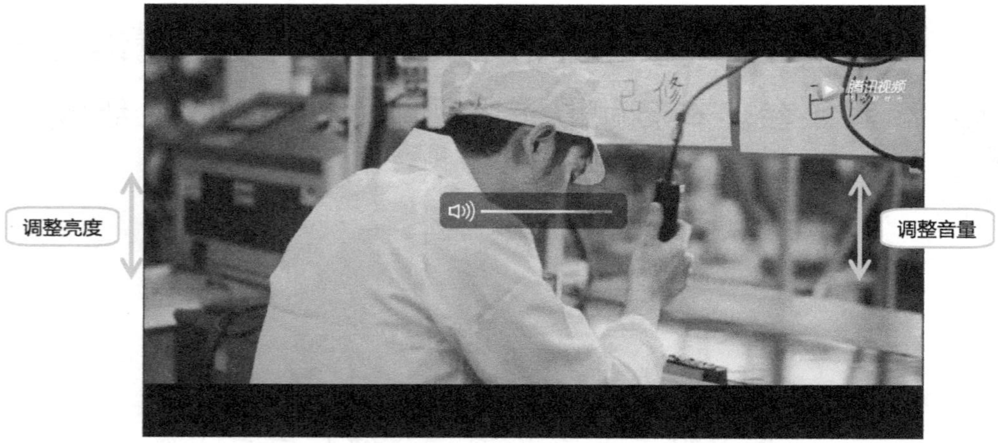
调整亮度
调整音量

② 在筛选出符合条件的电影后，单击电影封面即可开始播放电影，横持手机可进入全屏播放状态。在全屏播放电影时，上下滑动左侧屏幕可调整亮度，上下滑动右侧屏幕可调整音量。

提示

如果横持手机无法进入全屏播放状态，则在手机的通知栏中关闭【方向锁定】即可轻松解决。

③ 单击屏幕可显示播放选项，在界面的右下角可以切换清晰度。单击 图标可以锁定屏幕，避免躺着看手机时屏幕一会儿横屏，一会儿竖屏。

圆梦
锁定屏幕
切换清晰度
00:33
倍速
720P
选集

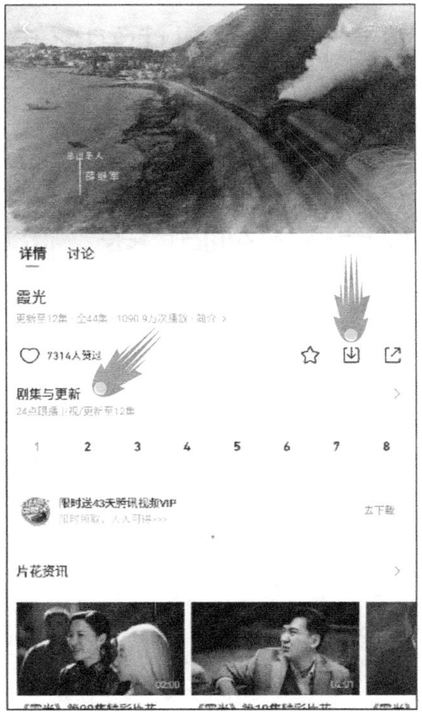

4 观看电视剧的方法与观看电影的方法类似，单击首页【电视剧】，并单击想要收看的电视剧封面，即可进入该电视剧的详情页。单击【剧集与更新】可以选择从哪一集开始播放。如果您想把电视剧下载到手机上，则可单击 图标，此时将弹出【选择要缓存的视频】界面。

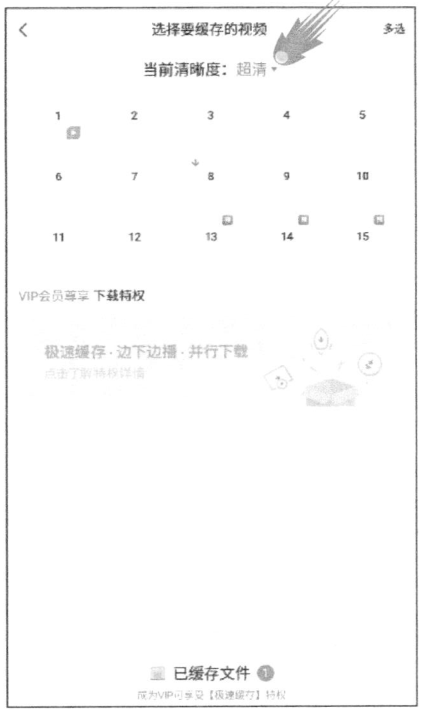

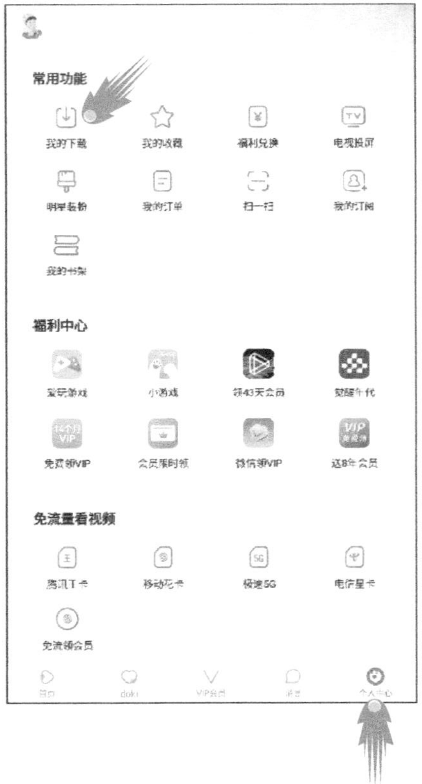

5 先选择视频的清晰度（如标清、高清、超清、蓝光等），然后单击想要下载的剧集。单击界面下方的【个人中心】→【我的下载】，就能看到正在下载和已下载完成的电视剧。

13.5 喜马拉雅：听有声小说

近几年来，用耳朵代替眼睛的有声读物持续走红，音频分享平台如雨后春笋般崛起，喜马拉雅是其中知名度较高的应用。喜马拉雅的最大特点是内容丰富，从商业财经到健康养生，从畅销小说到相声评书，从个性电台到在线直播，从广播剧到脱口秀，应有尽有。

① 喜马拉雅的分类导航栏位于首页的最上方，左右拖动标签就能找到不同类型的有声读物。为了方便查找，可单击图标，在弹出的【频道分类】界面上单击【编辑】按钮，利用每个标签右上角的＋和×图标可自定义分类。设置完成后，单击【完成】按钮。

直播
推荐
VIP
小说
儿童
播客
相声
排行榜
分类
助眠专...
精选
直播
胡锡进：印度提不切实际要求，在中印...
猜你喜欢
换一批
神棍下山记
半仙儿师父给他定了个男娃娃亲？！
9.8亿
末日进化丨精品多人有声剧
末日降来，谁来拯救崩坏的世界
257.3万
天医神相丨都市爽文丨风水玄术丨多人有声剧
首页
我听
发现
账号

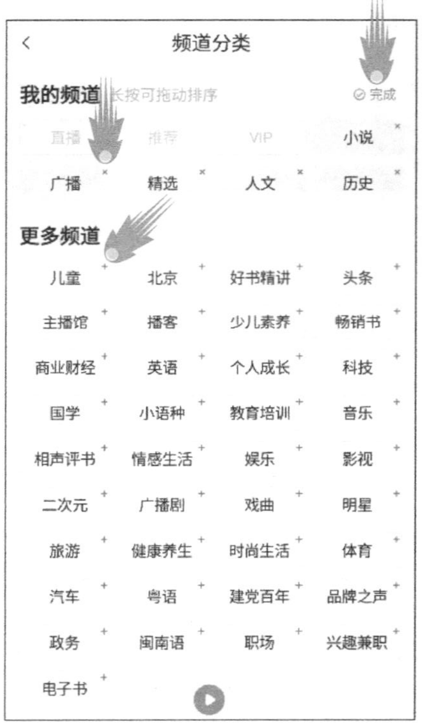
频道分类
我的频道
长按可拖动排序
完成
直播
推荐
VIP
小说
广播
精选
人文
历史
更多频道
儿童
北京
好书精讲
头条
主播馆
播客
少儿素养
畅销书
商业财经
英语
个人成长
科技
国学
小语种
教育培训
音乐
相声评书
情感生活
娱乐
影视
二次元
广播剧
戏曲
明星
旅游
健康养生
时尚生活
体育
汽车
粤语
建党百年
品牌之声
政务
闽南语
职场
兴趣兼职
电子书

提示

喜马拉雅中的内容分为免费和付费两类。若封面左上角有【VIP】标签，则表示在办理会员后才能收听；若封面左上角有【优选付费】标签，则表示在单独购买后才能收听。

哪吒大战东海龙王丨封神演义
直播
推荐
小说
儿童
播客
相声
排行榜
故事开智
哄睡
益智儿歌
国学
逻辑思维
名著趣读
热播新品，用故事点亮成长智慧
更多
kevin趣说三国
怪奇侦探团 · 深海篇丨东东龙...
奇妙怪物世界丨奇幻冒险 睡...
首页
VIP
发现
我的

全部
综合排序
播放最多
最近更新
收起
儿童分类
动画
儿童故事
儿歌
哄睡
年龄层
11-14岁
7-10岁
3-6岁
0-2岁
IP
窗边的小豆豆
唐诗三百首
姜小牙上学记
语种
汉语
英语
kevin趣说三国
都熟悉的全民故事，没听过的讲述角度
67.4万
32 集
怪奇侦探团 · 深海篇丨东东龙科学探险
东东龙全新科普探险故事，深海大揭秘！
105.7万
27 集
奇妙怪物世界丨奇幻冒险 睡前故事丨国家地理
用奇幻故事打开经典文学宝库
77.6万
80 集

② 如果您没有明确的搜索目标，则可利用筛选功能查找自己感兴趣的作品：先单击有声读物的分类标签（如【儿童】），然后单击【更多】，可弹出全部儿童作品列表。单击【筛选】按钮，选择想要收听的作品类别、播讲人和是否收费等，就会出现符合条件的作品列表。

③ 单击一个作品的封面进入作品详情页。单击【全部播放】按钮即可开始听书。单击 图标可下载这部作品的音频文件。单击【订阅】按钮可将自己感兴趣的作品收藏。在喜马拉雅首页中单击【我的】就能看到订阅过的作品列表，下载的音频文件也可以在这个界面中找到。

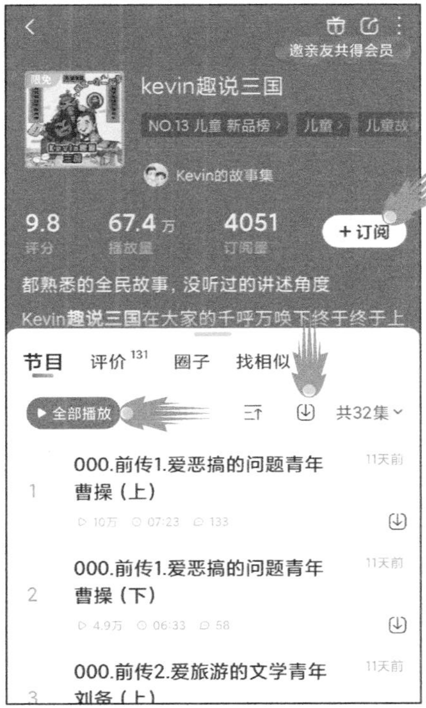
邀亲友共得会员
kevin趣说三国
NO.13 儿童 新品榜
Kevin的故事集
9.8
评分
67.4万
播放量
4051
订阅量
+订阅
都熟悉的全民故事，没听过的讲述角度
节目
评价 131
圈子
找相似
全部播放
共32集
000.前传1.爱恶搞的问题青年曹操（上）
000.前传1.爱恶搞的问题青年曹操（下）
000.前传2.爱旅游的文学青年

ub0w56pwf1x0fd7...
我的会员
443
收听(小时)
0
粉丝
26
关注
创作中心
录音/直播
积分签到
钱包
免流量
商城
全部服务
追更
订阅
历史
下载
节目 1
筛选
kevin趣说三国
8小时前更新 013.第十九路诸侯（下）
+ 添加订阅
首页
VIP
发现
我的

第 14 章 14 生活出行一点通

手机的功能越多，人们对手机的依赖性就越强。不管是生活缴费、买菜买药，还是交通查询、预订车票，都可以足不出户，直接在手机上完成。随着数字化技术的发展，除了习以为常的手机钱包，身份证、医保卡、门禁卡也都可以采用数字化的形式存储在手机中。

14.1 铁路 12306：轻松购车票

现在出门坐火车越来越方便，只要提前在【铁路 12306】应用上订车票，就可以刷身份证进站乘车了。为了方便中老年人购票，【铁路 12306】应用还专门设计了爱心版模式，爱心版模式不但字体更大、操作更方便，而且还在首页利用问答形式解答了很多订票和乘车过程中的常见问题。现在就让我们了解一下在爱心版模式下的购票流程吧！

① 打开【铁路 12306】应用后，在界面下方单击【我的】，向上滑动界面，在【温馨服务】列表中单击【爱心版】，打开【爱心版】界面。单击【切换爱心版】按钮即可完成模式切换。

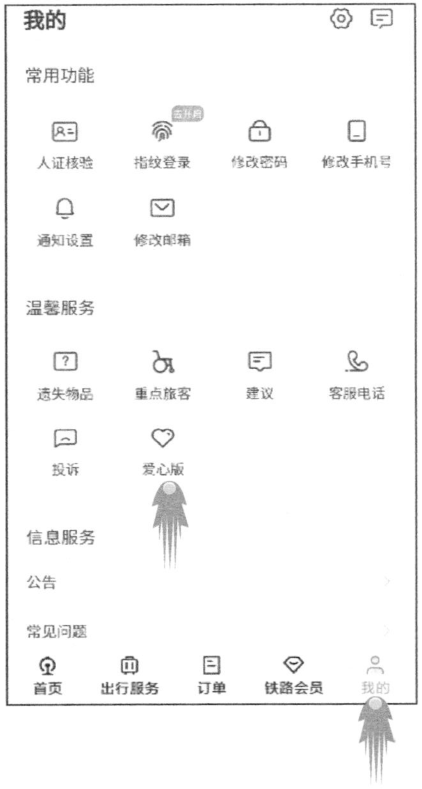
我的
常用功能
人证核验
指纹登录
修改密码
修改手机号
通知设置
修改邮箱
温馨服务
遗失物品
重点旅客
建议
客服电话
投诉
爱心版
信息服务
公告
常见问题
首页
出行服务
订单
铁路会员
我的

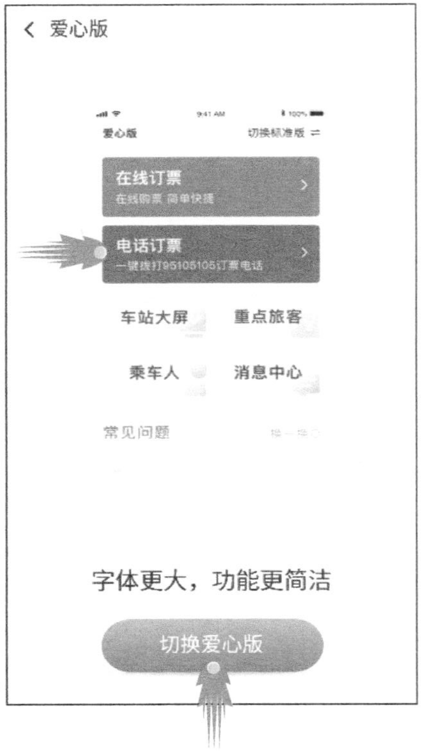
爱心版
在线订票
电话订票
车站大屏
重点旅客
乘车人
消息中心
常见问题
字体更大，功能更简洁
切换爱心版

提示

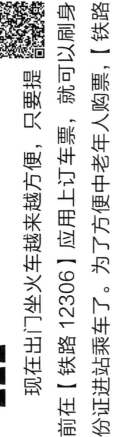

如果无法在线订票，则可在爱心版主界面上单击【电话订票】按钮订票，更方便、快捷。

未登录
便捷出行就在12306
修改密码
车站大屏
投诉
建议
重点旅客预约
铁路会员
客服电话：12306
首页
订单
我的

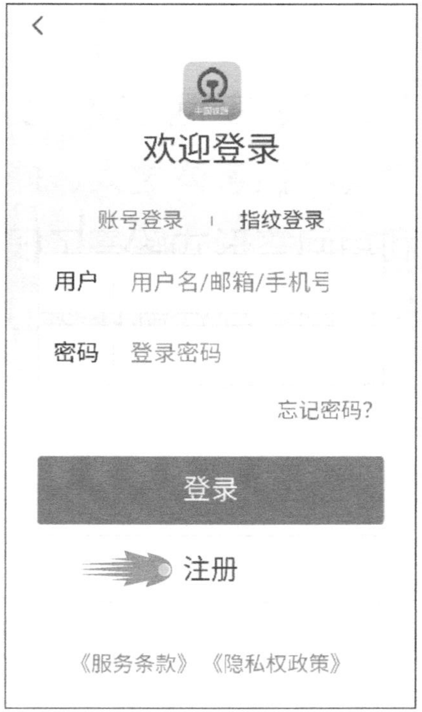
欢迎登录
账号登录
指纹登录
用户
用户名/邮箱/手机号
密码
登录密码
忘记密码?
登录
注册
《服务条款》《隐私权政策》

② 在第一次使用【铁路 12306】应用时，需要进行实名认证：先在界面下方单击【我的】→【未登录】→【注册】，按照要求输入姓名、身份证号码、手机号等信息，勾选【同意服务条款、隐私权政策】，单击【下一步】按钮完成注册。

③ 在首页上单击【在线订票】，打开【您要去哪儿】界面，选择出发站、到达站和出行日期，如果您想快点达到，则勾选【只看高铁/动车】，继续单击【查询车次】按钮，即可看到所有符合条件的车次、出发/到达时间、运行时长、有/无车票等信息。

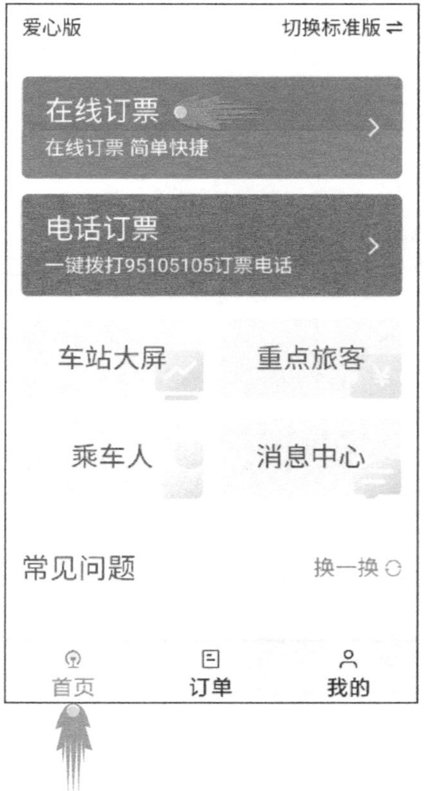
爱心版
切换标准版
在线订票
在线订票 简单快捷
电话订票
一键拨打95105105订票电话
车站大屏
重点旅客
乘车人
消息中心
常见问题
换一换
首页
订单
我的

您要去哪儿?
出发 北京
到达 南京
日期 10月16日 周六
只看高铁/动车
学生票
查询车次
北京-南京
清除历史

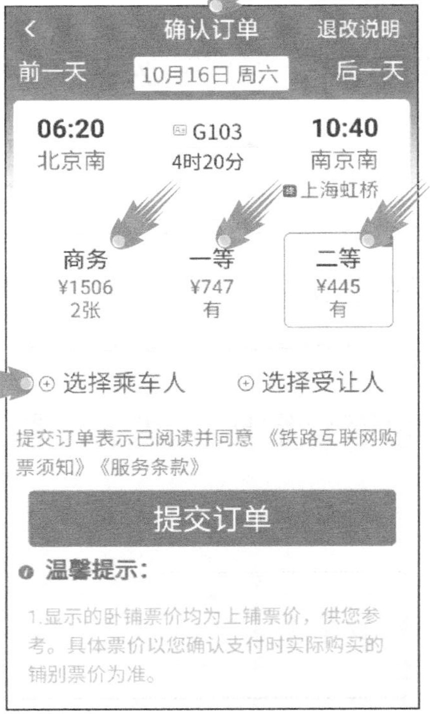
确认订单
退改说明
前一天
10月16日 周六
后一天
06:20
北京南
G103
4时20分
10:40
南京南
上海虹桥
商务
¥1506
2张
一等
¥747
有
二等
¥445
有
选择乘车人
选择受让人
提交订单表示已阅读并同意《铁路互联网购票须知》《服务条款》
提交订单
温馨提示:

选择乘车人
完成
添加乘车人
添加随行儿童
下拉刷新可获取12306乘车人最新状态
** 成人
****

④ 选择一个车次即可进入【确认订单】界面，在该界面上先选择座位等级（如商务座、一等座、二等座），然后单击【选择乘车人】，进入【选择乘车人】界面。在默认情况下，只有您自己的信息。如果您想为朋友购票或再购买一张儿童票，则单击界面上方的【添加乘车人】或【添加随行儿童】，并按要求添加乘车人的身份信息即可。

提示

每名成人旅客可免费携带一名身高不足 1.2 米的儿童乘车。如果儿童人数超过一名，则需购买半价儿童票。若儿童身高为 1.2 ~ 1.5 米，则需购买全价儿童票。

⑤ 如果购买高铁票，则可在【选座服务】中选择座位。继续单击【提交订单】→【立即支付】按钮，在付款成功后，就完成车票的购买了。

确认订单
退改说明
前一天
10月16日 周六
后一天
** 成人票 二等
选择乘车人
选择受让人
选座服务
可选择1个座位
窗 A B C 过道 D F 窗
若剩余席位无法满足您的需求，系统将自动为您分配席位。
提交订单表示已阅读并同意《铁路互联网购票须知》《服务条款》
提交订单
温馨提示:

未完成
未完成
剩余: 29分35秒
为了保护您和他人的身体健康，请旅客们在车站和列车上全程佩戴口罩，感谢支持配合！
06:20
北京南
G103
历时4时20分
10:40
南京南
发车时间：2021年10月16日 周六
** 成人票
¥445
中国居民身份证
退改说明
二等座 05车 07A号
中国铁路保险，全方位守护您的旅程安全
总金额: ¥445
明细
取消订单
购买返程
立即支付

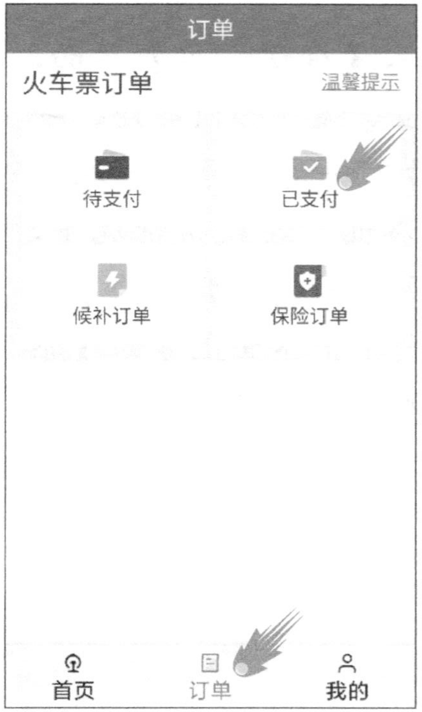
订单
火车票订单
温馨提示
待支付
已支付
候补订单
保险订单
首页
订单
我的

⑥ 单击界面下方的【订单】→【已支付】，就能看到车票信息。在这里还可以进行车票的改签和退票操作。

① 在进入商场、超市等公共场所时一般通过微信或支付宝中的小程序出示健康码。由于这种方式需要多步操作，因此给不太熟悉手机操作的中老年人带来了一定的麻烦。可打开支付宝，在首页的搜索栏中输入【健康码】，单击【搜索】按钮。搜索完毕后单击【出示健康码】→【立即查看】即可显示健康码。

14.2 健康码、行程码：出行必备

自健康码推行以来，中老年人出行使用健康码难的问题就涌现了出来。疫情之下，中老年人的“数字鸿沟”怎样得到有效解决是当下急需解决的问题。现在就为您介绍出示健康码和行程卡的便捷方法。

健康码
搜索
全部
理财
服务
本地
旅行
市民中心 · 健康码
防控疫情，人人有责
健康码
出示健康码
查询各地防疫出行政策
国务院官方服务
立即查看
热门服务
全部
通信行程卡
查14天内个人行程
核酸检测证明
核酸检测机构
官方机构快速查
疫情风险查询
疫情风险等级查询
更多办事服务来市民中心
疫情防疫专区

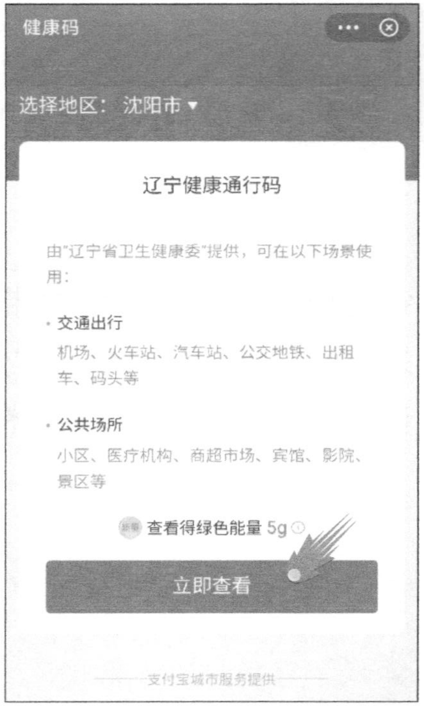
健康码
选择地区：沈阳市
辽宁健康通行码
由“辽宁省卫生健康委”提供，可在以下场景使用：
交通出行
机场、火车站、汽车站、公交地铁、出租车、码头等
公共场所
小区、医疗机构、商超市场、宾馆、影院、景区等
查看得绿色能量 5g
立即查看
支付宝城市服务提供

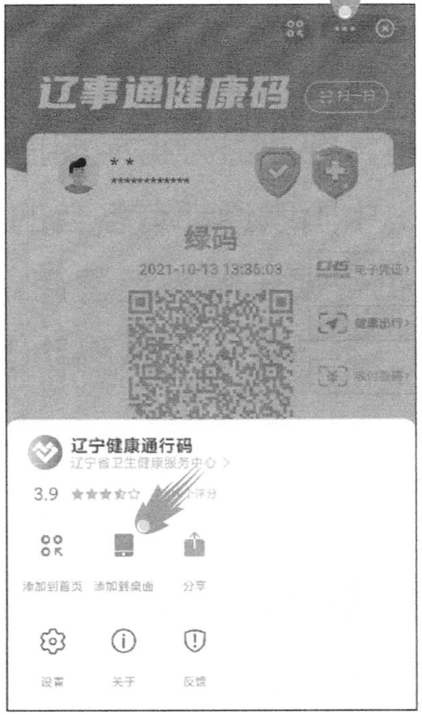
辽事通健康码
绿码
2021-10-13 13:36:03
辽宁健康通行码
辽宁省卫生健康服务中心
3.9
添加到首页
添加到桌面
分享
设置
关于
反馈

通信行程卡
搜索
全部
理财
服务
本地
旅行
通信行程卡 - 服务
全部
通信行程卡
3.6 超3893万人使用
通信行程卡服务
国家政务服务平台
大数据行程卡
结婚证
国务院客户端
3.1 超3753万人使用
防疫行程卡
社会保障卡服务
支付宝市民中心
国家政务服务平台
电子社保卡

2 在健康码界面单击 ··· 图标，在弹出的选项中单击【添加到桌面】，出现询问界面后单击【允许】按钮。

3 出示行程卡的方法与出示健康码的方法大体相同。在支付宝的搜索栏中搜索【通信行程卡】。

通信行程卡
通信大数据行程卡
疫情防控，人人有责
查询
行程卡使用说明
本服务联合提供
客服热线：10000 / 10086 / 10010

7:42
设置
应用商店
手机管家
相册
辽宁健康通行码
通信行程卡

4 第一次使用行程卡时需要输入手机号和验证码，勾选【同意并授权运营商……】，单击【查询】按钮即可显示行程卡。继续单击界面右上角的 ··· 图标，在弹出的选项中单击【添加到桌面】，即可把行程卡的图标添加到手机桌面。下次需要出示健康码和行程卡时，只要单击一下手机桌面上的图标即可直接打开健康码和行程卡。

14.3 电信营业厅：一键查话费

不知您是否遇到过与电信业务相关的问题，例如，上个月用了多少话费，现在还剩多少流量，手机都办理了哪些业务……其实，只要在手机上安装手机营业厅应用，即便坐在家中也可以把账单算得清清楚楚，把业务办得明明白白。中国电信、中国移动、中国联通都有各自的手机营业厅应用，您的手机号属于哪家运营商，就下载哪家的营业厅应用。本节以【中国移动】应用为例进行介绍。

① 运行【中国移动】应用，在主页下方单击【我的】→【登录】按钮，通过手机号和短信验证码登录账号。登录完成后，在【我的】界面上单击【话费余额】，即可在打开的【余额查询】界面上查看本月已消费的话费和话费余额。在余额不足时，可通过单击【去充值】按钮为本号码充值。

登录
1元35GB
5G套餐7折
1元领会员
折扣流量包
我的服务
我的套餐
套餐余量
账单查询
已订业务
我的云盘
话费余额
详单查询
宽带报装
交费历史
实名登记
补换卡业务
我的订单

余额查询
账户余额
25.47元
去充值
本月已消费 19.96元
查账单
套餐余量
充值交费
我的账单
1元35GB
QQ超级会员
套餐7折起
会员+流量
流量折扣季
流量年年涨
每日流量包

话费账单
10月
9月
8月
7月
6月
尊敬的用户
182****
10月1日-10月13日
您本月共消费（元）
19.96
消费项目
价格
减免
实际消费
套餐及固定费
新飞享套餐18元（2020版）
6.96
6.96
增值业务费
咪咕视频
15.00
-12.00
3.00
2.账单生成时间：2021-10-13。

提示

由于通话详单属于个人隐私，所以在查询之前需要进行身份验证。身份验证中的服务密码是初次使用手机号码时设置的密码。服务密码只能重置，不能修改，若已忘记，则可拨打运营商的客服电话，按照语音提示重置密码。

② 若要查询话费账单，则在【我的】界面中单击【账单查询】，弹出【话费账单】界面，可按照月份查看详细的话费账单。在【话费账单】界面的底部单击【查询详单】，还能查看当月都给谁打过电话。

③ 若想查询套餐使用情况，则在【我的】界面中单击【我的套餐】，就能通过弹出的【我的套餐】界面查看正在使用的套餐包含多少语音通话时间和流量。单击界面下方的【查看套餐余量】按钮，可通过弹出的【套餐余量】界面查看现在还剩多少通话时间和流量，或者单击【不适合，换套餐】按钮更换套餐。

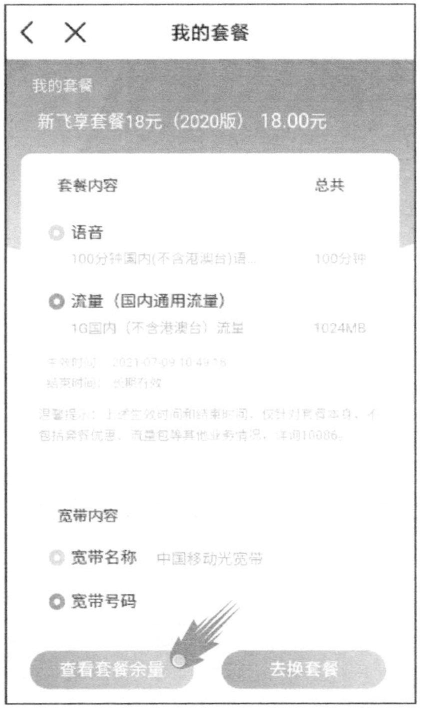
我的套餐
我的套餐
新飞享套餐18元（2020版）18.00元
套餐内容
总共
语音
100分钟
流量（国内通用流量）
1G国内（不含港澳台）流量
1024MB
宽带内容
宽带名称　中国移动光宽带
宽带号码
查看套餐余量
去换套餐

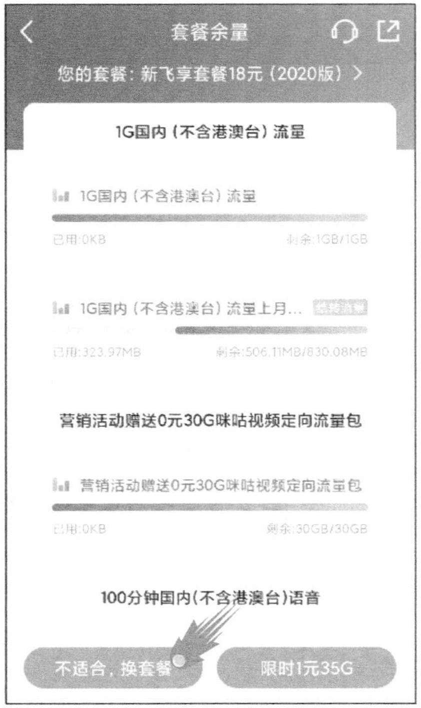
套餐余量
您的套餐：新飞享套餐18元（2020版）
1G国内（不含港澳台）流量
1G国内（不含港澳台）流量
已用:0KB
剩余:1GB/1GB
已用:323.97MB
剩余:506.11MB/830.08MB
营销活动赠送0元30G咪咕视频定向流量包
营销活动赠送0元30G咪咕视频定向流量包
已用:0KB
剩余:30GB/30GB
100分钟国内(不含港澳台)语音
不适合，换套餐
限时1元35G

4 如果某月话费突然增加，则有可能开通了某些增值服务，可在【我的】界面中单击【已订业务】，弹出【已订业务】界面，查看基础功能和增值业务有无变动。如果办理了不需要的增值服务，则单击【增值业务】→【退订】按钮即可取消这项服务。

已订业务
我的套餐
增值业务
基础功能
其他
咪咕视频钻石会员包月15元
退订
手机支付主帐户
为您推荐
5G智享套餐
1元35GB
黄金会员
15G+会员

5 缴纳话费的方法是在首页上单击【充值交费】，弹出【充值中心】界面，选择充值金额后，单击【立即支付】按钮即可。

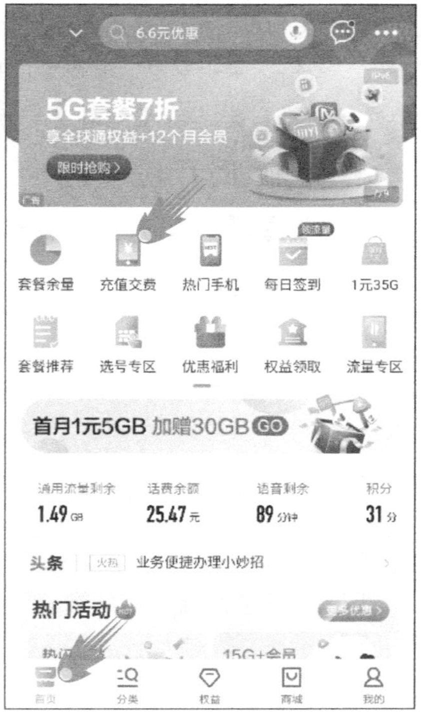
6.6元优惠
5G套餐7折
享全球通权益+12个月会员
限时抢购
套餐余量
充值交费
热门手机
每日签到
1元35G
套餐推荐
选号专区
优惠福利
权益领取
流量专区
首月1元5GB 加赠30GB GO
1.49GB
25.47元
89分钟
31分
头条
业务便捷办理小妙招
热门活动

充值中心
话费
流量
给家人充值
充话费
10元
30元
50元
100元
200元
自定义
话费余额：25.47元
到账金额：10.00元
优惠
¥9.98 立即支付
更多充值
生活交费
物联卡
积分兑话费
宽带充值
固话充值

充值中心
话费
流量
给家人充值
我的家
爸爸
宝贝
添加号码
亲爱哒
添加号码
妈妈
添加号码

提 示

以上充值方法仅适用于为自己的手机充值。若想为家人的手机充值，则单击【给家人充值】，在【我的家】列表中单击【添加号码】按钮，即可为家人的手机充值。帮别人的手机充值时，别忘了修改手机号码。

14.4 在线挂号不排队

近几年，“非急诊全面预约”制度在很多城市推行，预约看病逐渐成为一种新习惯。预约看病科学合理，患者到了时间再去，免受往返于各大医院的奔波之苦；医生安排好出诊时间，从容有序，更能专心看病。目前，在线挂号的应用很多。除各大医院的官方 APP 和服务号外，在支付宝中挂号也是比较便捷的选择。

① 在支付宝的首页上单击【更多】，弹出【应用中心】界面。在【便民生活】列表中单击【医疗健康】即可弹出包含所在城市信息的【医疗健康】界面，如【医疗健康・沈阳】。继续单击【预约挂号】即可开始挂号。

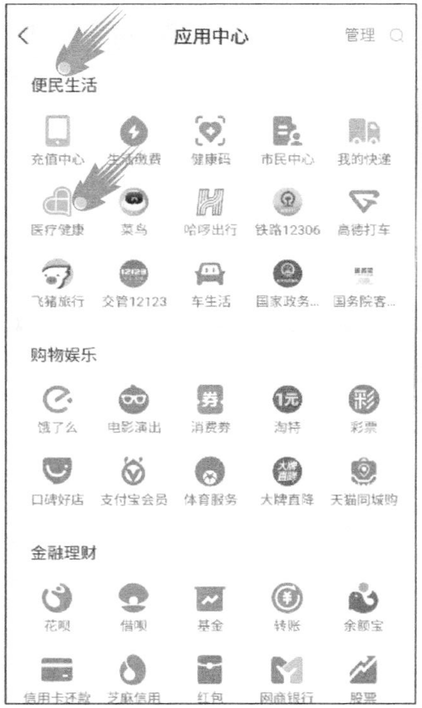
应用中心
管理
便民生活
充值中心
生活缴费
健康码
市民中心
我的快递
医疗健康
菜鸟
哈啰出行
铁路12306
高德打车
飞猪旅行
交管12123
车生活
购物娱乐
饿了么
电影演出
消费券
淘特
彩票
口碑好店
支付宝会员
体育服务
大牌直降
天猫同城购
金融理财
花呗
借呗
基金
转账
余额宝
红包
网商银行
股票

医疗健康 · 沈阳
儿童肺炎疫苗预约
预约挂号
在线问诊
体检/核查
疫苗服务
买药/送药
中医服务
健康保险
慢病管理
心理健康
健康证
国产HPV疫苗708元起
热门服务
极速问
医院官方服务
医保电子凭证
核酸检测
打卡领健康币
20点抢

提示

在本地预约挂号与去外地就医前的预约挂号流程相似，本节以去外地就医前的预约挂号为例，介绍操作流程。

挂号就诊 · 北京
搜医院、医生、科室、疾病和症状
找医院
找医生
全部科室
妇科
皮肤科
消化内科
眼科
耳鼻咽喉科
口腔科
心血管内科
骨科
内分泌科
心外科
不知道挂什么科室?
医生没号了?
智能分诊
线上问诊
年轻也三高 关注慢性病
专科预约就诊 尽早防治
去了解
按医院挂号
全部176家医院
首页
我的

全部医院
消化内科
综合排序
筛选
医院等级
三甲
三级
二甲
二级
重点科室
国家重点
省级重点
市级重点
医疗服务
加班号
当日挂号
代家人挂号
医院类型
公立
非公立
重置
确定
亲，没有更多了~

② 如果要去外地就医，则需要在【医疗健康】界面选择医院所在城市，如北京，单击【预约挂号】，在弹出的【挂号就诊】界面上会显示相关医院的列表。当列表中的医院很多，不知道应如何选择时，可单击医院列表上方的【筛选】，根据医院等级、医疗服务、医院类型等条件，快速找出符合条件的医院。

提示

如果您不知道该挂什么科室，则可在【挂号就诊】界面上单击【智能分诊】按钮，智能就医助手可根据您输入的病情，提供应该就诊的科室建议。

③ 单击一家医院后可看到医院的详细介绍，单击【去挂号】→【代家人挂号】→【添加就诊人】，输入就诊人的信息后，单击【验证信息】按钮即可创建电子就诊卡。

北京大学第一医院
营业时间：挂号时间 上午7:00-11:00；下午12:00-1...
医院概况：北京大学第一医院(简称"北大医院")位于北京老皇城内，是距离中南海最近的
查看简介
国家重点科室 核医学科、麻醉科、骨科、血液内科、肾脏内科、老年病内科、眼科、皮肤性病科、...
距你 669.35km
北京市西城区西什库大街8号
导航
致电
官方渠道
放号提醒
官方挂号平台
去挂号
医生没号了?
试试线上问专家
线上问诊
就医分享
去分享

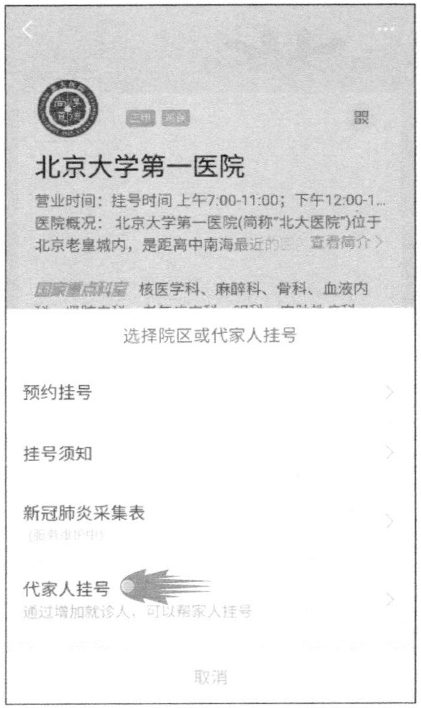
北京大学第一医院
选择院区或代家人挂号
预约挂号
挂号须知
新冠肺炎采集表
代家人挂号
通过增加就诊人，可以帮家人挂号
取消

消化内科
2022-01-12
06 07 08 09 10 11 12
胡伏莲 知名专家
消化内科、幽门螺旋杆菌
余号:8
李俊霞 知名专家
消化内科、炎症性肠病（专）
已满
成虹 知名专家
消化系统疾病、幽门螺旋杆菌相关性疾病
已满
张希全 副主任医师
消化内科、消化心理（专）
已满
高文 副主任医师
消化内科幽门螺旋杆菌
已满

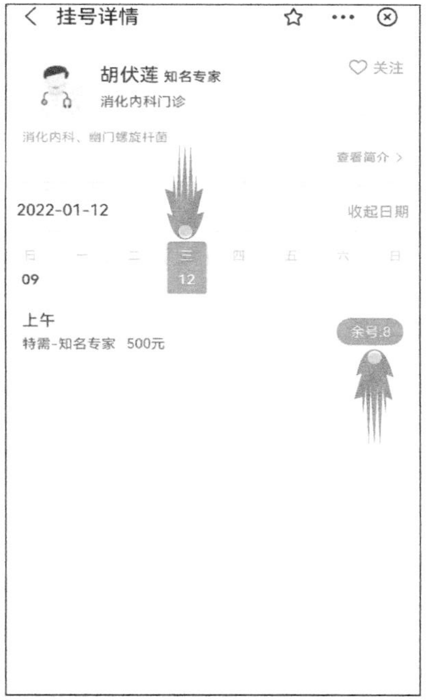
挂号详情
胡伏莲 知名专家
消化内科门诊
关注
消化内科、幽门螺旋杆菌
查看简介
2022-01-12
收起日期
09
12
上午
特需-知名专家 500元
余号:8

④ 返回【院区选择】或【代家人挂号】界面，单击【预约挂号】按钮并选择要挂的科室，在界面上方选择就诊日期，就能看到当日在班的医生和余号。单击医生的头像可查看医生介绍和出诊信息。单击【余号】按钮，继续单击【确认挂号】按钮即可完成预约。

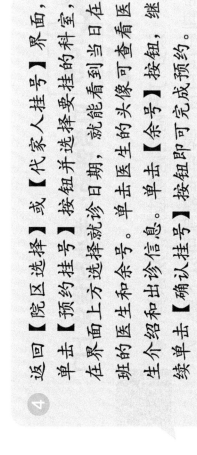

我的
早上好
我的健康服务
挂号记录
放号提醒
客服
就医评价
挂号攻略
意见反馈
我就诊过的医生
我关注的医生
全部医院
我就诊过的科室

提示

各大医院对创建电子就诊卡的政策不尽相同，详情请查看预约挂号须知。如果对挂号有疑问，则可在【挂号就诊】界面下方单击【我的】→【客服】，咨询相关情况。

⑤ 挂号成功后，在【挂号就诊】界面下方单击【我的】→【挂号记录】即可看到候诊时间等信息。

14.5 叮当快药：半小时送货上门

只要打开网络购物应用，从家具、家电到日用百货，轻点屏幕就可以下单，人们对于这种消费方式早就习以为常。但在提到网络购药时，很多人还是保持观望态度，更愿意去医院或药店购买。毕竟，药品是一种特殊商品，人们对于这个新兴的零售领域有一些顾虑也在所难免。随着法律制度的不断完善，正规网络购药平台逐渐凸显购买便捷、送货上门等优点，这对于不方便出门的人群来说，是解决买药困难的有效途径。本节将以叮当快药为例介绍应用方法。

1 打开叮当快药后，先在首页下方单击【我的】→【注册 / 登录】，通过手机号和短信验证码注册账号。注册完成后，单击【地址管理】→【新建地址】，弹出【新建收货地址】界面。在输入收货地址、收货人姓名、手机号等信息后，单击【保存并使用】按钮。

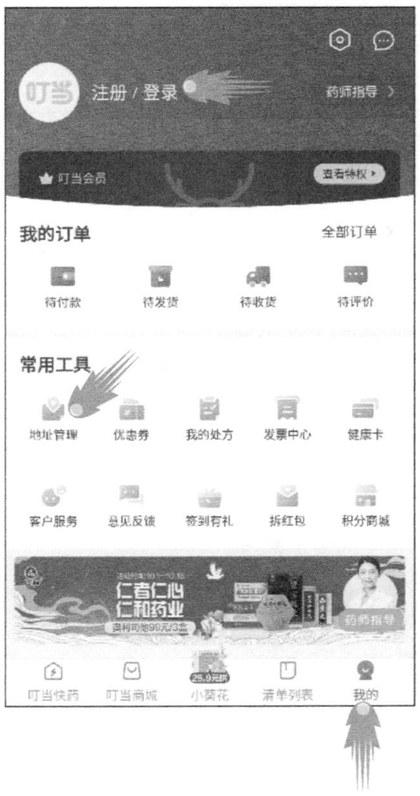
注册 / 登录
药师指导
叮当会员
查看特权
我的订单
全部订单
待付款
待发货
待收货
待评价
常用工具
地址管理
优惠券
我的处方
发票中心
健康卡
客户服务
意见反馈
签到有礼
拆红包
积分商城
仁者仁心
仁和药业
叮当快药
叮当商城
小葵花
清单列表
我的

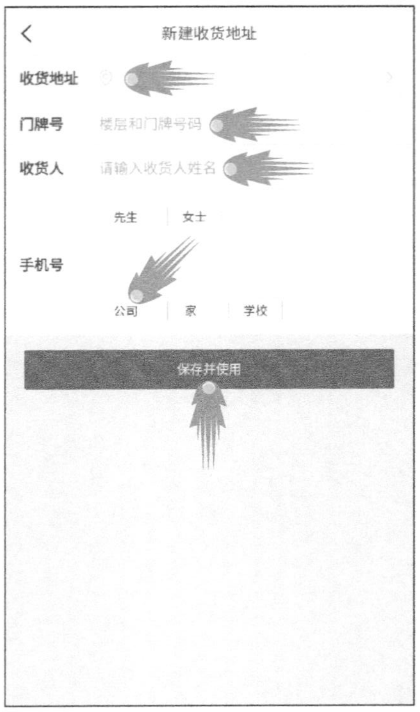
新建收货地址
收货地址
门牌号
楼层和门牌号码
收货人
请输入收货人姓名
先生
女士
手机号
公司
家
学校
保存并使用

亮马桥路
免费问诊
专家医生
好物心选
预约挂号
名医讲堂
新特药房
海外购药
健康商城
签到有礼
更多服务
健康品特卖
慢病药特卖
店铺通用
店铺通用
邀好友 享优惠
去邀友
叮当快药
叮当商城
小葵花
清单列表
我的

叮当商城
免费问诊
专家医生
好物心选
预约挂号
签到有礼
新特药房
叮当超市
海外购药
慢病用药
男科用药
心脑血管
风湿骨痛
肝胆用药
医疗器械
营养健康
妇科用药
叮当快药
叮当商城
小葵花
清单列表
我的

2 叮当快药的宣传语是夜间售药和 28 分钟送达，但不是全国所有地方都支持 28 分钟送达。单击界面下方的【叮当快药】，如果显示【很抱歉，您所在的地址暂未开通 28 分钟送达服务】，那么就要在【叮当商城】中购药，在【叮当商城】中购买的药品会以快递的方式送货，预计在付款后的 1 ～ 3 天内送达。

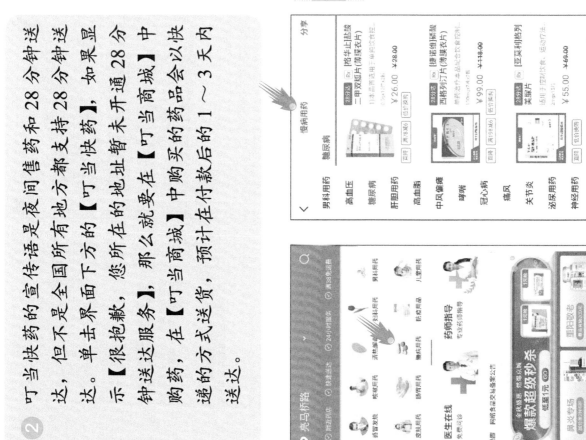

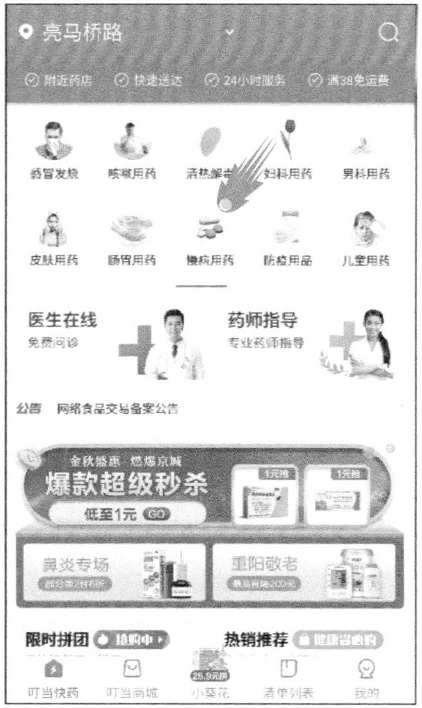
亮马桥路
感冒发烧
咳嗽用药
清热解毒
妇科用药
男科用药
皮肤用药
肠胃用药
慢病用药
防疫用品
儿童用药
医生在线
药师指导
爆款超级秒杀
限时拼团
热销推荐
叮当快药
叮当商城
小葵花
清单列表
我的

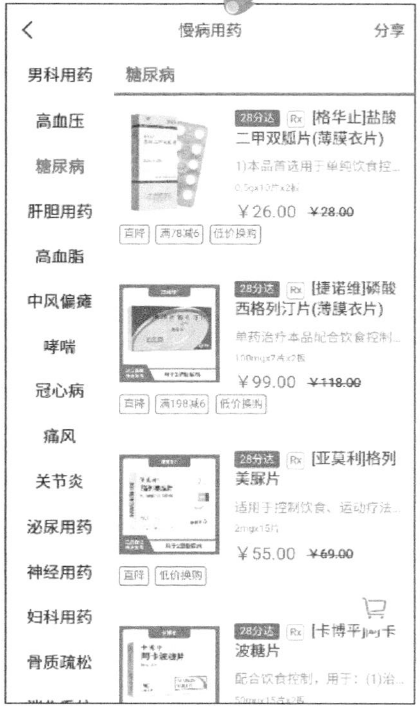
慢病用药
分享
男科用药
糖尿病
高血压
糖尿病
肝胆用药
高血脂
中风偏瘫
哮喘
冠心病
痛风
关节炎
泌尿用药
神经用药
妇科用药
骨质疏松
[格华止]盐酸二甲双胍片(薄膜衣片)
¥26.00
[捷诺维]磷酸西格列汀片(薄膜衣片)
¥99.00
[亚莫利]格列美脲片
¥55.00
[卡博平]阿卡波糖片

3 若要搜索药品，则可在【叮当快药】或【叮当商城】界面上方的搜索栏中直接输入药品名称，也可通过药品分类查找要购买的药品，例如，单击【慢病用药】，即可弹出【慢病用药】界面，逐一查找药品即可。

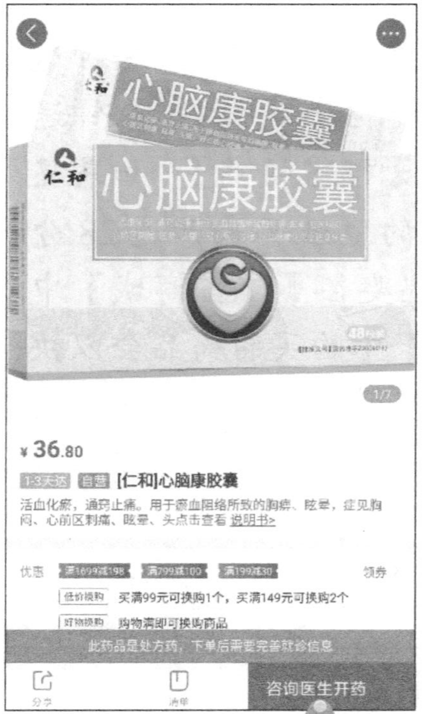
心脑康胶囊
¥36.80
[仁和]心脑康胶囊
此药品是处方药，下单后需要完善就诊信息
咨询医生开药

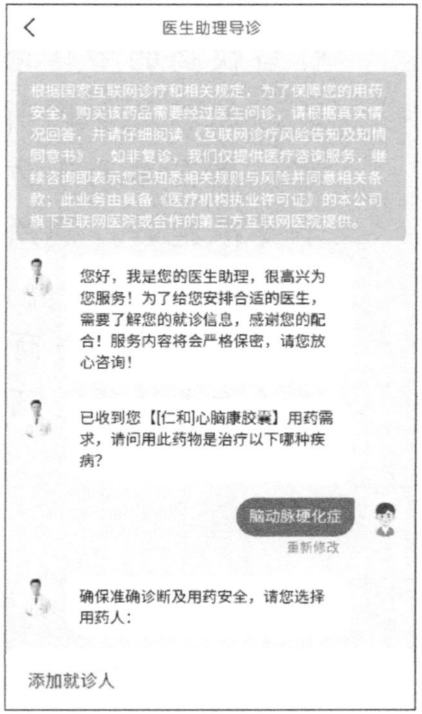
医生助理导诊
您好，我是您的医生助理，很高兴为您服务！为了给您安排合适的医生，需要了解您的就诊信息，感谢您的配合！服务内容将会严格保密，请您放心咨询！
已收到您【[仁和]心脑康胶囊】用药需求，请问用此药物是治疗以下哪种疾病？
脑动脉硬化症
重新修改
确保准确诊断及用药安全，请您选择用药人：
添加就诊人

④ 如果您购买的是非处方药，则单击想购买的药品后，进入药品详情界面，单击界面下方的【添加清单】按钮即可将药品放入购买清单中。如果您购买的是处方药，则需要单击【咨询医生开药】按钮，在回答问题并提交用药人的个人信息后，由在线医生开具电子处方。

⑤ 在药品选购完成后，单击界面下方的【清单列表】，即可显示已选择的药品。单击【提交】按钮并支付药款后，单击首页下方的【我的】，在【我的订单】中就能看到订单的详细信息。

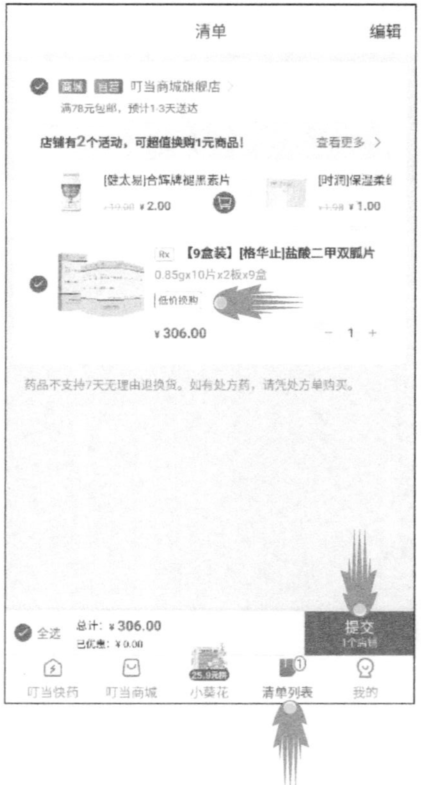
清单
编辑
【9盒装】[格华止]盐酸二甲双胍片
¥306.00
总计：¥306.00
提交
清单列表
我的

我的订单
全部订单
待付款
待发货
待收货
待评价
常用工具
我的

14.6 小游戏，让生活充满欢乐

适量的手机游戏可放松心情，使大脑得到充分休息，提高记忆力、开阔眼界、锻炼手指的灵活性。但是，要控制玩游戏的时间，过度的手机游戏可能会导致视力下降、游戏上瘾等。若您想在碎片时间放松一下，那么快游戏和微信游戏可以满足您的要求。准备开启一段快乐时光吧！

1 快游戏是快应用的一个分支。快应用是由华为、小米等手机厂商共同推出的新型应用生态，具有免安装、速度快、省内存、打开即玩等特点。打开系统自带的【应用商店】，在界面下方单击【软件】→【快应用】→【分类】，即可看到快游戏的列表。

快应用
今日推荐
教育专区
儿童专区
金米奖
阅读发现新天地
必看免费...
飞卢小说
简讯
懒人畅听...
独乐乐不如众乐乐
影视大全
腾讯动漫
安装

热门游戏
实用工具
生活服务
娱乐消遣
荒野日记
荒野之中艰难生存凡人日记...
2048后宫
清宫2048，后宫合成小游戏
欢乐水果连连看
消灭星星
blingbling消星星。
俄罗斯方块
智力与手速的结合加油
开心忍者村
命运战歌
秒开
推荐
分类
我的

我的收藏
快去体验快应用吧！
最近使用
查看全部
荒野日记
欢乐天…
小怪物…
推荐
分类
我的

2 单击【秒开】按钮即可打开游戏；单击界面右上角的 × 图标可关闭游戏；如果您下次还想继续玩这个游戏，则可单击 ··· 图标，在弹出的选项中单击【添加到桌面】。在【快应用】界面上单击【我的】，可以看到最近玩过的游戏。

3 若您觉得快游戏的画面比较简单，则可尝试一下微信游戏。微信游戏同样具有无须安装、点开即玩等特点。在微信中单击【发现】→【游戏】，打开游戏详情界面，单击【游戏】→【全部】，即可显示全部微信游戏，从中选择适合自己的游戏，单击【立即玩】按钮开启欢乐时光。

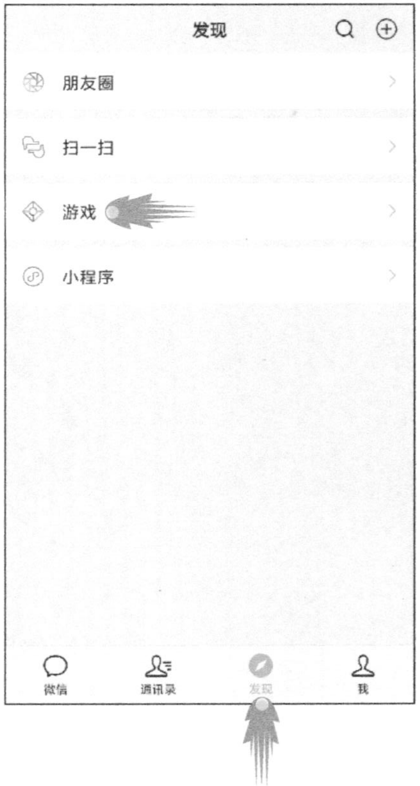
发现
朋友圈
扫一扫
游戏
小程序
微信
通讯录
发现
我

新游
福利
最近在玩
排行榜
单机
枪战
全部
新游上线
随时随地 英雄联盟
英雄联盟手游
下载
朋友热玩手游 第4名 >
首页
游戏
游戏圈
聊天
我